Regional Modeling

지역모델링

정 남 수

국립공주대학교
KONGJU NATIONAL UNIVERSITY

머 리 말

농업농촌은 식량생산이나 정주기능 이외에도 환경관리, 문화보전, 위기관리 등 다원적 기능이 존재하고 있으나, 도농격차의 심화와 인구감소로 농촌마을의 공동화가 증가하고 있어 국가주도 농촌마을 운영관리의 필요성이 증가하고 있다.

이러한 문제를 해결하기 위하여 포괄보조사업 등 년간 1조 5천억 규모의 지역개발 사업이 지속적으로 이루어지고 있으나, 이를 지원할 수 있는 모델링이나 계획기법 등 객관적인 방법이 부족한 실정이다.

객관적 방법의 부족은 관련분야의 학생과 연구자들에게 합리적인 의사결정보다는 목가적, 도의적 접근을 선호하게 하여 비합리적인 사업진행으로 그나마 부족한 역량을 소모하는 결과를 초래하는 경우가 있었다.

본 교재에서는 농업농촌의 문제파악과 해결을 위해 지금까지 다년간 연구해 온 성과를 정리하여 지역모델의 개념과 이해, 모델링의 과정을 설명하고, 이를 시행하기 위한 분석의 기초와 선형계획법, 순서도를 설명하고자 한다. 또한 기본적인 지역모델인 변이할당분석, 집단생잔모델, 게임이론, 네트워크 모델에 대한 설명과 이를 적용한 사례 등을 소개하여 지역모델링을 이해시키고자 한다.

1장에서는 지역문제가 무엇이고 이를 해결하기 위한 계획의 과정, 모형의 개념과 모델링에 필요한 조건을 소개한다. 2장에서는 지역모델링의 과정인 문제의 기술, 흐름도 작성, 자료구조 설계, 계수의 결정, 결과도출 등을 사례를 중심으로 소개한다. 3장에서는 분석의 기초로 수체계, 집합과 확률, 변이할당 분석, 게임이론, 행위자기반모델 등을 소개하고, 4장에서는 선형계획법을 예제를 중심으로 소개하며, 5장에서는 순서도와 프로그래밍 과정을 소개한다.

6장에서는 농촌주택노후화진단모델, 7장에서는 농경지예측모델, 9장에서는 인구와 지역인구모델, 10장은 인구유입효과, 11장은 농가소득추정모델, 12장은 혼합전략을 활용한 저수지정비모델, 14장은 네트워크모델 순으로 정리하였다.

본서가 출판되기까지에는 많은 사람들의 도움이 있었다. 관련연구를 함께한 임창수, 장우석, 오태석, 이정재, 김한중, 윤성수, 박미정, 박기욱, 김홍연, 이행우, 이세희, 윤준상, 김시운, 김종옥, 이인복, 문운경, 강문성, 서일환, 이형진 등 공동연구자 들에게 감사드리며 강의를 듣고 첨언해준 공주대학교 지역건설공학전공 학생들에게도 고마움을 표시합니다. 특히 내용과 그림을 도와 준 김민교, 정범진, 강유진, 민사윤, 이양균에게 감사하며, 이 책의 수익성을 따지지 않고 출판을 맡아준 공주대학교 출판부, 편집과 인쇄를 도와준 정우커뮤니케이션즈의 민진홍에게 감사드립니다. 끝으로 학과에서 연구와 수업에 지지와 응원을 보내준 차상선, 박승기, 임성훈, 박찬기, 박윤식 교수들께도 감사드립니다.

2017년 **정남수** 씀

CONTENTS

CONTENTS ii

제1장

지역문제와 모델링

제1장 지역문제와 모델링

1. 지역간 문제

지역간 문제는 빈부격차, 도농격차, 지역차별 등 지역간 불균형 문제, 수도권과 비수도권의 문제, 휴전선 접경지역의 문제와 그 밖의 오지, 도서지역의 문제로 대별될 수 있다.

1.1. 지역간 불균형

지역간의 불균형 문제 중 빈부격차는 빈곤율과 지니계수를 통해 살펴볼 수 있는데 여기서는 지니계수에 초점을 맞추어 설명하겠다. 지니계수는 전체가구의 소득불평등도를 나타내는 대표적인 지표로서 그림 1.1에서 보는 삼각형 ABC의 넓이와 D의 면적의 비로써 0에서 1사이의 수치로 나타내는데 1에 가까울수록 불평등도가 높은 상태를 의미한다.

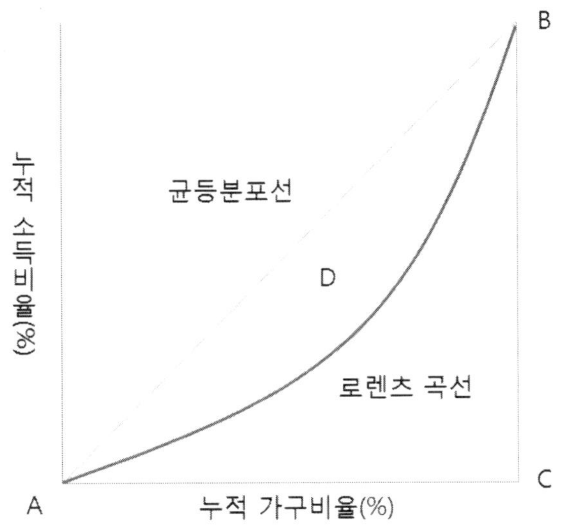

그림 1.1 지니계수 산정방법

그림 1.2은 OECD에서 발표한 2014년도 국가별 Gini계수로써 2013년 기준 65세 이상 노인빈곤율이 49.6%로 가장 취약한 것에 비하여 상대적으로 양호한 수치를 나타내고 있다.

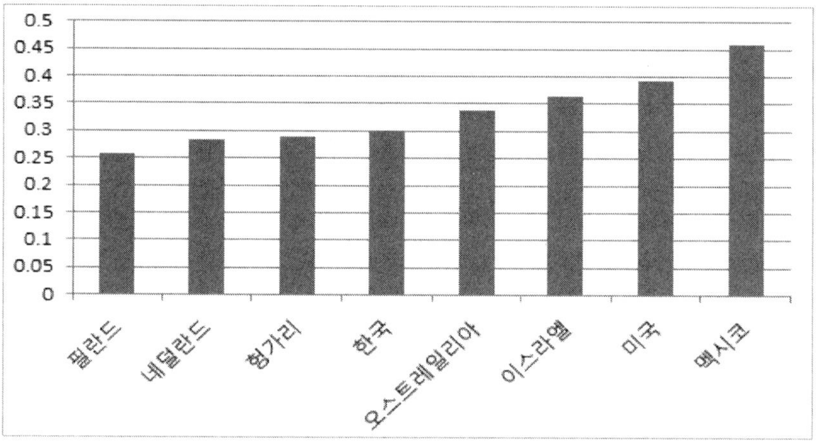

그림 1.2 2014년도 세계 Gini계수 비교(OECD)

그림 1.3과 같이 1990년도부터 2015년까지의 자료를 바탕으로 한국의 지니계수의 구체적인 변화를 살펴보면 1997년 외환위기와 2008년 금융위기 등 외부변동에 의해 소득불평등이 높이진 부분이 있으나 대체적으로 빈부격차 문제가 구조적으로 심화되지는 않는 것으로 파악된다.

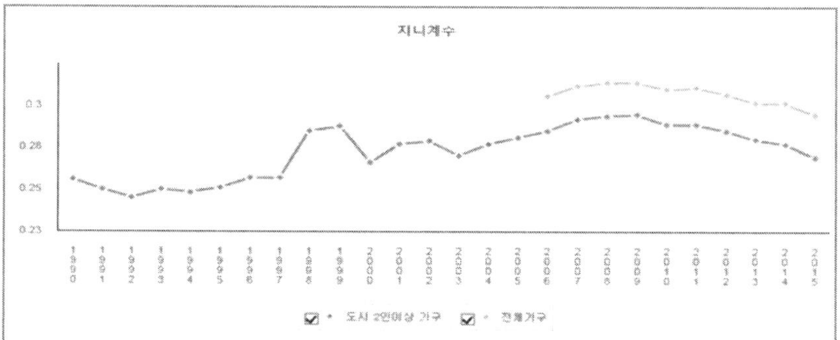

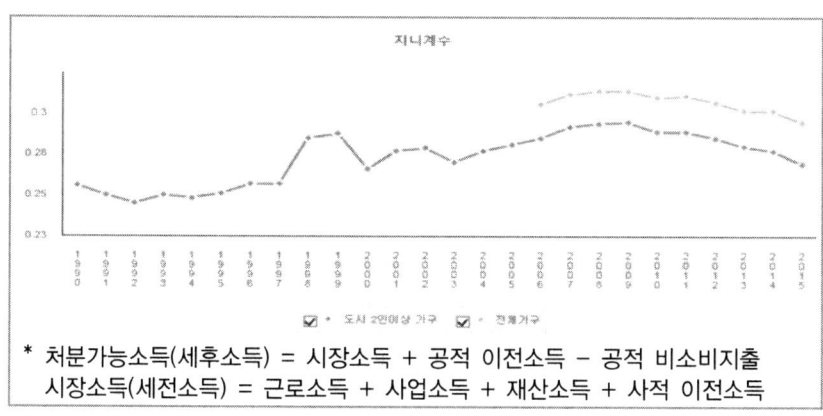

* 처분가능소득(세후소득) = 시장소득 + 공적 이전소득 − 공적 비소비지출
시장소득(세전소득) = 근로소득 + 사업소득 + 재산소득 + 사적 이전소득

그림 1.3 지니계수 변화(통계청)

다음으로 전체가구와 농업소득이 근간이 되는 농촌지역의 소득격차를 파악하기 위하여 그림 1.4와 같이 농가와 전체가구의 소득변화를 살펴보았다. 그 결과 전체가구의 소득은 꾸준히 높아지는데 비해 농가의 소득은 증가율이 낮거나 심지어 감소하는 년도가 파악되고 있다.

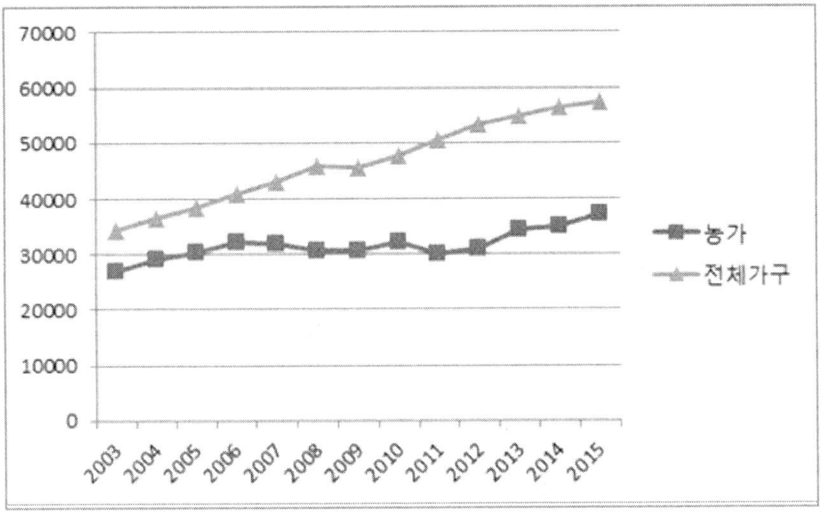

그림 1.4 농가와 전체가구의 소득변화

농가소득의 최근 경향은 겸업농이 증가하고 있고, 소득 중에서 비농업소득이 증가하고 있다는 것인데 순수한 농업소득만을 대상으로 지역별 차이를 살펴보면 그림 1.5와 같이 경상도와 강원도 지역이 상위를 차지하고 있는 것을 알 수 있다.

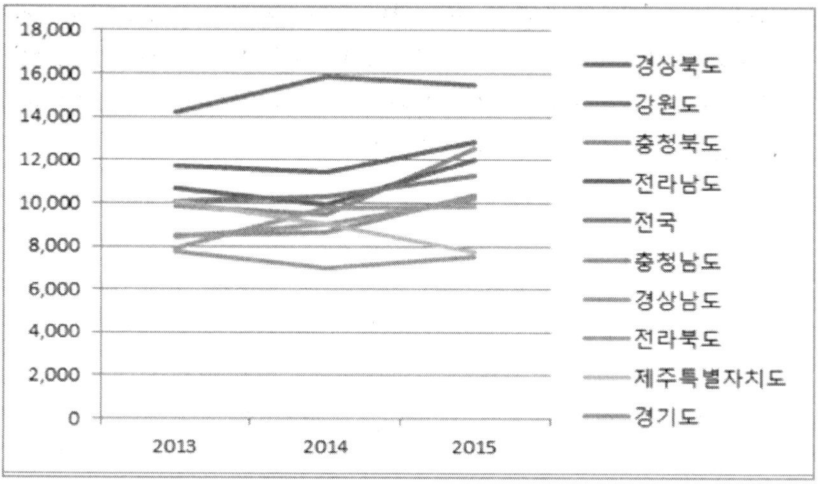

그림 1.5 지역별 농업소득 차이

1.2. 수도권 비수도권 문제

지역간 문제 중 수도권과 비수도권 문제를 살펴보면 그림 1.6과 같이 1인당 개인소득은 울산광역시와 서울특별시와 그 외 지역간의 차이가 큰 것으로 나타났다.

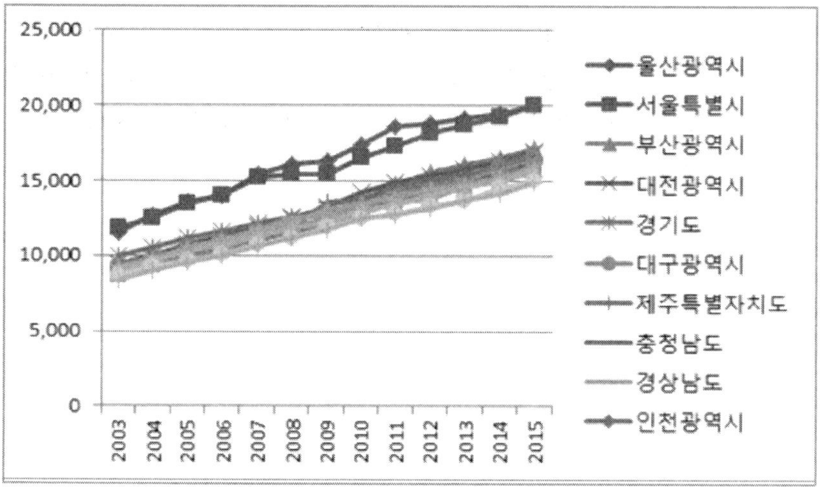

그림 1.6 지역별 1인당 개인소득

1.3. 휴전선 접경지역

휴전선 접경지역은 국토안보라는 특수성으로 경제활동을 통한 발전의 제약이 심한지역이다. 따라서 국가적 상황변화에 따른 지역경제의 타격을 최소화 할 수 있는 노력이 필요하다. 그림 1.7은 이러한 노력을 보여주는 예시이다.

국방개혁 2030에 따라 도내 접경지역 군 부대의 해체 및 이전이 논의 중인 것으로 알려지면서 지역 내 혼란이 가중되고 있다. 군 부대와 지역 주민들에 따르면 최근 철원지역에 주둔 중인 육군 6사단이 경기 포천 일대로 옮겨갈 것이란 예상이 나오면서 지역 내 반발이 거세지고 있다. 홍천은 11사단, 화천은 27사단의 해체 소식이 알려졌고 인제군은 2사단 2개 연대가 양구지역으로 이동될 것으로 예측됐다. 양양의 8군단 역시 해체되고 원주의 1군사령부는 서부전선을 총괄하는 3군사령부와 통합이 결정됐다. 이에 따라 접경지역 주민들은 지역경제에 군이 차지하는 비중이 높은 만큼 상황을 예의 주시하고 있다.

실제 1군사령부가 2010년 발표한 자료에 따르면 도내 육해공군 주둔 병력이 지역경제에 미치는 효과는 연간 2조7,000억원에 이른다. 접경지역 1개 사단이 연간 1,000억원의 직간접적 경제 효과를 유발한다는 연구 결과도 있다. 반면 국방개혁2030 계획상 부사관 비율이 점차 높아짐에 따라 오히려 실질적인 소비층이 늘어 지역경제 타격은 최소화 될 것이란 예상도 나온다.

박응삼 인제군번영회장은 “입대 자원 부족에 따른 군 병력 감축은 공감할 수 있지만 국방부가 지역과 상생할 수 있는 대책을 내놓아야 한다”고 말했다. 이석범 철원행정개혁시민연합 사무국장은 “부대 이전이 불가피하다면 정부와 지자체는 공여지를 지역경제 활성화를 최우선 고려해 사용해야 한다”고 말했다.

강원일보: 정래석·심은석·김천열·정윤호기자

그림 1.7 국방계획에 따른 지역문제의 최소화 노력

2. 지역내 문제

지역내 문제는 인구와 산업의 집중으로 인한 과밀과 비효율의 문제, 인구 감소와 산업쇠퇴로 인한 박탈감과 의욕상실의 문제로 나눌 수 있다.

2.1. 인구와 산업의 집중

지구상에 생명이 탄생한 이후 진화의 기본전략은 분화하여 개체수를 늘리고 집중하여 경쟁력이 있는 종자가 살아남게 하며 다시 분화하는 것이다. 이것은 문명의 발달에도 유사하게 적용되는데 사람들이 모여 도시를 키우거나 50대 기업 100대 기업 등으로 산업이 집중되고 경쟁력이 있는 도시나 기업이 살아남고 다시 그 도시나 기업이 분화하는 과정을 반복하며 사회나 경제가 발전하게 된다. 문제는 이러한 생태계가 작동하지 않을 때 발생하는데 그림 1.8은 지난 10년간 상위기업을 중심으로 계열화가 강화되고 집중이 끊임없이 이루어진 것을 알 수 있다.

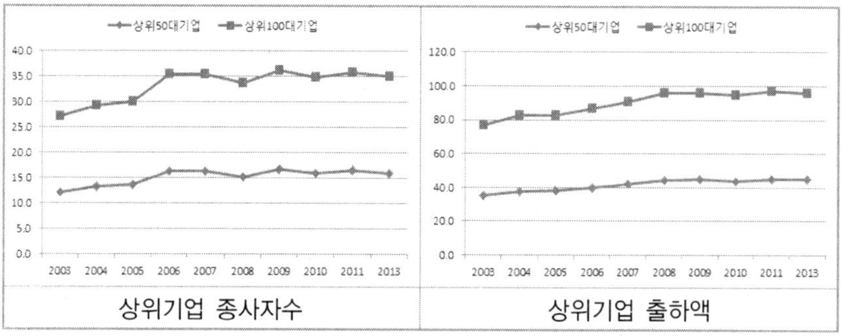

그림 1.8 상위기업 종사자수와 출하액

2.1.1. 산업별 산출액의 지역별 구성*

2013년중(이하 같음) 수도권이 우리나라 총산출액의 43.8%를 차지하였는데, 이중 경기가 광공산품 산출액의 21.7%, 전력·가스·수도 및 건설의 22.8%,

* 경제통계국 국민계정부 투입산출팀(2015.10)

서비스의 19.4% 등을 생산하여 우리나라 총산출액의 20.7%를, 서울이 서비스 산출액의 38.7%를 생산하여 총산출액의 17.9%를 각각 차지하였다. 2010년과 비교하면, 광공산품 산출액의 지역별 비중은 충청권이 1.8%p(충남 1.6%p 상승)의 가장 큰 상승을 보인 반면 수도권은 -0.9%p(서울 0.7% 하락)의 가장 큰 하락을 보이고 있다. 인구가 집중된 수도권은 서비스업 등 부가가치가 높은 산업으로 전환되고 기존의 광공산품은 경기 충청권으로 이전하는 것은 국가의 발전에 따른 자연스러운 변화인 것으로 판단된다.

2.1.2. 지역별 산출액의 산업별 구성

지역별로 전산업 산출액에서 서비스 산출액이 차지하는 비중이 절반이 넘는 지역은 수도권(57.1%)(서울은 서비스 비중이 85.7%로 16개 시도에서 가장 높음)과 강원(50.8%) 및 제주(61.8%)이고*, 나머지 권역은 광공산품 산출액 비중이 60%(울산은 86.2%로 광공산품 비중이 가장 높음)를 넘는 가운데 특히 충청권(충남은 73.7%)이 65.7%로 가장 높았다. 2010년과 비교하면, 산업구조(산출액 기준)가 가장 크게 변동한 곳은 충청권으로 충청권의 광공산품 산출액이 충청권 총산출액에서 차지하는 비중이 2.7%p 상승하였는데, 충남이 주도하였음을 알 수 있다.

2.1.3. 산업별 지역집중도 및 지역별 산업특화도

산업의 지역별 집중 현황(집중계수* 이용)을 보면, 석탄 및 석유제품(0.714)은 울산과 전남, 농림수산품(0.442)은 경북과 전남 등 특정 지역에 대한 집중도가 높은 것으로 나타났다. 산업이 발전하기 위해서는 이러한 지역집중도 또는 산업특화도가 증가해야 하며 국가는 이를 잘 살펴 수출입 항만 기반인프라 확충 등을 진행해야 한다. 지역별로 특화된 산업(입지계수*를 이용)을 2010년과 비교해 보면, 충청권에서는 전기 및 전자기기, 호남권에서는 화학제품, 동남권에서는 석탄 및 석유제품의 특화 정도가 상승하였음을 알 수 있다.

---

* 16개 시도를 기준으로 서비스 비중이 50%가 넘는 지역은 대전(62.0%), 대구(54.4%), 부산(56.7%)를 포함해 총 6개 지역임

표 1.1 지역별 특화 산업

	2010년	2013년
수도권	정보통신 및 방송, 부동산 및 임대	정보통신 및 방송, 부동산 및 임대
충청권	비금속광물제품, 음식료품	비금속광물제품, 전기 및 전자기기
호남권	석탄 및 석유제품, 농림수산품	석탄 및 석유제품, 화학제품
대경권	1차 금속제품, 전기 및 전자기기	1차 금속제품, 전기 및 전자기기
동남권	운송장비, 석탄 및 석유제품	석탄 및 석유제품, 운송장비
강 원	광산품, 비금속광물제품	광산품, 비금속광물제품
제 주	농림수산품, 음식점 및 숙박서비스	농림수산품, 공공행정 및 국방

2.2. 인구감소와 산업쇠퇴

2.2.1. 지역간 이출구조*

산업의 변화는 고용 등 소득기회의 변화를 의미하므로 이에 따른 인구이동은 자연스러운 현상으로 이해할 수 있다. 인구변화를 살펴보면 수도권에서는 충청권으로의 이출 비중이 31.2%로 가장 높고, 여타 권역에서는 수도권으로의 이출 비중이 가장 높았다. 2010년과 비교하면, 수도권에서는 충청권으로의 이출 비중(30.0% → 31.2%)이 가장 크게 상승하였고, 여타 권역에서 수도권으로의 이출 비중은 대경권(45.7% → 41.9%)이 가장 크게 하락하였다. 즉, 문화, 교육 등의 이유로 수도권으로의 집중화가 지속되고 있으며 교통의 발달과 산업생산기지의 이전에 따라 인구가 다시 분화하고 있음을 알 수 있다.

* 지역별 총산출액중 타지역에 판매된 산출액의 지역별 구성비로서 동일 지역에 대한 이출은 제외

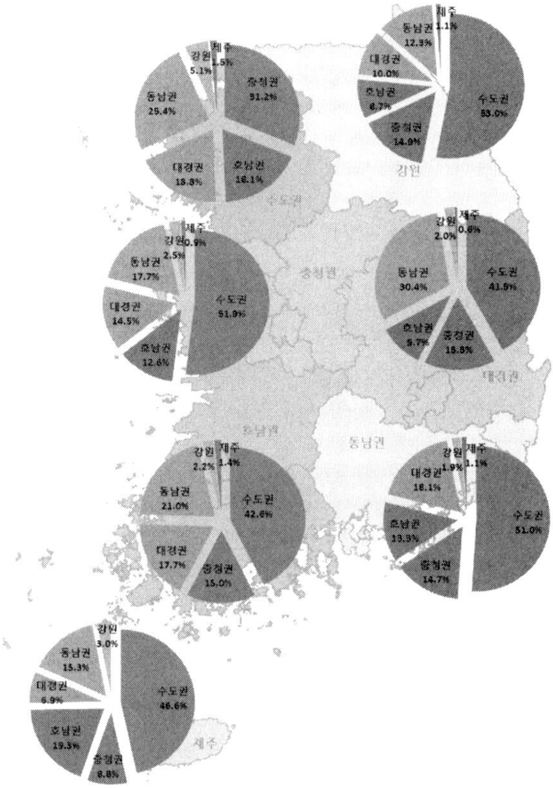

그림 1.9 2013년 권역별 이출구성

2.2.2. 지역간 이입구조*

수도권은 충청권(30.7%)과 동남권(29.5%)으로부터의 이입비중이 높게 나타났으며, 여타 권역에서는 모두 수도권으로부터의 이입 비중이 가장 높은 가운데 충청권의 동 비중(61.1%)이 특히 높았다. 2010년과 비교하면, 수도권은 충청권(28.1% → 30.7%)으로부터의 이입 비중이 가장 크게 상승한 반면 대경권(20.8% → 17.2%)으로부터의 이입 비중은 가장 크게 하락하였으며, 대경권(42.6% → 43.6%)을 제외한 나머지 모든 권역은 수도권으로부터의 이입 비중이 하락하였다.

---

* 타지역으로부터 유입된 산출액으로 동일 지역으로부터의 이입은 제외

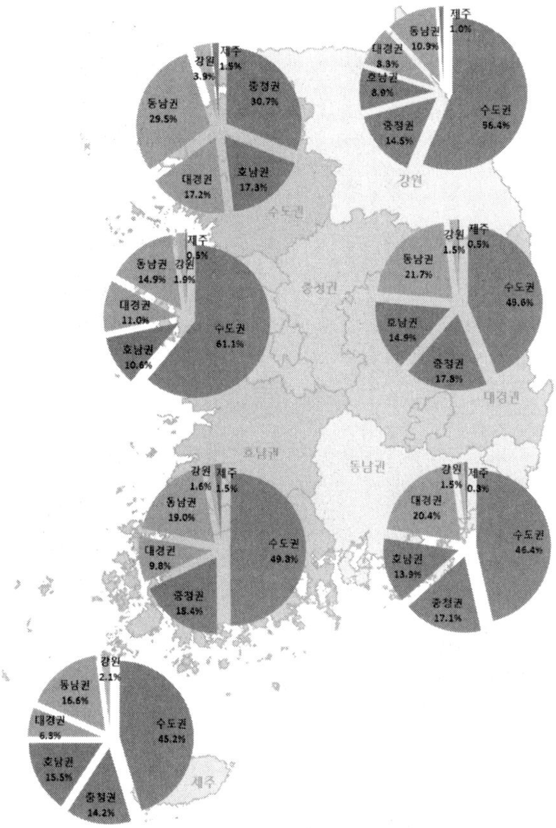

그림 1.10 2013 권역별 이입 구성

3. 농어촌지역개발

3.1. 농어촌지역개발의 내용

농어업인 삶의 질 향상 및 농어촌지역 개발촉진에 관한 특별법(법제처, 2015)의 내용을 바탕으로 지역개발의 내용을 살펴보면 농어업인등의 복지증진, 농어촌의 교육여건 개선 및 지역개발에 관한 정책의 기본 방향, 농어업인등의 복지증진에 관한 사항, 농어촌의 교육여건 개선에 관한 사항, 농어촌의 기초생활여건 개선에 관한 사항, 농어촌의 자연환경 및 경관 보전에 관한 사항, 농어촌산업 육성에 관한 사항, 도시와 농어촌 간의 교류확대에 관한 사항, 농어촌 거점지역의 육성에 관한 사항, 필요한 재원의 투자계획 및 조달에 관한 사항, 농어촌서비스기준에 관한 사항 등을 포함하고 있다.

3.2. 지역개발의 구성

지역개발의 구성은 표 1.2와 같이 일자리, 소득, 투자대비 효용, 순환주기 등의 경제개발, 공동체, 정주생활권, 복지후생, 기회의 균등에 관련된 사회개발, 국토관리, 수자원, 토지자원, 환경자원 등의 자원개발로 구분할 수 있다.

표 1.2 지속가능한 지역발전을 위한 지역개발의 구성

경제개발	사회개발	자원개발
일자리	공동체	국토관리
소득	정주생활권	수자원
투자대효용	복지후생	토지자원
순환주기	기회의 균등	환경자원
지속가능한 지역발전		

3.3. 지역개발의 접근

지역개발은 다양한 학문분야에서 접근할 수 있는데 표 1.3과 같이 도시의 광역화, 국토의 용도구분, 토지이용, 도시계획시설 등 거점도시를 중심으로 도시계획적으로 접근할 수 있으며, 공간정책, 입지론, 중심지이론, 성장거점이론 등 지리경제학적 접근, 농어촌의 복합공간화, 생산 및 생활공간, 자원 및 환경보전 공간 등 농업 농촌 환경 시스템을 바라보는 농촌계획적으로 접근할 수 있다.

표 1.3 지역개발의 접근

도시계획	지리경제학	농촌계획
도시의광역화	공간정책	농어촌의 복합공간화
국토의용도구분	입지이론	농업생산, 농촌생활 공간
토지이용계획	중심지이론	자원, 환경 보전 공간
도시계획시설	성장거점이론	시스템 최적화
다학제간 연구		

4. 농어촌지역계획

4.1. 계획

계획의 개념은 앞으로 할 일에 대하여 그 방법·순서·규모 등을 미리 생각하여 정해 놓은 것. 계획(計劃)과 유사한 용어로 기획(企劃)이라는 용어가 있다. 계획가 기획은 학자에 따라 구별하여 쓰기도 하고 기획을 계획이라는 용어에 포함시켜 사용하기도 한다. 그러나 계획은 영어로 plan이고 기획은 planning이다. 전자는 명사(名詞)이고 후자는 동명사(動名詞)의 형태를 띄고 있다. 그 품사를 보고서도 짐작할 수 있듯이 기획은 계획을 이루는 과정을 의미하고 계획은 기획의 결과로 얻어지는 최종안(最終案)을 의미한다(행정학사전, 2009).

특히 지역계획은 중앙행정기관의 장 또는 지방자치단체의 장이 국토의 건전한 발전과 국민의 복리향상에 이바지하기 위해 지역특성에 맞는 정비나 개발을 위하여 세우는 계획이다.

4.2. 계획의 과정

계획의 과정은 표 1.4와 같이 현상을 이해하고 문제를 인식하는 단계, 계획범위를 설정하고 현황을 조사하는 단계, 현황을 분석하고 비전 및 목표를 설정하며 계획을 수립하고 대안을 작성하는 단계, 실행계획을 수립하고 예산의 범위내에서 연차별 계획을 수립하며 집행하는 단계, 결과를 모니터링하고 이를 환류하는 단계 등으로 이루어진다.

표 1.4 계획의 과정

현상의 이해, 문제의 인식
계획범위의 설정, 현황조사
현황분석, 비전 및 목표설정
전략 및 기본계획의 수립
대안의 작성 및 타당성 평가
실행계획 및 연차별 계획 수립
계획의 집행
결과 모니터링 및 환류

4.3. 지역계획이론의 분류

지역계획이론은 실체적 이론과 절차적 이론으로 구분할 수 있다. 이중 실체적 이론은 계획의 '대상'이 되는 실체를 연구하는 '실체적 이론(substantive theory)'이며, 계획의 기본이념을 실행할 수 있는 인구, 사회, 경제, 토지이용, 교통, 도시, 활동 등 특정분야에 대한 전문지식에 관한 이론이다.

절차적 이론은 실체에 관한 지식을 기초로 현상의 개선을 도모하는 '절차적 이론(procedural theory)'이며, 보다 효율적이고 합리적인 계획을 수립하고 실행하기 위한 계획의 과정에 관한 이론이다. 계획이론은 이 이외에도 계획사상에 의한 분류, Hudson의 분류 등 다양한 분류가 존재한다.

□ 계획사상에 의한 분류

- 위로부터의 계획에 관한 이론

  사회개혁 이론 : 과학적 지식을 공공적 행위에 적용(정부의 역할 강조)

  정책분석 이론 : 합리적 의사결정 통해 생산성을 향상

  사회학습 이론 : 사회적 경험의 교훈을 토대로 변화에 효과적으로 대응

- 아래로부터의 계획에 관한 이론

  사회동원 이론 : 직접적인 집단행동을 통해 시행되는 일종의 정치 형태

□ Hudson의 분류

- 종합적 계획(Synoptic Planning):

  합리적, 종합적 계획 과정을 중심으로 논리적 일관성이나 최적의 해결 대안을 제시

- 점진적 계획(Incremental Planning):

  지속적인 조정과 적용을 통하여 계획의 목표를 추구하는 접근방식

- 교류적 계획(Transactive Planning):

  사람들과의 상호 교류와 대화를 통하여 계획 수립(사람들과의 상호교류와 대화 중시)

- 옹호적 계획(Advocacy Planning):

  공공의 이익보다는 주민의 관점에서 옹호 및 이익 대변하는 계획

- 급진적 계획(Radicial Planning):

  사회, 경제 전반에 걸친 근본적인 개혁을 시도하는 계획 (국가(정부)에 관한 이론 중점)

5. 농업농촌의 미래

지역문제를 해결하기 위해서는 지역의 미래를 예측할 수 있어야 하고 특히 농업농촌은 식량안보, 수자원, 환경자원, 국토관리 등 보전해야할 필수적인 기능을 가지고 있으므로 미래에 대한 예측을 바탕으로 그 피해를 최소화 할 수 있도록 계획해야 한다. 농업농촌의 미래를 예측하기 위해서는 농촌을 구성하는 시스템과 현재를 바탕으로 진행방향을 살펴보아야 한다.

5.1. 농촌시스템

농촌시스템의 요소는 그림 1.11과 같이 주민에 관련된 농가, 주택, 인력육성, 자녀교육, 경영자금, 농업경영체와 산업에 관련된 농업기술, 경지, 수자원, 농산물, 비교, 농업기계, 생산기반, 유통가공, 농공단지, 신재생에너지, 공동체에 관련된 경관환경, 주거환경, 복지환경, 농촌관광, 농업경제 등으로 구분할 수 있다.

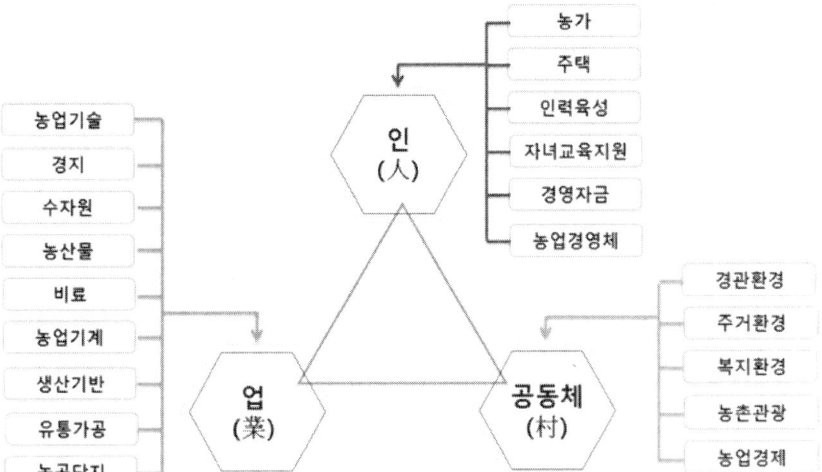

그림 1.11 농촌시스템

5.2. 농업농촌의 현재

농산업의 현황은 2010년 기준 농가소득이 도시근로자가구 소득의 66.8%에 이르는 등 소득양극화가 심화되고 있고, 농외·이전소득 비중이 2000년도 52.8%에서 2010년도 68.6%로 증가하는 등 소득구조의 변화가 이루어지고 있으며 표 1.5에 나타난 바와 같이 성장률이 점차 둔화되고 있다.

표 1.5 년도별 총생산

년도/성장률	총생산	농업	임업	어업
1990	9.3	−7.1	−7.6	5.4
2000	8.8	2.7	−12.3	−7.1
2010	6.3	−4.6	3.3	−6.5
2012	2.0	2.0	−7.6	−2.4

농가 인구는 2000년도 1,465천호/4,282천명에서 2013년도 1,213천호/3,065천명으로 급격히 줄어들고 있으며 고령화도 심화되어 2013년도 65상 농가인구는 35.6%에 이르고 있으며, 농어촌(읍면)의 인구 또한 2000년도 9,381천명에서 2010년도 8,758명으로 점진적으로 감소하고 있어 인구 고령화와 자연 감소에 따라 20호 미만 행정리가 ('05)2,048개(5.7%)→('10)3,091개(8.5%)로 변화하는 등 농촌마을의 공동화가 진행되고 있다. 또한 2010년도 기준으로 보육시설이 설치되고 않은 동지역은 1.4%인데 비하여 농어촌(읍면)은 31.3%로 높고 상수도 보급률 또한 도시는 99.4%인데 비해 면지역은 66.2%로 상대적인 격차가 심화되어 있다.

5.3. 농업농촌의 미래*

농업농촌의 미래를 예측한 기존의 자료를 살펴보면 경지면적은 2006년 기준 2030년에는 16% 감소가 예상되고 있으며, 지구온난화 시나리오에 따른 논벼생산량은 2100년까지의 3개년 평년자료에서 3-26% 감소 예상되고, 2030년에는 13,547개 행정리 (37.2%)가 과소화마을이 될 것으로 예측되고 있다.

5.4. 정책과 현실의 괴리

농업의 기반이 되는 경지면적 감소와 정주권의 기반이 되는 마을 과소화에 대한 대응으로 표 1.6과 같이 농경지를 확보하고, 개발가능지를 확보하며, 담수호를 창출하고, 마을 정주권을 강화하는 사업이 시행되었으나 사회발전에 따른 주민의식과 개발여건의 변화로 현실은 정책목표와는 다른 결과를 나타내고 있다. 따라서 농업생산의 미래를 예측하기 보다는 농업생산의 미래가 어떻게 변화해야 할 것인가를 정책목표에 두고 이를 위해 노력할 필요가 있다.

표 1.6 정책과 현실의 괴리

배경	정책	현실
식량안보 불안	농경지확보	조건 불리지역을 중심으로 한 경작포기 증가
도시 확장에 따른 토지수요의 증가	개발가능지 확보	신도시 미분양 속출
산업화 선진국화에 따른 물부족 예상	담수호 창출	담수에 따른 환경부하 및 관리 비용 증가
과소화마을 증가	마을 정주권 강화	자본투입에 따른 관리 비용 증가

* 장우석, 경지면적변화예측, 한국농공학회, 정유란, 생산성재평가, 한국농림기상학회, 한이철, 30년 후의 지역개발 모델 연구, 농림부

6. 대한민국의 발전과 농업 생산의 미래

6.1. 사회의 발전*

강철규(2011)는 그의 저서에서 사회의 발전을 소득에 한정하지 않고 가치를 중심으로 기술한 바 있다. 생명존중, 자유의 확대, 신뢰구축, 재산권의 보호 등을 기본적 가치로, 경제성장, 법치, 민주주의, 경쟁, 협력, 형평과 공정성, 복지 등을 보완적 가치로 파악하였으며, 사회의 발전에 따라 이러한 가치들이 어떻게 성장하였으며 우리사회가 어떠한 가치를 추구해가야 하는지를 주장하였다.

6.2. 대한민국의 발전

이 책에서는 대한민국이 이러한 가치의 관점에서 어떻게 발전하였는지를 살펴보았다. 일제강점기를 사회발전으로 볼 것인지에 대해서는 근대적 제도의 도입으로 보는 시각과 수탈의 과정으로 보는 시각 등 여러 의견이 있지만 구한말의 소작농비율이 줄지 않았다는 관점에서는 발전으로 보기 어렵다.

농지개혁법(農地改革法)은 1949년 6월 21일에 제헌국회에서 재 정하여 농지를 농민에게 적절히 유상분배하여 자영농을 육성하고 농업생산력을 증진하여 농민생활을 향상하기 위한 목적으로 제정된 대한민국의 법안이다. 당시 농지개혁법에 따른 농지 매수/분배사업은 미국 군정의 귀속농지 매각사업과 함께 대한민국 농지개혁의 주요 사업 중 하나였으며, 1950년 3월에 개정되어 공포되었다.

농지개혁의 결과 기본적으로 기존의 500년 가까이 지속하여오던 지주제가 해체되었으며, 농민들의 토지소유가 확립되어 상당수 농민이 자작농이 되었다. 또한, 이를 통하여 만성적으로 이루어지던 지주소작분쟁도 많은 부분 해결되었다는 점에 큰 의의를 두고 있다.

이와 같은 방식으로 표 1.7과 같이 시장경제의 도입, 민주화 투장에 의한 자유권의 확보, 시장개방 등 공정거래법 등으로 통한 신뢰구축을 대한민국의 발전으로 파악할 수 있다.

---

* 강철규, 소셜테크노믹스

이러한 맥락에서 향후의 대한민국 발전의 방향을 지방자치제의 강화와 지역균형발전, 사회적 기업 등 대안경제의 성장, 국토의 유지관리 기능을 담당하는 농업생산과 농촌마을의 발달 등으로 파악할 수 있다.

표 1.7 역사적 사건과 사회발전

역사적 사건	사회발전
건국헌법의 개정과 농지개혁	자경농과 소비주체의 증가
시장경제의 도입	시장의 발달
자유권 확보	민주주의 발달
개방, 공정거래법	신뢰구축

6.3. 농업생산의 미래

농업생산의 미래는 표 1.8과 같이 우선 식량의 균형수지를 달성해야 한다. 이를 위해 과대한 인구와 육류생산, 유기물 순환체계 부족, 국민의식 문제를 개선해야 하며, 정밀농업을 통한 환경정화산업으로 변화해야 하고, 국민의 정신고양과 문화적 휴식산업으로 변모하여야 한다.

표 1.8 농업생산의 미래

농업의 목표	문제	대상 및 가능방안
식량균형수지 달성	과대한 인구 육류생산 유기물 순환체계 부족 국민의식 문제	인구 또는 육류소비 감소 유기물 순환체계 구축 환경오염에 대한 의식교육
정밀농업을 통한 환경정화 산업	정밀농업연구 미흡 냄새, 소음 유발 재해(노동, 사고) 유발	오염물질 제로농업 실현 발효, 자동화 기술 실현 재해 없는 농업 실현
국민의 정신고양과 문화적 휴식 산업	생산량 위주의 농업 시장가치 위주의 농업 위해요소인 농업	환경 보존 위주의 농업 체험 등 미래가치 학습 생태복지를 중시하는 농업

6.4. 농촌 정주의 미래

농촌정주의 미래는 표 1.9와 같이 공동체 의식을 회복하고 치유의 공간으로 재생되어야 하고, 농촌다움, 보편적 복지, 지역문화, 교육체계 등을 사회서비스 체계를 정립하여야 한다.

표 1.9 농촌 정주의 미래

농촌의 목표	대상 및 가능방안
공동체 의식의 회복과 치유의 공간	농촌다움(가치)의 재정립(협동과 협력) 공동체 의식의 회복 활동 인프라 구축
사회서비스 체계 정립	보편적 복지의 확보 •지역문화의 정립 •독자적 교육체계 정립

7. 지역계획모델

7.1. 모델(model)의 개념

모델은 어떤 실체의 가장 중요한 특성들을 나타내는 것으로 어떤 실체를 모방하거나 추상화 시켜 놓은 것으로, 현존하는 실체를 이용한 실제의 실험이 불가능한 상황에서 어떤 시스템의 형태에 대한 이해를 돕기 위해 유용하게 사용된다.

7.2. 모델의 종류

모델은 항공기 설계자의 소형 실험용 항공기와 같이 연구 중인 물체, 혹은 대상의 소형 모조품(scaled-down replicas)인 물리적 모델과, 물리적 도구 대신에 부호나 기호에 의해 표현한 개념적 모델(conceptual model) 또는 추상적 모델(abstract model)이 있는데, 주로 계획가(planner)에게는 추상적 모델이 물리적 모델보다 유용하게 쓰인다. 표 1.10에서 물리적 모델의 예와 개념적 모델이 구현되어 활용되는 과정을 설명하였다.

표 1.10 물리적 모델과 개념적 모델의 예

물리적 모델의 예: 싱가포르	개념적 모델의 구현과 활용
	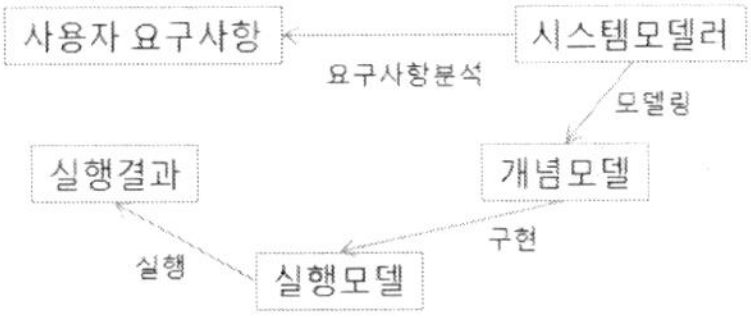
https://commons.wikimedia.org/w/index.php?curid=1231397	Sokolowski, John A.; Banks, Catherine M., eds. (2010). Modeling and Simulation Fundamentals

7.3. 추상적 모델의 종류

추상적 모델은 다시 사용시점에 따라 기술모델, 예측모델, 계획모델로 구분될 수 있다.

□ 기술모델

- 기술모델은 시스템의 현황이나 변화의 과정을 함수적 형태로 나타냄
  ex)도시에서 가구당 발생하는 사람 통행의 수

$$T = 1.229 + 1.379V$$

여기서, T = 가구당 하루에 발생하는 사람 통행의 수
V = 가구당 승용차 보유 대수

※ 기술모델은 단기예측 측면에서 예측모델의 역할을 할 수도 있지만 인간의 형태에 근거한 기술모델은 부적절한 경우도 있다.

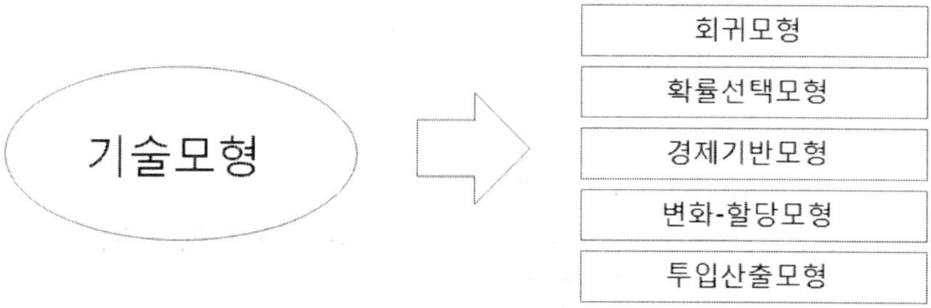

그림 1.12 기술모델의 종류

□ 예측모델

- 현재보다는 미래의 상황을 밝혀낸다.
- 기술모델보다 더욱 필요요건이 엄격하다.

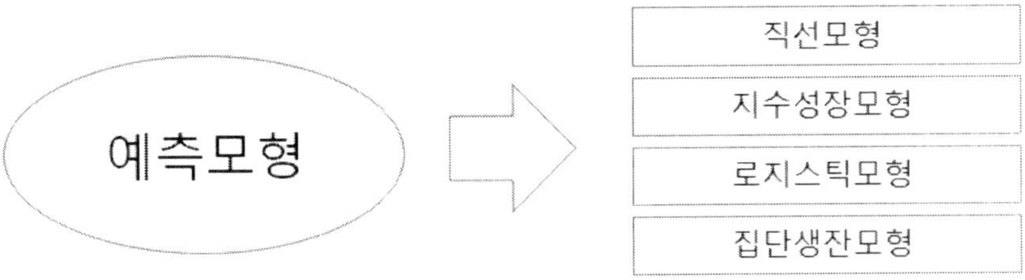

그림 1.13 예측모델의 종류

□ 계획모델

- 규범적 모델로 불리기도 하며, 미래의 계획을 위해 활용되는 모델
- 예측모델의 연장으로 불리기도 한다.

※ 예측모델과의 차이점

•예측모델은 결과물의 자연적인 추세, 인과관계의 단순한 투영

•바람직한 결과를 도출하기 위해 쓰임(규범적 모델로 불리는 이유)

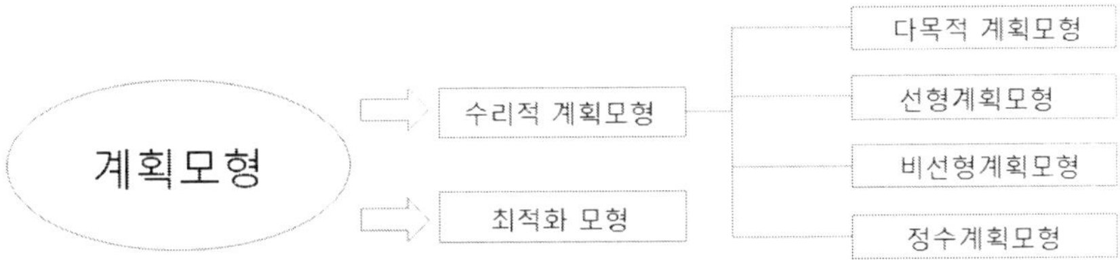

그림 1.14 계획모델의 종류

8. 모델의 개발

모델(模型, Model, 모델)은 객체, 시스템, 또는 개념에 대한 구조나 작업을 보여주기 위한 패턴, 계획 또는 설명을 말하며, 본질적으로 모든 모델은 오류를 포함하고 있으나 유용하다(George E. P. Box).

8.1. 모델링(Modelling)

과학적 모델링은 과학적 활동으로 모델링의 목적은 세계의 특정 부분이나 기능을 기존의 일반적으로 인정되는 지식을 참조하여 이해, 정의, 수량화, 시각화 또는 시뮬레이션하기가 더 쉬워지게 하는 것이다.

현실 세계에서 상황의 관련 측면을 선택하고 식별 한 다음 더 잘 이해할 수 있는 개념적 모델, 운영 할 운영 모델, 정량화 할 수학적 모델 및 주제를 시각화하는 그래픽 모델과 같이 서로 다른 목표에 대해 서로 다른 유형의 모델을 사용해야 한다. 모델링은 필수적이며 많은 과학 분야의 분리 할 수 없는 부분으로 특정 모델링 유형에 대한 자체 아이디어를 가지고 있다. 또한 과학 교육, 과학 철학, 시스템 이론 및 지식 시각화와 같은 분야에서 과학 모델링에 대한 관심이 증가하고 있다. 모든 종류의 전문 과학적 모델링에 대한 방법, 기술 및 메타 이론의 수집이 증가하고 있다.

그림 1.15는 바다와 대지, 각종 동식물과 바다생물을 포함하는 지구시스템에서 대기의 각종 구성요소가 어떤식으로 만들어지고 순환하는지를 보여주는 과학적모델링의 예이다.

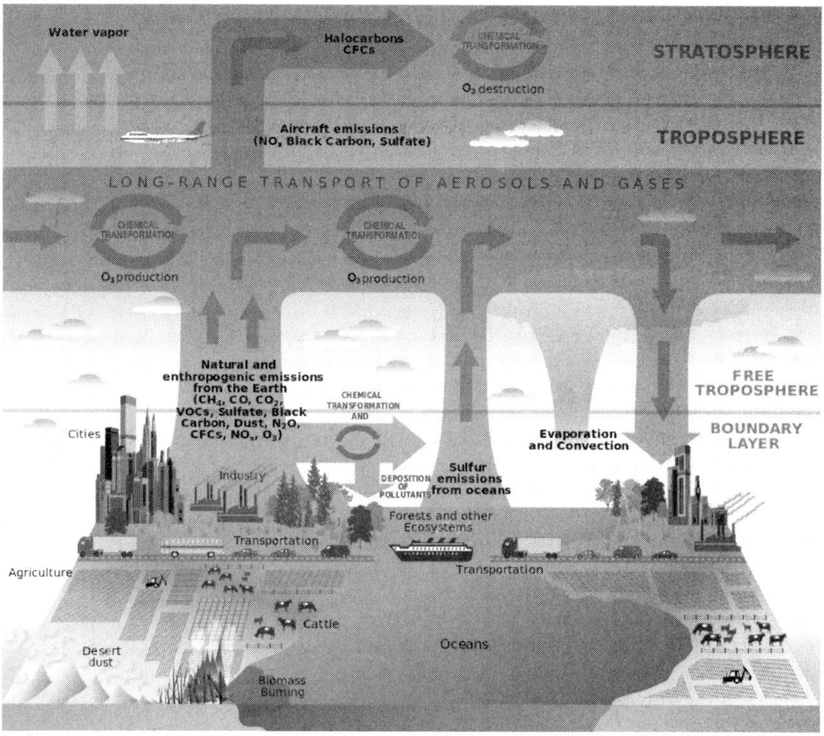

그림 1.15 과학적 모델링의 예
(https://commons.wikimedia.org/wiki/File:Atmosphere_composition_diagram-en.svg)

8.2. 모델링의 과정

세상의 모든 조건을 고려하여 모델링을 할 수 있으면 가장 이상적이나 현실적으로 모델링은 시대나 지역의 자료획득이나 분석의 기술적 한계를 인정할 수 밖에 없다. 따라서 모델을 만드는 모델링의 과정은 연구의 과정과 마찬가지로 결과가 주요변수들에 의해서만 영향을 받는다는 가정에서 출발할 수 밖에 없다. 물론 이러한 가정을 위해서는 요인분석이나 주성분분석과 같이 과학적인 탐구가 선행되어야 한다.

이러한 가정 하에 모델을 구성하고 결과를 도출하며 검증한다. 구성된 모델과 결과는 그 자체로 활용될 수도 있으나, 이를 응용하여 다른 결과를 도출하거나 변수의 변화에 따른 결과의 변화를 살펴보는 등 다양한 응용이 가능하다.

주요 요인에 대한 가정과 마찬가지로 모델링을 할 때는 사용자 요구나 계측의 상세를 잘 살펴 결과 증명의 수준(Easy, Medium, Hard)을 결정하여야 하고 유연한 실행모델이 될 수 있도록 변수를 표준화 단순화 하는 것도 중요하다.

8.3. 모델링의 결과로 나타나는 다양한 모델

그림 1.16은 모델링의 결과로 나타나는 다양한 모델의 예시를 나타내고 있다. 모델링은 최대효용을 추구하는 경제학, 계통도 연구를 위한 생물학뿐만 아니라 사회적 효용과 정치공학, 온톨로지를 기반으로 하는 언어학이나 법학, 게임이론의 활용 등 경영학과 같은 다자기반의 학문에도 광범위하게 사용될 수 있다.

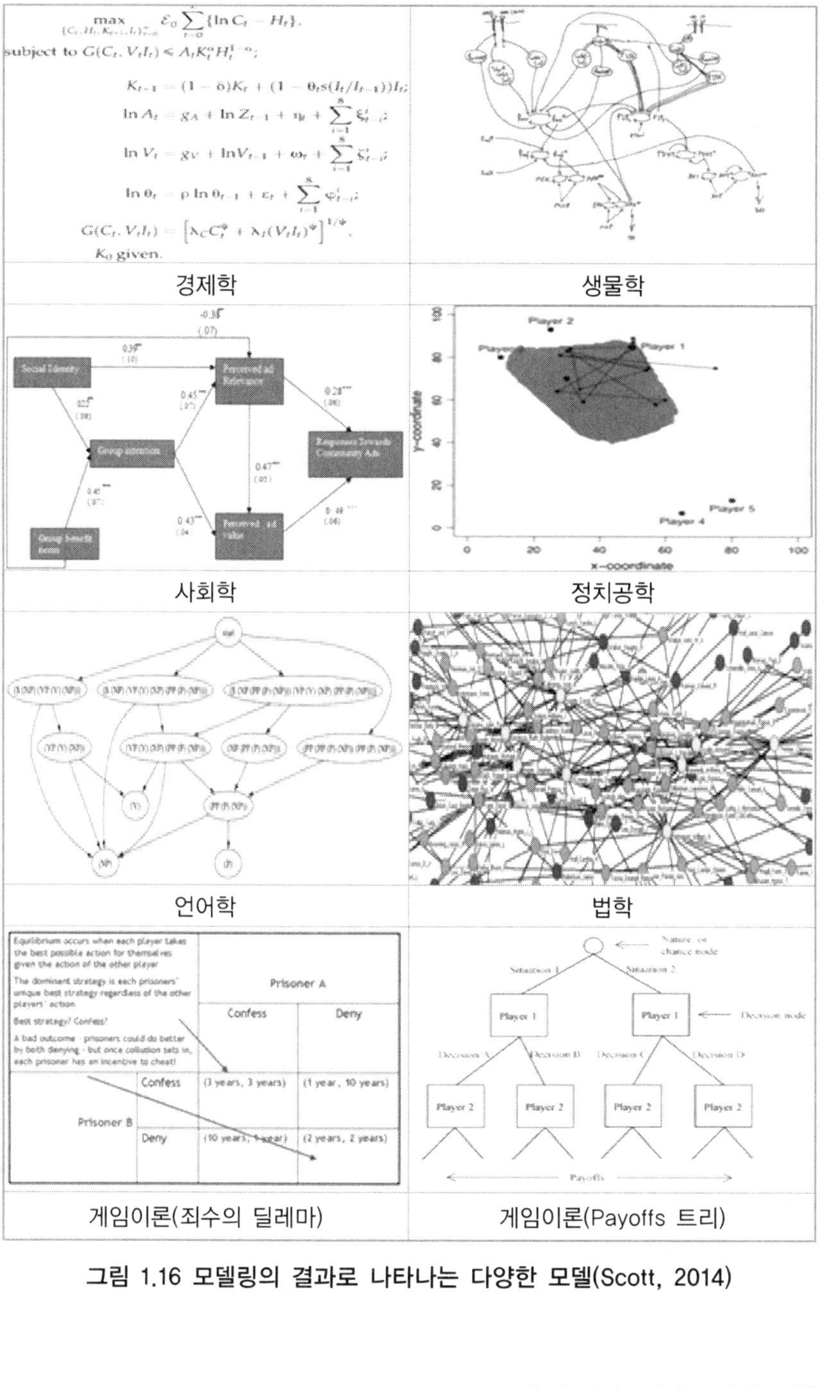

그림 1.16 모델링의 결과로 나타나는 다양한 모델(Scott, 2014)

8.4. 모델링의 결과에 대한 이해

모델링의 결과는 입력값과 평행할 수도 있고, 특정 범위를 순환할 수도 있으며, Random함수처럼 임의의 값을 나타낼 수도 있고, 복잡계(Complex)를 형성할 수도 있다. 그림 1.17은 오일생산량과 오일의 실거래가의 관계를 나타낸 것인데, 2차 오일파동까지는 오일생산량과 가격이 동일한 경향을 나타내고 있었으나, 그 이후에는 생산량이 증가할수록 가격이 낮아지는 등 불확정성이 커지는 것을 확인할 수 있다.

그림 1.17 오일생산과 가격의 관계

8.5. 모델링의 경계조건에 대한 이해

물리학 및 그 외의 응용 방면에서는 어떤 유한한 넓이를 갖는 공간이나, 크기가 유한인 물체 내에서 일어나는 현상을 논할 때, 그 공간의 경계 또는 물체의 표면에 이 경계조건을 준다. 예를 들면, 양끝을 고정한 현의 진동의 경우는 양끝에서 진동의 변위(變位)가 0인 것이 경계조건이 된다.

일반적으로 미분방정식을 적당한 경계조건하에서 푸는 문제를 경계값 문제라 하는데, 이것은 위에서 말한 현의 진동문제 외에도 퍼텐셜론(論), 열전도론 및 공동(空洞) 내의 전자기현상 문제 등 물리학의 이론이나 공학상의 실제 문제에 자주 등장한다. 역학에서 말하는 초기조건도 수학적으로는 이 문제의 하나에 불과하다.

이를테면, 2계 상미분방정식 d2y/dx2=F(x,y dy/dx)에 대하여 어떤 일정한 구간 $a \leq x \leq b$의 양 끝에 있어서, 해(解) y(x)가 만족해야 할 조건식을 그것의 경계조건이라 한다. 특히 y(a), y(b), y'(a), y'(b)를 경계 값이라 하고, 경계조건은 예를 들면,$\alpha' y(a)+\alpha y'(a)=A$, $\beta' y(b)+\beta y'(b)=B$와 같은 조건식으로 주어지는 것이 보통이다(두산백과, 2010).

8.6. 패턴 결과의 이해

패턴의 결과는 그림 1.18과 같이 다양한 형태로 나타날 수 있다. 입력값에 상관없이 일정한 값을 나타내거나, 시간에 따른 증가, 일정한 주기의 순환, 임의의 값을 나타낼 수도 있다.

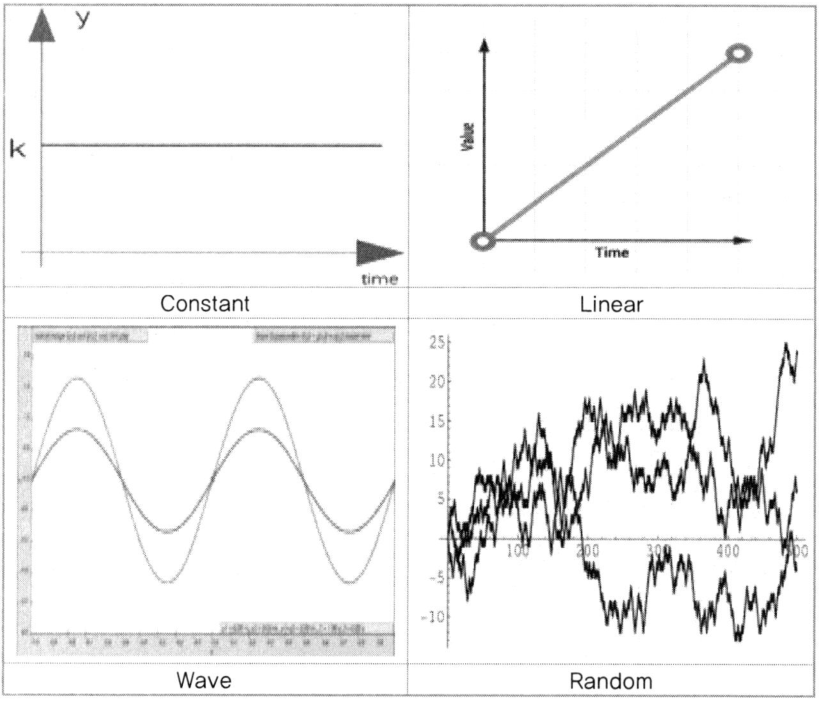

그림 1.18 패턴의 결과

9. 참고문헌

1. [네이버 지식백과] 계획 [計劃, plan] (행정학사전, 2009. 01. 15., 대영문화사)
2. [네이버 지식백과] 경계조건 [boundary condition, 境界條件] (두산백과, 2010. 08. 01)
3. Scott E. Page, 2014, Model Thinking, Michgan University
4. 최수명 외, 2011, 농촌계획학, 동명사
5. 강철규, 2011, 소셜테크노믹스, 엘도라도
6. 대한국토디소계획학회 편저, 2004, 국토 지역계획론, 보성각

제2장

지역모델링에 대한 이해

제2장 지역모델링에 대한 이해

1. 모델링의 과정

모델링은 표 2.1에 나타낸 바와 같이 사용자 요구사항을 바탕으로 문제를 기술하고, 개념모델의 과정에서 흐름도를 작성하며, 선형보간 등을 통해 계수를 결정하며, 실행모델을 통해 자료구조의 설계, 엔터티 관계도 작성, 자료흐름도 작성 등을 하며, 시뮬레이션 등을 통해 결과를 도출하거나 미래를 예측하는 과정이다. 본 교재에서는 임창수(2012) 등이 연구한 '4대강 유역 농업복합단지 계획 운영 모델 개발에 관한 연구'를 재정리하여 본 과정을 설명하고자 한다.

2. 문제의 기술 및 요구사항 분석

2.1. 문제의 기술

문제에 대한 기술 설명이다. 문제 기술을 행하기 위해서는 그 문제의 해법이나 답을 기술하거나, 미지(未知)의 정보와 기지(旣知)의 정보를 나누어 기술할 필요가 있다. 문제 기술은 문제를 풀기 위해서 중요하며 문제 정의가 명확하면 효율적으로 문제를 해결할 수 있다. 데이터 변환, 절차들 간의 관계, 자료 제약, 환경 등이 기술에 포함된다(컴퓨터인터넷IT용어대사전, 2011).

표 2.1은 작물재배적지추천모델 개발을 위해 흙토람 등 기존 정보시스템의 문제점을 파악한 예시이다.

표 2.1 농촌진흥청 재배적지추천모델의 문제기술 예시

• 농촌진흥청을 중심으로 각 농업기관에서는 영농기술과 농업환경에 대한 많은 정보를 실시간으로 제공하고 있으나 실제 농업인들은 이러한 정보를 취합하여 활용하는데 에는 여러 가지 제약이 있는 것으로 판단되며(농업인들의 정보화 능력등)현재까지 작물재배적지추천모델은 국내에 존재하지 않음
• 재배적지추천모델에 가장 비슷한 유형의 정보서비스는 흙토람(http://asis.rda.go.kr)의 재배적지적합도 검정시스템으로 판단되는데 재배적지검정시스템의 경우에는 정보수요자가 재배를 희망하는 작물에 대해 재배지역의 토양의 적합유무만을 검정하므로 추상적인 정보만을 제공하여 시스템에 구축된 정보의 활용도가 낮음

2.2. 요구사항분석

본 연구과제의 목표는 행위자 기반 모델을 적용한 지식기반 시스템 구축이다. 개발을 하기 전 사용자가 필요로 하는 요구사항과 새로운 시스템에 운용될 새로운 전반적인 업무를 나열하였다.

표 2.2는 사전연구를 바탕으로 작물재배적지추천모델이 구현해야 할 요구사항을 정리한 것이다. 크게 필지별 작물재배 적지 기능을 구현하고, 행위자 모델을 적용한 경영모델 기능을 구현하며, 시스템 안정화 테스트 등을 진행하는 것으로 정리하였다.

표 2.2 요구사항 설명

과업 범위	유형	요구사항	설명
필지별 작물재배 적지 기능구현	기능	기본 네비게이터 기능 구현	확대, 축소, 이동, 전체 보기, 거리측정, 인쇄, 파일 다운로드 기능 제공
		지역 선택 기능 개발	지번 입력을 통한 지역 선택 기능 제공
		면적 기능 구현	선택지역의 개별 면적 및 전체 면적 제공
		필지별 작물재배적지 화면 구현	통계 기능으로 작물별 면적 및 비율 제공
			필지별 최적 작물 화면에 표출
행위자 모델을 적용한 경영모델 기능 구현	기능	기본 네비게이터 기능 구현	확대, 축소, 이동, 전체 보기, 거리측정, 인쇄, 파일 다운로드 기능 제공
		면적 기능 구현	선택지역의 개별 면적 및 전체 면적 제공
		개별 분석 조건 설정 화면 구현	'농민의 자산', '노동력', '소득목표'등의 조건을 사용자가 입력 후 검색을 하면 작물재배 적지를 선정 해줄 수 있는 서비스 제공
		지식기반 모델을 적용한 경영모델 화면 구현	통계 기능으로 작물별 면적 및 비율 제공
			필지별 최적 작물 화면에 표출
시스템 안정화 테스트	비기능	시스템 부하테스트	사용자 접속수에 따른 시스템 과부하 테스트 실시

3. 개념모델

3.1. 흐름도 작성

흐름도는 복잡한 시스템을 구조화하고 순서를 정리하며, 시스템 요소들의 기반 구조와 상호 작용을 나타내기 위해 사용된다. 일반적으로 흐름도와 순서도는 프로세스의 표현이라는 의미에서 상호 교환적으로 사용 가능하지만, 이 둘을 분리하여 정의하기도 한다.

순서도가 이벤트나 프로세스의 순서, 함수와 같은 서로 관련된 정보를 조직화되고 순차적인 방식으로 가시화하는 다이어그램(정보를 묘사 혹은 상징화하여 2차원 기하 모델로 시각화 하는 기술)인 반면, 흐름도는 사람, 재료, 문서, 프로세스와 연관된 통신의 흐름이나 물리적 경로를 나타내는 그래픽 표현으로, 물리적인 흐름의 표현이 강조된다. 예를 들어 하나의 시스템에 대한 흐름도는 여러 개의 순서도에 의해 내용이 보충될 수 있는데, 이때 각 순서도는 흐름도의 흐름들 중 하나 혹은 특정 제어 흐름에 대한 단방향 순서를 나타낸다.

흐름도에는 이론적으로 혹은 실제 사용 목적에 따라 특정한 여러 형태들이 있다. 예를 들면 제어 흐름도(control flow diagram)는 비즈니스 프로세스, 프로세스 혹은 프로그램의 제어 흐름을 기술하기 위한 다이어그램이고, 데이터 흐름도(data flow diagram)는 정보 시스템 내에서의 데이터 흐름을 그래픽 표현으로 나타낸 다이어그램이다. 이 외에도 제품 흐름도(product flow diagram), 프로세스 흐름도(process flow diagram), 정보 흐름도(information flow diagram) 등 특정 목적을 위한 다양한 흐름도들이 사용되고 있다(두산백과, 2010).

그림 2.1은 경지를 이용하는 대략적인 흐름도를 작성해 본 내용이다. 사용자가 경작을 원하는 지역의 지번을 입력하면 토양정보와 기상정보 등 지역적 특성에 따라 작물의 종류를 선택하고 도로망, 수자원 인접성 등 기존에 연구된 배점표를 바탕으로 최고점수제로 필지별 적합작물을 추천하며 재배기간이나 방법, 노동력 및 경영비용, 생산량과 유통량 등을 고려한 경영방법을 제안하는 것으로 하였다.

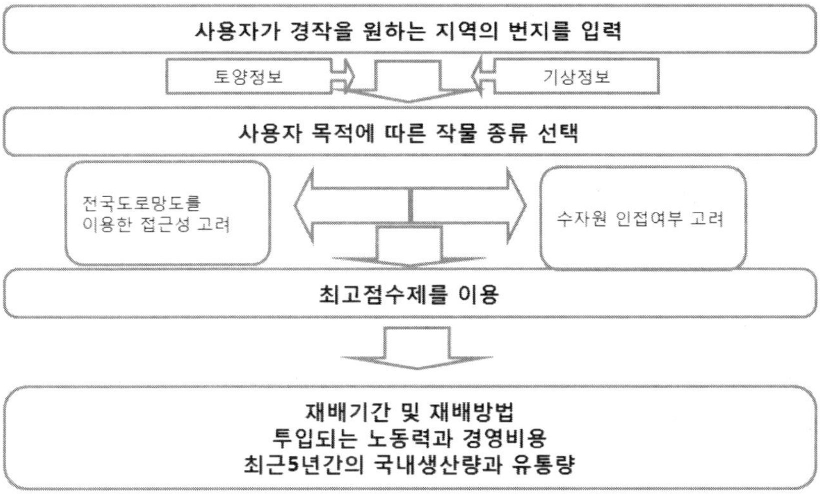

그림 2.1 경지이용 흐름도

3.2. 자료구조와 자료의 수집

자료구조(資料構造, data structure)는 컴퓨터에서 처리할 자료를 효율적으로 관리하고 구조화시키기 위한 학문이다. 즉, 자료를 효율적으로 사용하기 위해서 자료의 특성에 따라서 분류하여 구성하고 저장 및 처리하는 모든 작업을 의미한다.

컴퓨터는 현실 세계에 존재하는 반복적이거나 복잡한 자료처리를 효율적으로 처리하기 위한 전자장치이다. 컴퓨터를 이용하여 자료처리를 하기 위해서는 무엇보다도 먼저 자료를 컴퓨터가 다룰 수 있도록 컴퓨터 내에 표현해 주어야만 한다. 그리고 이렇게 표현된 자료를 컴퓨터는 일정한 절차를 통해 처리하게 된다.

데이터 처리를 위해 데이터 사이에 존재하는 관계와 데이터 사이의 참조 관계에 있어 선형 구조, 나무 구조, 즉 정보를 지정하는 노드들이 가장 위쪽에 있는 뿌리 노드를 정점으로 부모·자식·자손 관계를 이루며 나뭇가지처럼 갈라져 있는 구조를 말한다. 이 구조에서는 뿌리 노드에서 나무 안의 어떤 노드로 가는 경로가 단 하나밖에 없다. 가지의 맨 끝에 있는 노드, 즉 자식 노드를 가지고 있지 않으며, 뿌리 노드에서 가장 멀리 위치한 노드를 리프라고 한다.

나무구조는 디스크 상의 파일 관리시스템(file management system), 데이터베이스 관리시스템(database management system) 등 여러 분야에서 널리 사용되는 자료구조이다. 나머지는 망 구조 등으로 분류된다.

또 처리 중에 그 구조나 크기의 변화 유무에 따라 정적 자료구조와 동적 자료구조로 분류되는데, 정적 자료구조에서는 배열, 레코드 구조나 책자 구조 등이, 동적 자료구조에서는 나무, 인덱스, 스택 등이 대표적이다. 많은 고급 프로그램 작성 언어에서는 자료구조를 데이터형으로 명확하게 정의하는 경향이 있는데, 특히 자료구조의 표현과 그것에 대한 조작 절차를 모아서 기술하는 추상 데이터형도 제안되어 있다.

자료구조는 자료처리의 성능과 효율에 직접적인 영향을 미친다. 따라서 자료구조는 현실 세계의 실제 자료들의 관계를 잘 반영할 수 있어야 하고, 효율적으로 자료처리를 수행할 수 있도록 간단명료해야만 한다.

이렇게 자료구조로 표현된 자료들을 이용하여 자료들을 처리하는 절차들의 모임을 알고리즘이라 할 수 있다. 대부분의 언어는 일정 수준의 모듈 개념을 가지고 있으며, 이는 자료구조가 검증된 구현은 감춘 채 인터페이스만을 이용하여 다양한 프로그램에서 사용되는 것을 가능하게 해준다.

C++나 자바와 같은 객체지향 프로그래밍 언어는 특별히 이러한 목적으로 객체를 사용한다. 이러한 자료구조의 중요성 때문에 최근의 프로그래밍 언어 및 개발 환경은 다양한 표준 라이브러리를 제공하고 있다. 예로, C++의 표준 템플릿 라이브러리나 자바의 자바 API, 마이크로소프트의 .NET과 같은 것을 들 수 있다(학문명 백과, 2014).

자료구조 설계를 위하여 기존의 작물별 생육환경 자료를 바탕으로 재배적지산정표를 구성하였다. 표 2.3은 고추에 대한 재배적지표의 예시이다. 침식등급, 토성, 일조시간, 접근성 등을 바탕으로 최적지와 가능지를 구분하여 점수를 부여하였고 이를 합산하여 높은 점수 순위로 작물을 추천하도록 하였다.

표 2.3 자료구조 설계를 위한 재배적지표 작성 예시(고추)

구분	최적지	점수	가능지	점수
침식등급	없음	5	있음	3
토성	식양토, 양토, 사양토	10	미사질식양토, 미사질양토	10
배수등급	양호	5	약간양호	3
Ph	6.5~7.0	15	7.0~7.2	12
자갈함량	1,2	10	3,4	8
5~9월 생육적온 (주간온도)	평균기온 21~27℃	10	평균기온 18~21	9
5~9월 최저기온 (야간온도)	최저기온이 15℃	10	최저기온 14~14.99℃	8
5~9월 최고온도	최고기온 25.1~28도	10	최고기온 28.1~30도	7
1년간 강수량	연평균강수량 100~1300mm	5	연평균강수량1000~1099mm 연평균강수량1301~1400mm	4
5~9월 일조시간	1000~1100	5	900~999 1101~1200	4
접근성	반경 100m 이내 왕복 2차선이상 도로근접	5	반경 100m 이내 포장도로 접근	4

3.3. 작물별 비용 대 효용산정

1996년부터 2010년까지 농산물 유통공사에서 제공하는 자료를 사용하여, 자료가 있는 배추, 고추 등 15개 농산물을 선택하였으며, 10ac 당 농산물 1kg 가격을 사용하여, 생산비, 자가노력비, 소득, b/c ratio 등을 산정하였음

표 2.4 자료구조 설계를 위한 경영특성 자료 예시

작물	생산비(경영비)	생산비(자가노력비)	소득	b/c ratio
참깨	122,782	257,766	525,794	4.28234
감귤	687,895	613,605	1,876,425	2.72778
콩	213,346	146,824	427,729	2.00486
옥수수	435,822	319,760	817,545	1.87587
사과	1,717,306	703,031	3,098,351	1.80419
생강	1,499,923	649,036	2,311,352	1.54098
유채	63,234	121,723	92,969	1.47024
수박	885,594	362,483	1,284,801	1.45078
배	1,734,564	903,956	2,510,730	1.44747
대파	1,073,746	458,452	1,415,179	1.31798
들깨	121,479	242,809	154,601	1.27266
감자	936,472	252,976	1,122,597	1.19875
고구마	865,528	371,488	1,024,353	1.1835
토마토	8,688,140	3,124,085	8,476,324	0.97562
배추	1,136,014	527,952	1,036,098	0.91205
맥주보리	225,674	78,345	195,081	0.86444
시설가지	9,786,622	2,963,463	6,660,947	0.68062
고추	24,650,830	2,128,982	12,458,746	0.50541

3.4. 주요 농작물별 경영자원에 따른 분산 특성 연구

본 연구에서는 주요 농작물별 예상 매출액, 판매비 등 각 작물의 소득과 경영자원을 분석하였으며, 각 작물의 1년 평균소득 결과를 살펴보면 경영비율이 다소 낮은 작물은 다시 재배가 어려울 것으로 판단할 수 있다.

고추의 예를 살펴보면 소득은 1년에 12,458,746년이지만 소득대비 경영비는 0.5로 나타났는데, 그 이유로 광열동력비, 제재료비, 영농시설상각비, 고용노력비가 10배 높은 것이 원인이라고 할 수 있다.

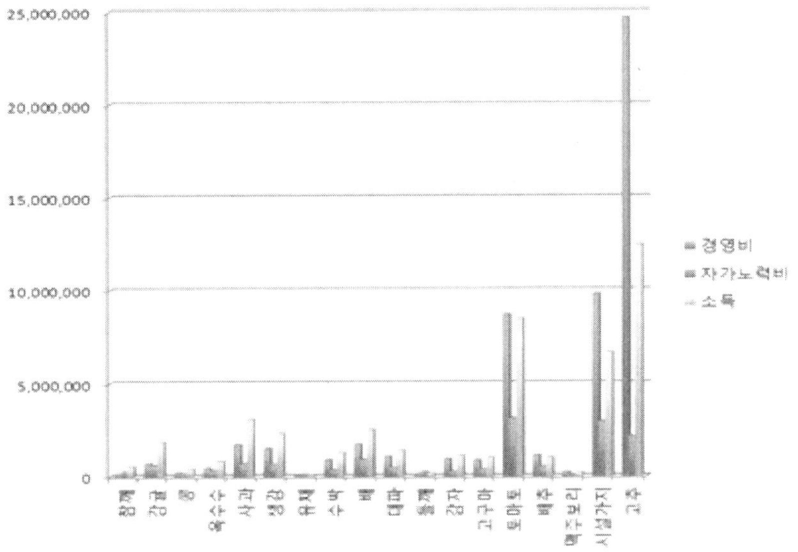

그림 2.2 각 작물의 소득과 경영자원

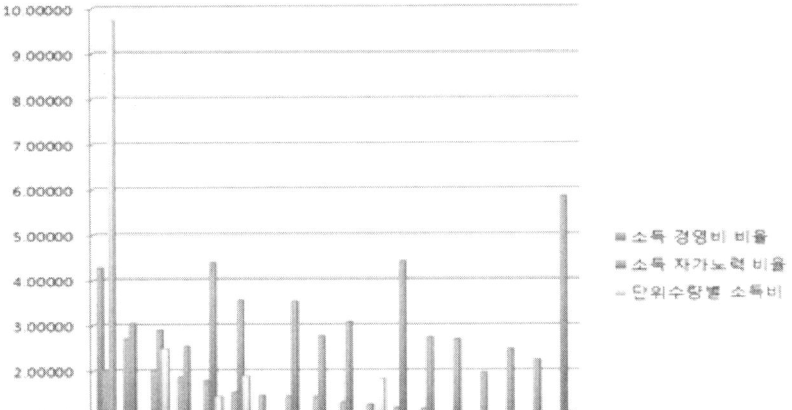

그림 2.3 각 작물의 1년 평균소득

4. 실행모델 개발

4.1. 엔티티관계도

앞에서 살펴본 자료를 바탕으로 자료구조와 관계도를 시스템 공동, 경영 최적화, 재배적지 등으로 구성하였다.

① 시스템 공통

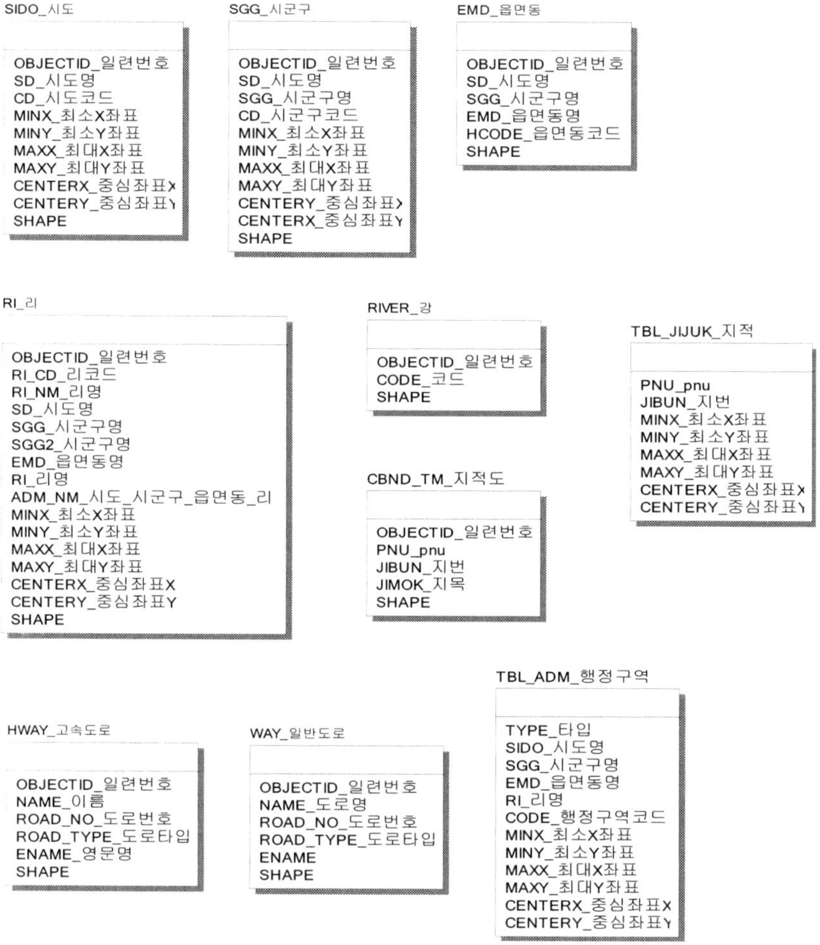

그림 2.4 시스템 공통 관계도

② 경영최적화 분석

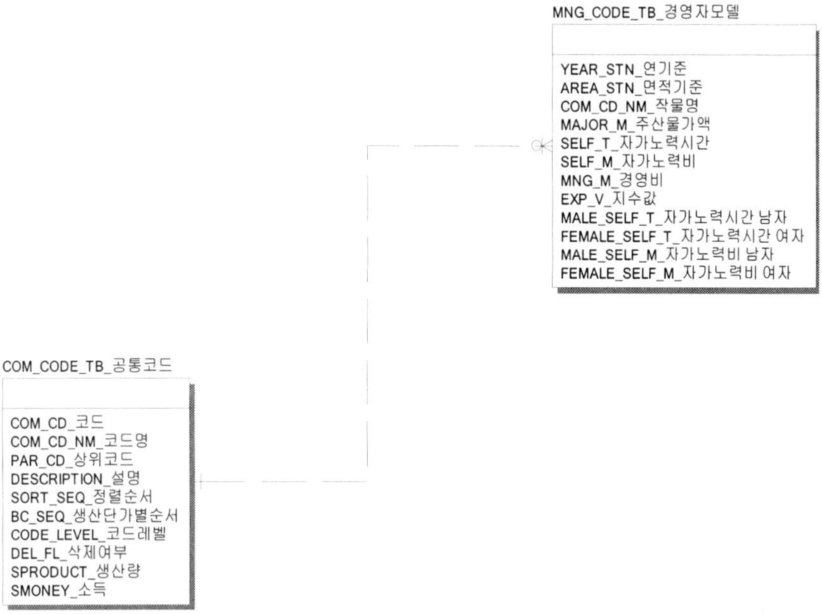

그림 2.5 경영최적화 분석 관계도

③ 작물재배적지 분석

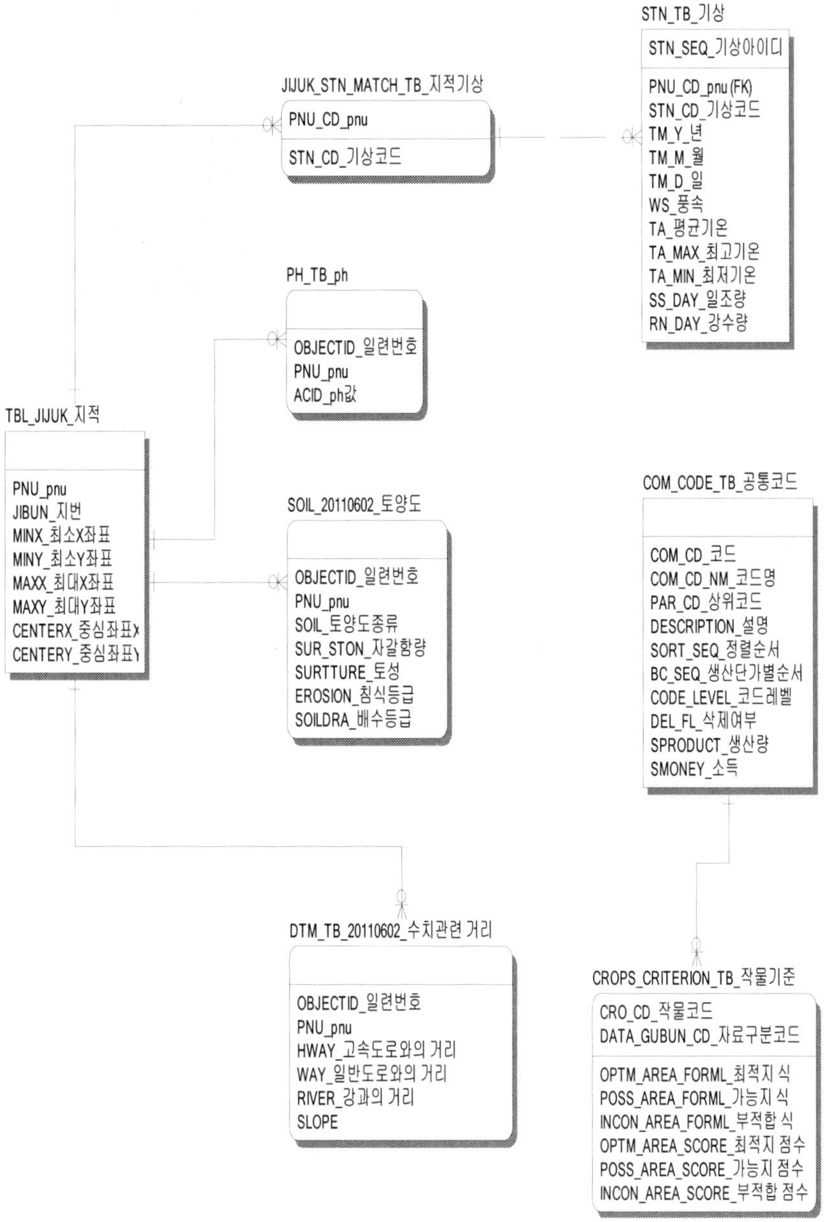

그림 2.6 작물재배적지 분석 관계도

4.2. 분석모델 프로세스

농작물 추천 모델 및 맞춤형 지식제공 모델은 아래의 그림과 같은 프로세스를 통하여 분석 결과를 표현하였다.

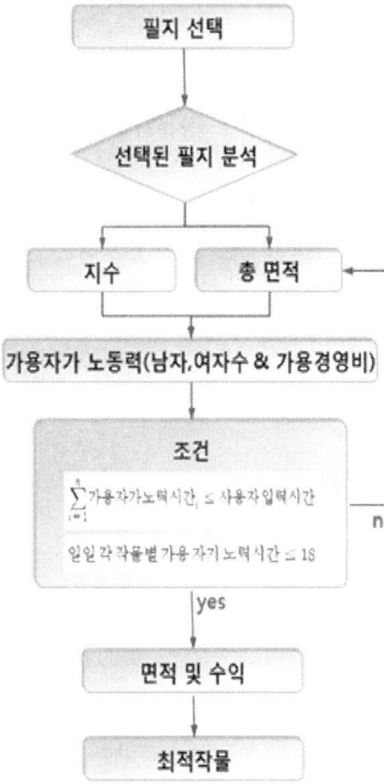

그림 2.7. 경영최적화 모델

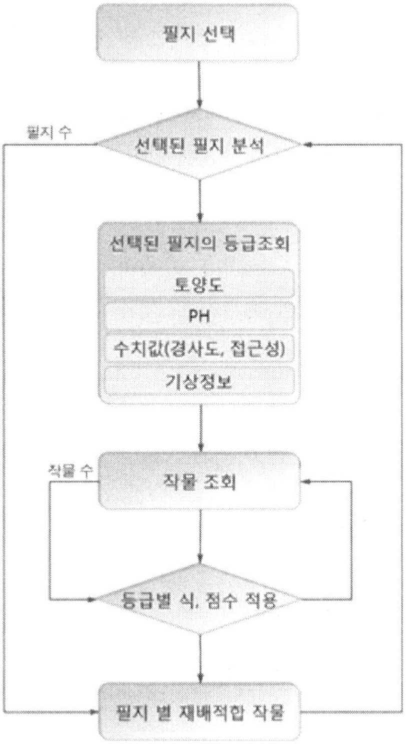

그림 2.8 작물재배적지 모델

농작물 추천 모델의 경우는 18개 작물을 대상으로 분석을 함. 프로세스 방법으로는 대상 필지를 선택하고, 선택된 필지를 작물재배적지 기준의 3 등급(최적지, 가능지, 부적합) 및 12개 항목으로 구분함, 작물별 등급의 점수 및 항목이 각각 다르므로 작물별 등급과 항목을 매칭하여 필지에 작물별 점수를 부여함. 이렇게 부여된 점수를 기준으로 종합 점수가 가장 큰 작물을 재배적합 작물로 추천하였다.

이때 최고 점수가 동일한 작물이 나타날 경우 작물별 생산비에 따른 소득이 높은 작물을 추천함. 이때 작물별 소득은 농축산물 소득 자료집을 바탕으로 산정하였다. 경영최적화 분석 모델은 선택된 필지의 전체 면적과 주산물가액에 따른 자가노력비의 작물(18개)에 대한 지수값, 년 기준 총 면적과 총 자가 노력시간에 따른 가용 자가 노력시간을 기준으로 모델분석을 하며, 위 그림과 같은 프로세스를 통해 작물 별 면적과 수익을 산출하였다.

※ 각 작물 별 면적과 수익은 다음의 조건을 기준으로 산정하였다.
- 가용 자가 노력시간이 사용자가 입력한 시간보다 작거나 같은 경우
- 일일 각 작물별 가용 자가 노력시간이 18시간보다 작거나 같은 경우

위와 같은 조건을 만족하는 경우에만 각 작물 별 총 자가 노력시간 대비 가용 자가 노력시간의 지수 값에 대한 수익을 산출하여 가장 높은 수익을 선정하였다.

4.3. 자료흐름도

본 연구의 데이터 흐름은 두 개로 나누었다. 상위 분류로는 시스템을 운영하는 시스템 전체와 하위분류로 분석 및 검색을 할 수 있는 경영최적화분석, 작물재배적지분석, 어메니티 검색으로 분류하였다.

① 시스템 전체

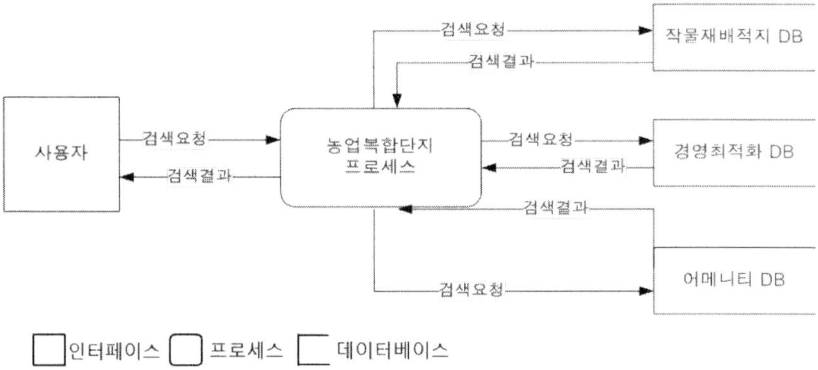

그림 2.9 시스템 전체 흐름도

② 경영최적화 분석

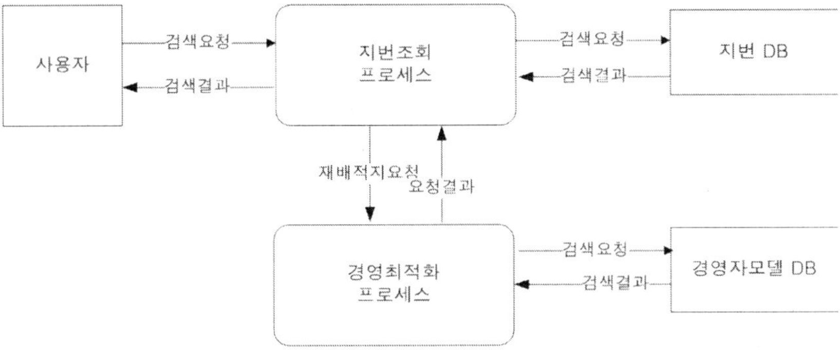

그림 2.10 경영최적화 분석 흐름도

③ 작물재배적지 분석

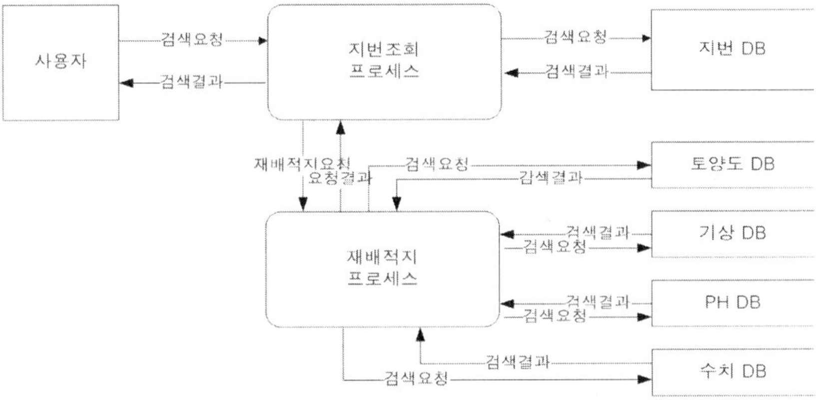

그림 2.11 작물재배적지 분석 흐름도

④ 어메니티 검색

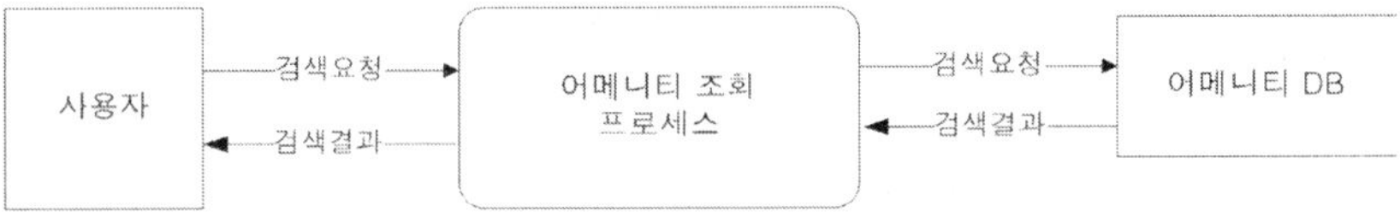

그림 2.12 어메니티 검색 흐름도

5. 시뮬레이션 및 결과 도출

5.1. 1차 시뮬레이션

사용자 지식모델을 검토하기 위하여 주요 강 주변인 제천, 무안, 원주, 함안지역을 대상지역으로 선정하여 농특작물(10개 작목) 매뉴얼을 활용하여 시뮬레이션을 하였다.

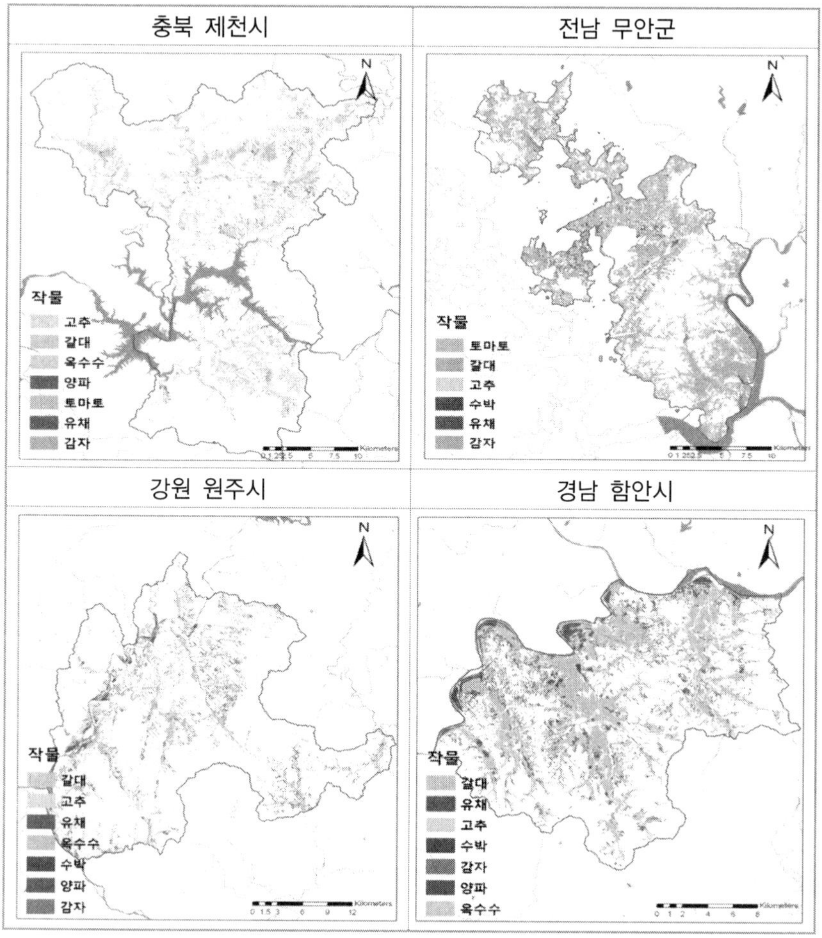

그림 2.13 최고점수제를 활용한 재배적지 시뮬레이션 현황

주요 강 주변 4곳을 대상지역으로 시뮬레이션 한 결과 위와 같은 분포가 나타났으며, 주변 환경이나 토양특성에 영향을 받지 않는 작물이 우선순위로 나타나 각 지역별 특성을 나타낼 수 있도록 제약 조건을 추가한 시뮬레이션이 필요하다.

5.2. 2차 시뮬레이션

작물별 최대 가능 필지를 정하여 사용자 지식모델을 검토하기 위하여 4개 대상지역에 대하여 농특작물(10개 작목) 매뉴얼을 활용하여 시뮬레이션을 하였다.

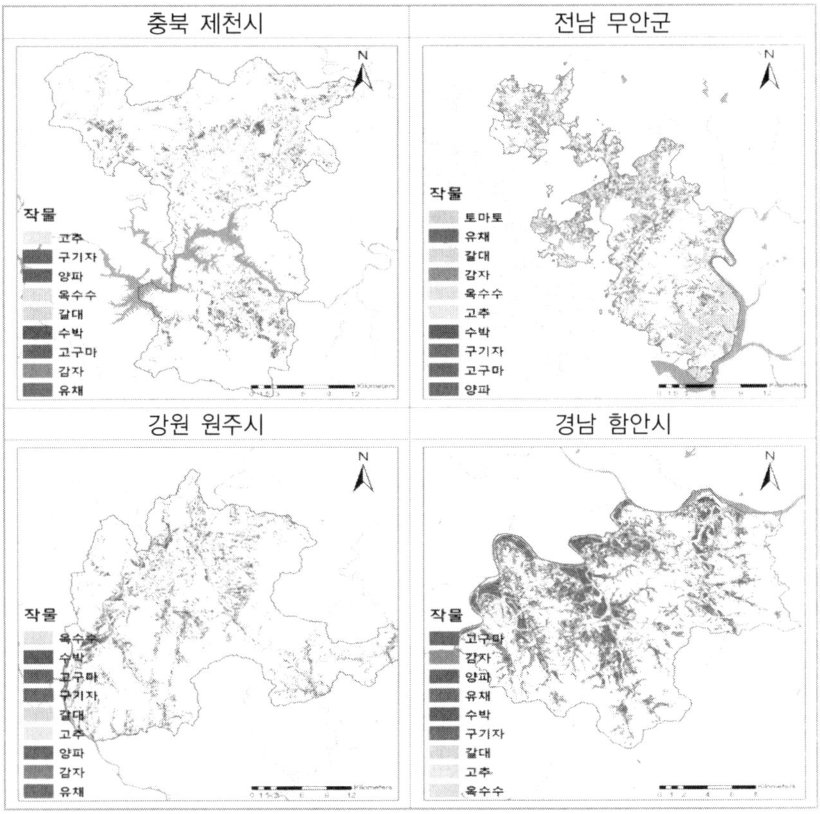

그림 2.14 작물별 최대 7만필지로 제약한 재배적지 시뮬레이션 현황

1차 시뮬레이션 결과보다 4개 시·군의 제약조건 하에서 다양한 작물 분포가 나타나며, 농업생산 시 투입요소, 관련시설, 생산량, 가격 등의 다양한 요소가 고려될 경우 현실적인 모델로 발전할 것으로 기대된다.

표 2.5 충북제천 2차 시뮬레이션 결과

작물명	필지수		합계	비율(%)	면적(㎢)		합계	비율(%)
	답	전			답	전		
고추	11,976	27,509	39,485	27.37	6.984	21.488	28.472	24.87
구기자	5,346	25,324	30,670	21.26	3.076	25.081	28.157	24.6
양파	10,832	18,596	29,428	20.4	10.923	12.214	23.137	20.21
옥수수	6,834	13,300	20,134	13.96	5.373	10.284	15.657	13.68
갈대	8,362	3,185	11,547	8	8.698	1.91	10.607	9.27
수박	1,201	4,536	5,737	3.98	0.315	3.196	3.511	3.07
고구마	2,702	2,044	4,746	3.29	1.902	0.871	2.773	2.42
감자	627	1,843	2,470	1.71	0.38	1.764	2.144	1.87
유채	12	48	60	0.04	0.001	0.016	0.017	0.01
합계	47,892	96,385	144,277	100	37.652	76.825	114.477	100

5.3. 대상지역 선택

대상지역은 지번 입력을 통해 선택하고, 지역 특성에 따른 최적 적지 선정 작업을 수행할 수 있다.

그림 2.15 지역찾기와 대상지역이 선택된 모습

5.4. 대상지역 작물 재배적지 모델 (토지 행위자)

대상지역이 선택되면 작물 재배적지 모델을 이용하여 토지 특성에 따른 농작물 최적지를 결정할 수 있고, 작물 식재에 필요한 투입요소와 생산량 및 소득 최적화 모델, 작물 식재 시기에 따른 개별 생산량을 도출할 수 있다.

지역 특성에 따른 최적 작물

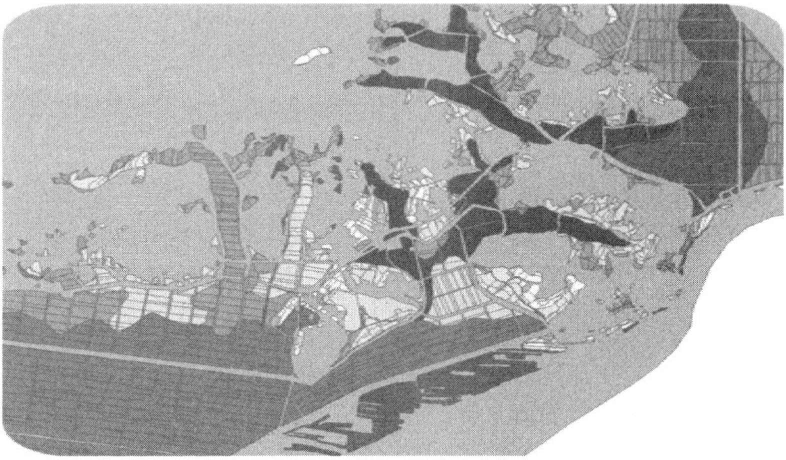

작물별 면적 및 투입, 산출량에 따른 기대수익 산정

작물명	면적(km2)				투입량		산출량	기대 수익
	답	전	합계	비율(%)	비료 (ton)	노동력 (인/일)	Ton	백만원
벼	267,556	2,253	269,809	42.85%	25	5	1,645	133
갈대	90,058	1,003	91,061	14.46%	5.2	3	553	32
유채	75,562	302	75,864	12.05%	8.4	2	997	20
고구마	34,453	17,005	51,458	8.17%	2.1	2	26	22
고추	15,532	3,288	18,820	2.99%	1.1	4	0.5	35
토마토	9,007	566	9,573	1.52%	0.9	5	2.3	65
기타	89,667	23,380	113,047	17.95%	–	–	–	–
합계	581,835	47,797	629,632	100.00%	–	–	–	–

그림 2.16 지역특성에 따른 최적 작물과 경영요소

5.5. 토지 관리자 모델

사용자 소유의 지번 입력을 통해 경지를 선택하며, 노동력, 농업기계 등 현재의 자산에 따른 작물 재배를 결정할 수 있다.

토지 관리자 정보 입력	대상지역이 선택된 모습

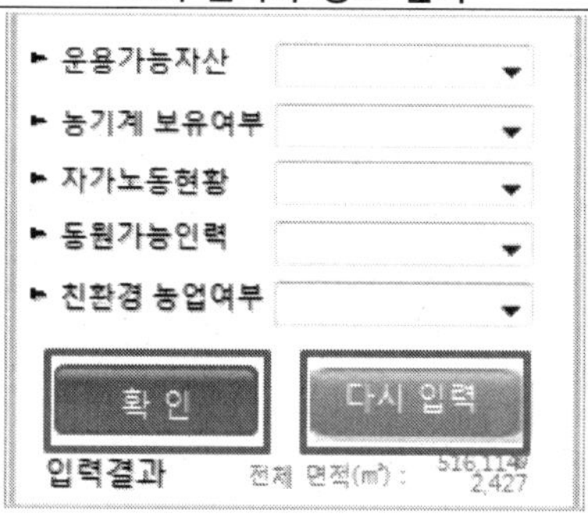

작물명	면적 (km2)	기대수익 (백만원)	재배 기간
고구마	105	6,480	7~8월
감자	85	1,350	8~9월
토마토	0.2	320	6~7월

그림 2.17 토지 관리자 정보와 기대수익

5.6. 토지 확장 모델

토지 확장 모델(경지 최적화) 토지 관리자 모델의 결과를 바탕으로 시뮬레이션을 실시하며, 최초 재배적지 산정결과에서 토지 관리자의 입력 수치와 재배면적과 작물 결과치를 적용하여 경지를 최적화 한다.

표 2.6 필지별 연결도 메트릭스

연결도	1	2	3	4	5	6	7	8	9	10
1	1.00	0.02	0.02	0.02	0.02	0.02	0.02	0.02	0.02	0.02
2	0.02	1.00	0.20	0.10	0.09	0.07	0.07	0.06	0.04	0.05
3	0.02	0.20	1.00	0.21	0.14	0.09	0.10	0.08	0.05	0.06
4	0.02	0.10	0.21	1.00	0.38	0.15	0.16	0.12	0.07	0.08
5	0.02	0.09	0.14	0.38	1.00	0.25	0.14	0.12	0.08	0.09
6	0.02	0.07	0.09	0.15	0.25	1.00	0.10	0.11	0.11	0.13
7	0.02	0.07	0.10	0.16	0.14	0.10	1.00	0.31	0.07	0.08
8	0.02	0.06	0.08	0.12	0.12	0.11	0.31	1.00	0.09	0.11
9	0.02	0.04	0.05	0.07	0.08	0.11	0.07	0.09	1.00	0.44
10	0.02	0.05	0.06	0.08	0.09	0.13	0.08	0.11	0.44	1.00

표 2.7 필지별 작물 적합도 메트릭스

적합도	p. 1	p. 2	p. 3	p. 4	p. 5	p. 6	p. 7	p. 8	p. 9	p.10
1	75	64	73	73	81	79	73	68	77	85
2	70	62	68	68	73	73	69	66	72	74
3	77	69	73	79	80	79	75	77	76	84
4	65	65	66	73	70	68	69	63	72	76
5	65	64	66	68	69	68	69	58	71	71
6	65	65	66	73	70	68	69	63	72	71
7	73	71	70	75	74	72	73	67	72	77
8	73	65	77	77	78	73	73	73	72	82
9	65	65	66	73	70	68	69	63	72	71
10	73	69	77	72	77	71	75	63	71	82

시행단계	그림	주요작물
1	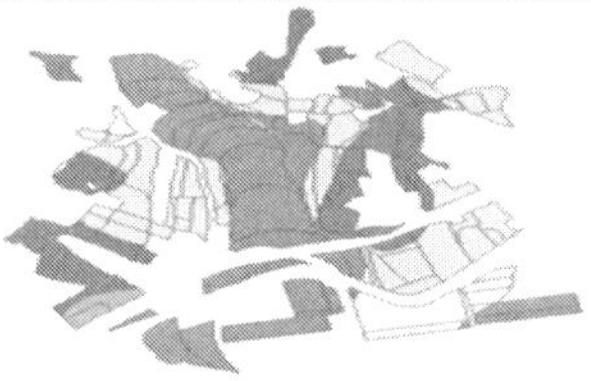	고구마, 고추, 유채, 토마토, 감자, 기타
2	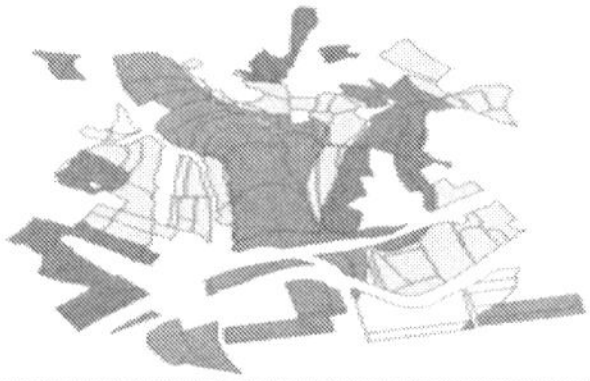	고구마, 토마토, 유채, 기타, 감자
3	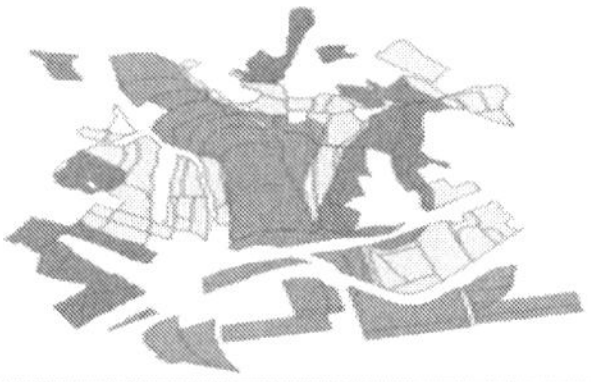	고구마, 토마토, 유채, 감자
4	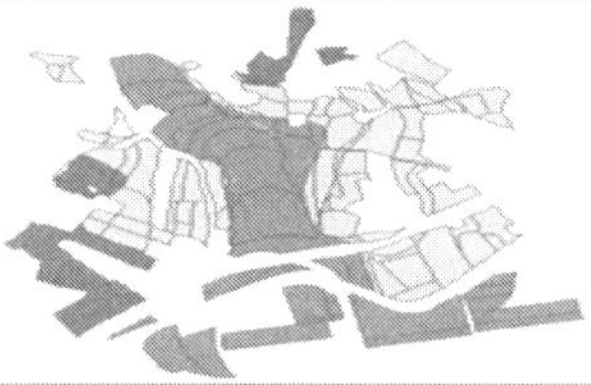	고구마, 감자, 토마토

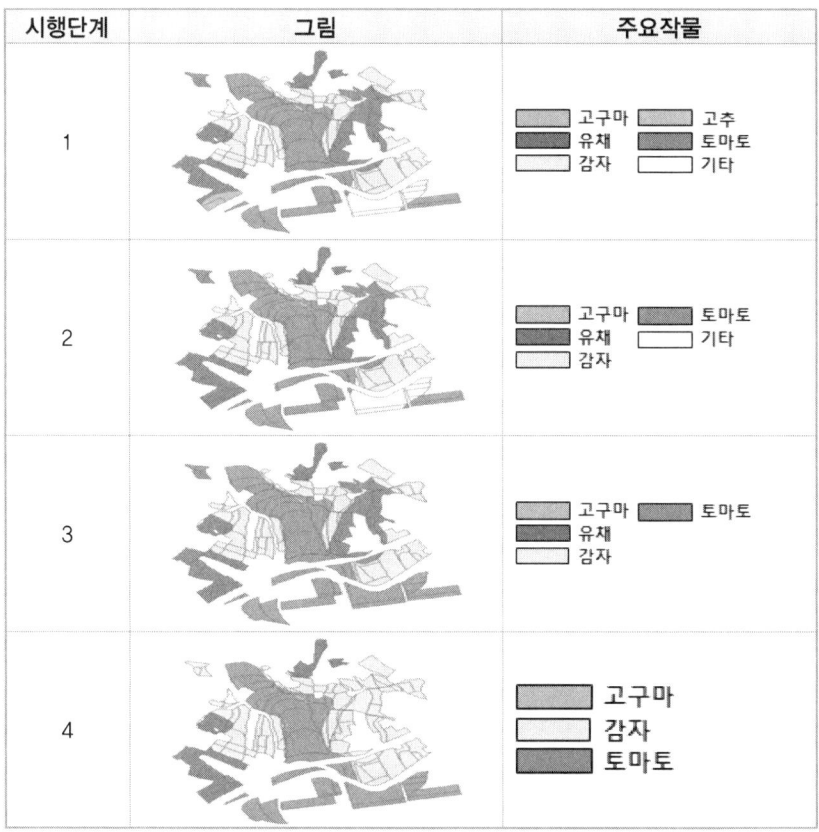

그림 2.18 단계별 모델 시행과 결과 화면

6. 참고문헌

1. [네이버 지식백과] 문제 기술 [problem description] (컴퓨터인터넷IT 용어대사전, 2011. 1. 20., 일진사)
2. [네이버 지식백과] 흐름도 [flow diagram] (두산백과,2010. 08. 01)
3. [네이버 지식백과] 자료구조 [Data Structure] (학문명 백과, 2014. 08 공학, 형설출판사)
4. 임창수, 2012, 4대강 유역 농업복합단지 계획 운영 모델 개발에 관한 연구, 국립농업과학원 연구보고서

제3장

분석의 기초

제3장 분석의 기초

1. 수체계

1.1. 자연수와 덧셈, 곱셈

모든 문명은 계량과 기록을 위해 수를 사용하였다. 사람이 자연에 존재하는 것을 숫자로 나타낸 것을 자연수라 하며, 이때의 유일한 연산은 덧셈이였다. 지금도 해외에서 잔돈을 계산할 때 10달러를 받고 물건(5달러)에 5달러를 맞춰주는 것이 이와 유사하다고 할 수 있다.

수를 이용하는 데는 필연적으로 묶음 단위가 필요하게 된다. 즉, 낱개가 모여서 작은 묶음이 되고, 작은 묶음이 모여서 큰 묶음이 되며, 큰 묶음이 모여서 더 큰 묶음이 되는 과정이 필요하다. 이러한 묶음 단위의 연산을 곱이라 할 수 있다.

이 묶음 단위는 세고자 하는 물건에 따라 다양하게 정해졌다. 예를 들어 벼나 쌀은 부피로 묶음을 나타낸다. 열홉이 한되가 되고, 열 되가 한말이 되며, 열말이 한 섬이 되는 것이다. 이렇게 나타낸 쌀의 양은 “두섬 닷말 세되 일곱홉” 이 되는 셈이다. 이 외에도 묶음 단위는 과일에서 많이 쓰는 접, 넓이에서 많이 쓰는 평, 무게에서 쓰는 돈, 량, 근, 관 과 같이 다양하다. 자연수에서는 덧셈, 곱셈의 모든 결과가 자연수 안에 있게 된다.

1.2. 정수(음수, 0, 자연수)와 뺄셈

“0” 은 AD 700년경에 아라비아에서 발견하게 되었고 '0' 을 이용하는 위치기수법이 확립 된 후에야 진법과 자연수의 연산 방법이 완성 되었다. 자연수에 0 을 더한 십진법은 0, 1, 2, 3, 4, 5, 6, 7, 8, 9 의 열 가지 숫자로 단위의 크기를 나타내면서, 동시에 숫자의 위치에 따라 “일십백천만…” 묶음을 나타낼 수 있게 된다. 즉, 1234는 천이백삼십사처럼 위치에 따라 크기가 정해지는 것이다. 이를 위치기수법이라 한다.

수체계에서 “0”을 쓸 수 있게 되면서 뺄셈이 가능해졌고 이에 따라 음수라는 개념이 도입되었다. 음수, 0, 자연수 이 셋을 합쳐서 정수라 한다. 정수가 되면서 덧셈, 뺄셈, 곱셈을 한 모든 결과가 정수 집합 안에 존재하게 되었다.

1.3. 유리수(분수, 정수)와 나눗셈

사회생활에는 종종 몫을 나누어야 하는 때가 있다. 자연수로 나타낸 양을 분배하는 것을 직관적으로 나타내는 데 분수가 이용된다. 한 몫은 전체를 나누어야 할 대상자의 수로 나누는 것이다. 만약 한해의 소출 m 을 n 명에게 똑같이 분배 한다면 m/n 처럼 분수로 나타 낼 수 있다. 그러나 소출을 나타내는 단위가 한가마 등과 같이 일정양으로 표시되는 경우, 나누어떨어지지 않는 단위보다 적은양은 나눌 수 없게 된다. 이때에는 분모 m 을 나누어떨어지는 단위까지 세밀하게 할 수 밖에 없다. 또 차등을 두어 나누어야 한다면, 나누어 준 전체의 양이 소출과 같아야 한다. 이와 같은 연산을 위해 분수는 약분, 통분 등의 연산이 필요하다.

정수를 대상으로 한 나눗셈의 문제에서 그 결과가 정수 안에 존재하지 않기 때문에 이를 해결할 수 있는 새로운 개념이 필요하였으며, 이때 나타난 것이 소수이다. 소수로 분수를 표시하면 편리하다. 분수는 비례를 나타내므로 수없이 많은 같은 비례가 있을 수 있지만 소수는 수많은 분수가 정규화 된 하나이기 때문이다. 즉, 분수를 몫과 나머지를 나타내는 실수로 표시하는 것이다. 그러나 분모를 분자로 나누어떨어지지 않는 경우에는 분수가 의미하는 값과 소수의 값이 꼭 같지 않을 수도 있다.

예를 들어 1/3 은 0.3333.. 으로 무한히 계속 될 수 있으므로 소수로 분수를 나타내는데 완전하지 않다. 소숫점 이하의 표시는 나누어떨어지는 유리수와 영원히 나누어떨어지지 않는 무리수로 나누게 되고, 무리수의 경우 소숫점 이하가 반복되는 순환 소수와 반복되지 않는 불순환 소수로 구분한다.

정수에 소수의 개념을 합한 유리수가 나오면서 덧셈, 곱셈, 뺄셈, 나눗셈 등 4칙연산의 모든 결과를 유리수 안에 포함할 수 있게 되었다.

1.4. 실수(유리수, 무리수)와 근

아버지는 24살에 아이를 낳았고, 아버지의 나이는 아들의 나이의 네곱에 세살이 많다. 아버지와 아들의 나이는 얼마인가? 와 같은 문제를 풀 경우 아들의 나이를 숫자로 대입하면 아버지의 나이를 알 수 있다. 즉, (아들나이, 아버지 나이)는 (0, 3), (1, 7), (2, 11), (3,15), (4, 19), (5, 23), (6, 27), (7, 31)… 과 같이 많은 계산을 통해 답을 구할 수 있다. 그러나 아버지의 나이를 y, 아들의 나이를 x 로 대신하여 문자식을 구성하면 $y = x + 24$, $y = 4x + 3$가 되어 효율적으로 문제를 표시하고, (7, 31)을 손쉽게 풀이할 수 있다.

사물의 이름인 명사를 This, That, It처럼 대신 하는 것을 대명사(pronoun)라 하듯, 문자로 숫자를 대신 나타 낼 수 있는 수를 대수(algebra)라고 하여, 로그함수를 표시하는 대수(logaithm)와 구분하고, 숫자를 대신한 문자가 들어 있는 풀이식을 방정식 이라고 하며, 방정식의 해를 근이라고 한다. 따라서 대수는 방정식의 근이 되는 수이다.

대수학이 발전하며 유리수를 활용한 방정식의 근이 모두 유리수 안에 포함되지 않는다는 사실이 발견되었다. 즉, $x^2 - 2 = 0$의 해인 $\sqrt{2}$는 순환하지 않는 무한소수이나 방정식의 근이 되는 대수이다. 이러한 문제를 해결하기 위해 순환하지 않는 무한소수를 무리수라 부르고 유리수와 무리수를 합하여 실수라 하였다.

1.5. 복소수(실수, 허수)와 수체계의 완성

방정식을 이용하여 문제를 해결하기 위해서는 대상이 되는 수의 집단이 군의 공리(유일성, 결합법칙, 항등원, 역원존재 등)를 만족하여야 한다. 말하자면 모든 방정식의 근은 대수적으로 표현 되어야 한다. 예를 들면 $x^2 - 1 = 0$과 $x^2 + 1 = 0$은 방정식이다. $x^2 - 1 = 0$의 해는 1과 -1이므로 실수로 나타낼 수 있다. 그러나 $x^2 + 1 = 0$은 해가 있지만 실수로는 나타낼 수 없으므로 이와 같은 가능성이 있는 한 방정식을 이용하여 구한 풀이는 완전할 수 없다.

다시 말하면 실수집합으로는 모든 방정식의 해를 표시 할 수 없으므로 실수를 근으로 하는 방정식은 불완전하다. 이런 이유로 수학자들은 제곱을 해서 -1이 되는 수인 허수 i를 고안 하였다. 즉, 복소수를 포함하는 경우에만 비로소 방정식의 근이 되는 수(대수)는 군의 공리를 만족하게 된다.

1.6. 초월수와 급수

그러나 원주율 π 는 마찬가지로 불순환 소수이지만 어떤 방정식의 해도 되지 않는다는 것이 밝혀져 있다. 이처럼 방정식의 근이 되지 않는 수를 초월수라고 한다. 현재까지 확실하게 초월수임이 알려져 있는 것은 π 와 자연대수 밑 e 을 비롯한 몇 가지 밖에 없으나, 모든 수를 일일이 초월수 인지를 판단하는 것은 불가능하다고 알려 있다.

수학자들의 연구에 의하면 대부분의 복소수는 초월수일 가능성이 높고, 전체 수에서 대수 보다는 초월수가 많다고 한다. 초월수를 방정식에 포함하게 되면 방정식은 군의 공리를 만족하지 못하게 되어 방정식의 해가 완전할지를 알 수 없게 된다. 그러나 초월수인 π 나 e 는 급수(Series; 다양한 항의 덧셈으로 나타낸 것)를 통해 대수로 표현 할 수 있는 방법이 알려져 있으므로 급수를 이용하는 경우에는 방정식에 의한 풀이는 완전하게 된다.

2. 집합과 확률

2.1. 집합의 개념

- 집합(SET)은 단순히 그 성격이 명확한 대상을 모아 놓은 것이다.
  - •대상은 어떠한 숫자나 다른 어떠한 것

    ex) 정수 1,2,3…, 도시계획 과목을 신청한 학생들, 알파벳ABC등..
  - •보통 집합은 대문자 A,B,X,Y 로 나타내고 원소는 소문자 a,b,x,y 로 나타냄

    ex) a 가 A 의 원소이면 $a \in A$ 또는 $A \ni a$ 라고 나타내며,

    " a 가 A 의 원소이다" 라고 읽는다.
  - •a 가 A 의 원소가 아닐 때는 $a \in A$ 라고 나타낸다.

2.2. 집합의 표기 방법

- 열거와 서술
  - 열거 : S = {1, 2, 3}
  - 서술 : I = {x | x 는 양의 정수}, 또는 J = {x | 2<x<5}
- 집합간의 관계
  - 두 집합이 동일한 원소를 포함한다면 같다(equal)라고 한다.

  ex) 집합 A, B 가 A={2, 7, a, f} B={a, 2, f ,7}: A 와 B 는 같은 집합이다.
- 집합 S={1, 3, 5, 7, 9} T = {3, 7} 일 때 T 의 모든 원소는 S 원소이므로 T 는 S 의 부분집합(subset)이 되며 T ⊂ S 또는 S ⊃ T 라고 표기
- 원소를 전혀 포함하지 않는 집합: 공집합 : ○ , { }
- 두 집합이 공통된 원소를 갖지 않는 경우: 분리 집합 ex) 양의 정수의 집합과 음의 정수의 집합

2.3. 집합의 연산

- 합집합 : 두 집합의 원소를 모두 포함하는 집합.
  - 합집합 : A ∪ B , A ∪ B = { x | x ∈ A 또는 B }
  - 연산기호 ∪ 는 'or' 의 의미.
- 교집합 : 두 집합의 공통된 원소의 집합
  - 교집합 : A ∩ B , A ∩ B = { x | x ∈ A 및 x ∈ B }
  - 연산기호 ∩ 는 'and' 의 의미.
- 여집합 : 전체집합 U 중에서 집합 A 에 속하지 않는 집합
  - 여집합 A = { x | x ∈ U 및 x ∈ A} = {1, 2, 4, 5}

  ex) 전체집합 U= {1, 2, 3, 4, 5, 6, 7}, A ={3, 6, 7}

2.4. 함수의 개념

함수(function)은 두 변수의 관계를 어떤 특별한 식으로 표현한 것이다. 함수는 사상(mapping) 혹은 변환(transformation)이라고도 하는데 두 용어 모두 다른 것과 연관시키는 함의를 갖는다. 함수는 일반적으로 y=f(x) 로 일반적으로 표현되는데 여기서 f는 함수의 약자이며 x 를 y 로 변환시키는 규칙을 의미하는 것으로 해석이 가능하다.

f : x -------〉 y

여기서, 화살표는 사상을 나타내고, 기호 f는 사상의 규칙을 말한다. 함수 y = f(x) 는 두 변수 x 와 y 의 인과관계를 표현하는데, x는 영향을 주는 변수이고 y는 영향을 받는 변수이다. 따라서 x 를 설명변수 또는 독립변수라 하고, y 를 종속변수라고 한다. y= f(x) 와 같이 하나의 설명변수 x의 함수로 나타내는 일변수 함수만을 보았는데 z=f(x, y) 혹은 u=f(x, y, z) 와 같이 설명변수가 두개 이상인 다변수 함수가 현실적으로 더욱 유용하게 쓰이는 경우가 많다. 다변수 함수는 일변수 함수를 확장한 것이며, 함수가 변수들 간의 관계를 표현한다는 점에서는 동일하다.

2.5. 항에 따른 함수의 유형

- 상수함수 : 설명변수가 상수만으로 이루어진 함수
- 다항함수 : 복수의 항을 갖는 함수로 다음과 같은 일반형을 갖음
- 선형함수 (1차 함수)
- 2차 함수
- 3차 함수
- 유리함수 : 함수의 형태가 $y = \dfrac{x-1}{x^2+2x+4}$ 와 같이 두 다항식의 비로 표현, 현실적으로 가장 흔히 쓰이는 유리함수로는 y=a/x 또는 xy=a를 들 수 있는데 이는 직각쌍곡선으로 나타나게 됨
- 비대수함수 : $y=b^n$ 과 같이 설명변수가 지수에 나타나는 지수함수나 y=logbx 와 같은 로그함수가 여기에 속함

2.6. 확률

- 확률(probability)이란 특정 사건이 발생할 기회 혹은 가능성을 수치로 나타낸 것

  ex)주사위를 던져서 특정수가 나올 가능성

- 확률의 더하기 법칙

  •A 라는 사건과 B 라는 사건이 동시에 발생할 수 없고 상호 독립일 경우 A 나 B 중에서 하나가 발생할 확률은 각각의 확률을 더한 것과 같음

  ex)주사위를 두 번 던지는 게임에서 두 번째 나온 눈의 수가 4인 사건을 a, 두 번째 나온 눈의 수가 나온 사건을 b, 두 눈의 합이 7인 사건을 c라하고 다음 확률을 구하여라.

  1)P(A∪B) 2)P(A∪B∪C)

- 확률의 곱하기 법칙

  •사건 A 의 발생이 사건 B 의 발생으로 인해 전혀 영향을 받지 않는 독립사건인 경우, 사건 A, 와 B 가 동시에 발생할 수 있는 확률은 A 와 B 의 각각의 확률을 곱한 것과 같음

  •한편 사건 A 의 발생이 사건 B 의 발생에 대해 의존하고 있는 경우에는 A, B 두 사상의 결합 확률은 사건 B 가 발생할 확률에다 사상 B 가 발생한다는 전제조건 아래에서 사건 A 가 발생할 확률을 곱한 것과 같음

  ex)$P(A \cup B)=P(A)P(B \mid A)$, $P(A)>0$

  $P(A \cap B)=P(B)P(A \mid B)$, $P(B)>0$

  - 확률변수의 개념

  •확률변수(random- variable)는 확률실험에서 나타낼 수 있는 개개의 결과에 관련된 수를 나타낸다.

  •수업을 마치고 집으로 돌아갈 때 걸리는 시간이 대략 50분 걸린다고 가정하면 날마다 시간이 더 소요되거나 덜 소요될 수 있음

  이때 소요되는 시간은 확률변수(random- variable)

•확률변수 X 는 P{ X = a } , P{ a < X ≤ b } 등과 같이 정의된다. 이때 표본공산 상의 어떤 부분집합 A 에 대하여 P { X ∈ A } 를 대응시켜 주는 관계를 확률변수 X 의 확률분포(probability distribution) 라고 함

- 이산확률변수
  •상태 공간이 유한개의 수로 구성되거나 무수히 많더라도 셈을 할 수 있는 개수의 확률변수를 의미한다.
  •확률변수 X 가 취할 수 있는 모든 값을 x_1, x_2, x_3, … 로 셀 수 있을 때 X를 이산확률변수(discrete random variable)이라고 함
  ex) X는 아이가 넷인 가정에서의 여자아이 수이다.
  •이산확률변수가 취할 수 있는 값에 대하여 확률 P{X=x_1} P={X=x_2}, …를 대응시켜 주는 관계를 X 의 확률 밀도함수(probability density function)이라고 함
  •확률 변수 X 에 관한 확률은 확률밀도함수f(x) 로부터 쉽게 구할 수 있다. 따라서 확률변수 X 의 확률분포는 확률밀도함수에 의해 결정됨
- 연속확률변수
  •일반적으로 주어진 구간 내의 모든 값을 취할 수 있는 확률변수를 연속확률변수 (continuous random variable)라고 함
  •확률변수 X 가 어떤 구간 [l, u] 의 모든 값을 취하고 이 구간 위에서 함수 f(x)가 $f(x) \geq 0, \int_l^u f(x)dx = 1$을 만족할 때, 함수 f(x)를 확률변수 X 의 확률밀도함수라고 함
- 기대값
  •확률분포의 특성을 나타내는 것들 중에서 가장 대표적인 것으로 평균(mean)과 분산(variance)이 있는데, 이들은 기대값(expected value) 혹은 수학적 기대치 (mathematical expectation)라고 함
  •어떤 확률변수 X 에 대해 평균은 E(X), 분산은 Var(X)로 나타냄
  •X, Y를 확률변수, a, b를 상수라고 할 때, 기대값은 항상 다음 조건을 만족

• $E(a)=a$: 상수의 기대값은 상수 그 자체이다.

• $E(aX+b)=aE(X)+b$

• $E(aX+bY)=aE(X)+bE(Y)$

- 평균
  - 평균(mean, average): 확률분포에서 분포의 무게중심을 말하며 기대값(expected value)이라고도 함
- 분산
  - 개개의 확률변수는 그 기대값과는 다른 실제값들을 갖고 있기 때문에 그 차이의 정도를 나타내는 양을 분산(variance)라고 하고, 확률변수 X 의 분산을 기호로는 Var(X)라고 나타냄
  - 여기서 확률변수 X 를 나타낼 필요가 없을 경우 X 를 없애고 2로 표현한다. 분산의 양의 제곱근을 표준편차라고 하며 sd(X)라고 표현
- 확률분포-이항분포
  - 어떤 실험이 오직 두 가지 결과만을 가질 때 이 실험을 베르누이 시행(Bernoulli trial)이라 한다. (ex. 동전을 던지는 실험)
  - 베르누이 시행의 결과는 일반적으로 (s), (f) 로 나타냄으로써 표본공간은 S = {s, f}가 됨
  - 또한 성공률은 $p=P(s)$, 실패율은 $q=P(f)$ 로 나타내며, $p\geq0$, $q\geq0$, $p+q=1$ 이 성립
  - 이제 성공률이 p 인 베르누이 시행이 n 번만큼 독립적으로 반복시행되었을 때 총 성공 횟수를 확률변수 X 로 두면, 이때 X 의 확률분포를 시행횟수 n 과 성공률 p를 갖는 이항분포(binomial distribution)라 함

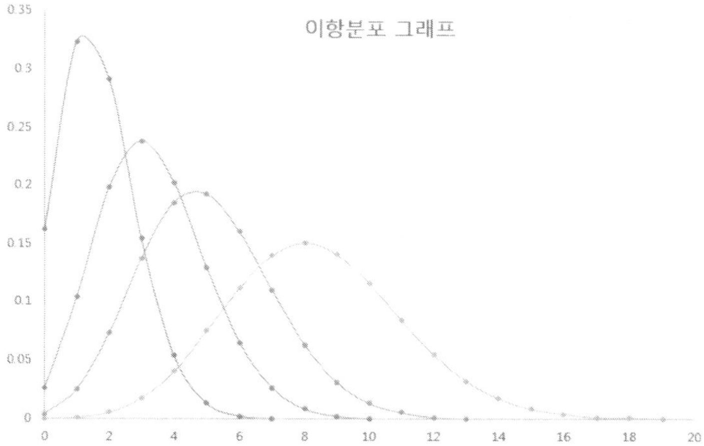

그림 3.1 이항분포 그래프

- 확률분포-포아송분포
  - 단위 시간이나 단위공간에서 발생하는 사상의 빈도 혹은 사건의 분포
  - 포아송 분포의 활용: 단위 시간 내 특정 도로구간의 교통량, 단위 시간 내 전화통화량, 어느 지역의 하루 동안 교통사고건수, 책의 페이지당 오자의 수
  - 확률변수 x를 사건의 발생횟수라고 할 때 어떤 사건이 k 번 발생될 확률

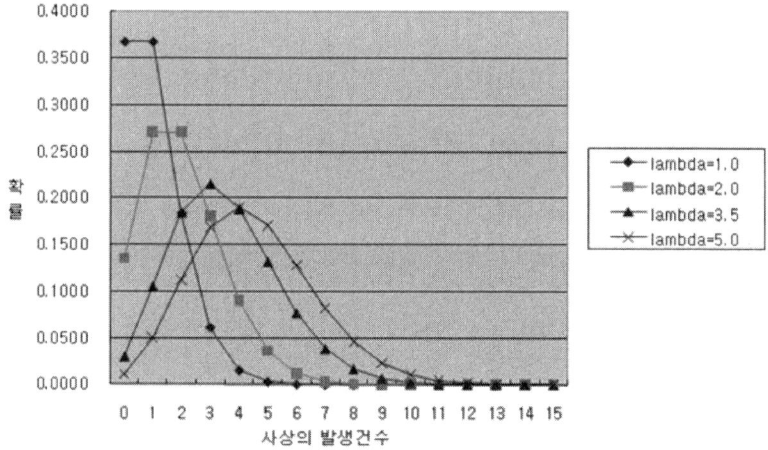

그림 3.2 여러 유형의 포아송분포

– 확률분포–정규분포

- 가능한 값이 $(-\infty, \infty)$사이의 모든 실수 값이며 분포의 중심이 가장 높으며 이 중심이 좌우대칭인 형태를 갖음
- 정규분포의 특성은 중심축의 위치와 분포가 중심축을 중심으로 흩어진 정도이다. 따라서 평균과 분산을 정규분포의 모수라고 함
- 정규분포는 평균 μ와 σ^2 에 의해 그 분포형이 결정되는 것으로써 다음과 같은 확률밀도함수를 갖음

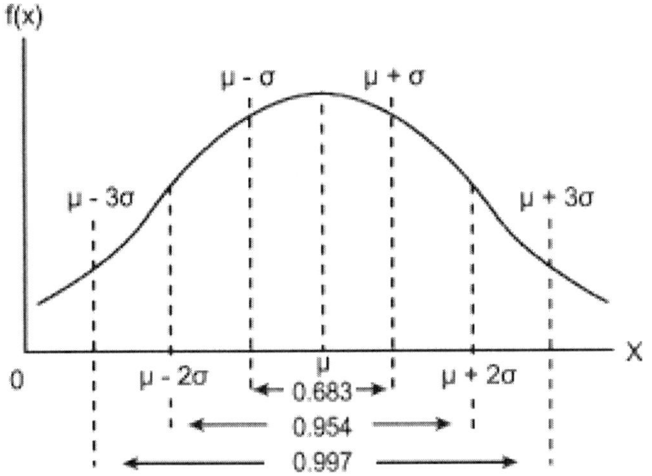

그림 3.3 정규분포

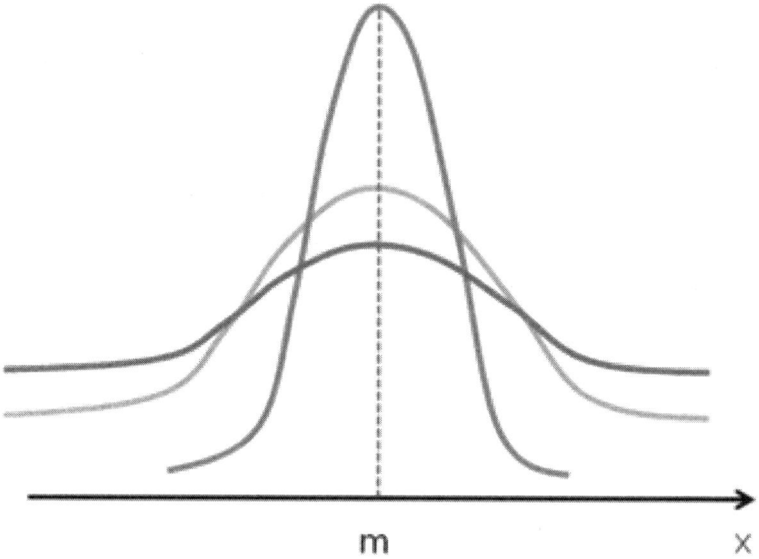

그림 3.4 표준편차와 정규분포의 변화

•m의 값이 일정할 때, 폭이 커질수록 σ가 커짐

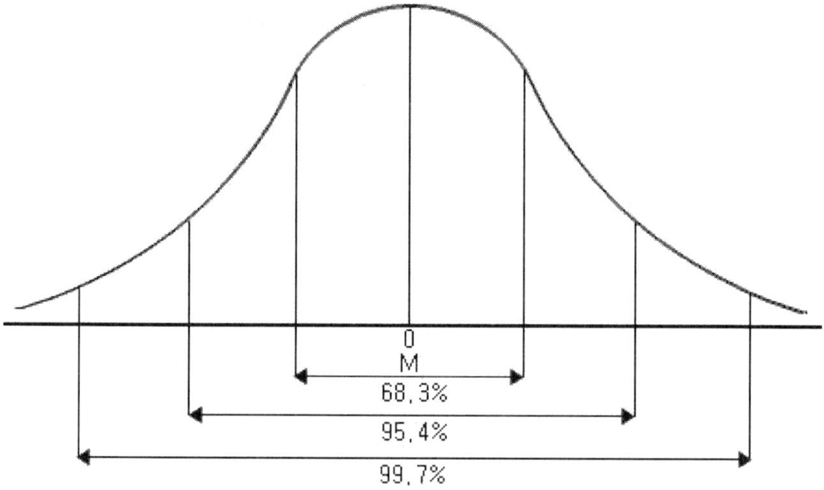

그림 3.5 표준정규분포

3. 변이할당분석(Shift-Share Analysis)

- D.B Creamer 에 의해 처음 시도됨
- 도시경제성장의 구조적 분석, 특히 도시 산업에 내재하고 있는 원인들을 보다 효과적으로 파악할 수 있도록 방대한 통계자료를 체계적으로 구성하기 위한 모델
- 장래 도시산업의 방향설정에 유용한 준거틀을 제공

3.1. 기본가정

- 빠른 성장의 산업의 구성비가 큰 도시는 빠르게 성장하며 저성장의 산업의 구성비가 큰 도시는 늦은 성장을 보임
- 도시성장을 산업구조별 성장의 원인에서 찾는다. 즉 어떤 도시 및 지역 산업의 성장은 전국 경제성장효과, 산업구조효과, 지역할당효과의 세 가지 요인으로 구분한다는 것
- 즉, 변화 할당 모델은 어떤 도시나 지역의 경제성장에 영향을 미치는 이들 세 가지의 몫을 찾아내는 것이 목적

3.2. 변이-할당 분석의 기본 모델

- 총 성장은 분석기간동안 j 도시 i 산업의 부가가치 혹은 교용의 총 증가를 의미
- 이 값이 + 혹은 - 값을 가짐에 j 도시 i 산업의 성장여부를 판단할 수 있음
- 총성장 = Vij(t) - Vij(0) = Ng + Im + Rs

  단, Vij(t) = 대비년도 t에 있어 j도시 I산업의 부가가치 또는 고용자 수

  Vij(0) = 기준년도 0에 있어 j도시 I산업의 부가가치 또는 고용자 수

  Ng = 전국경제성장효과

  Im = 산업구조효과

  Rs = 지역할당효과
- 순 성장 = Im + Rs

3.3. 개별 성장 효과

- 국가경제성장효과(National growth effect : Ng) :
  일정기간동안 j 도시 I 산업의 부가가치 또는 고용의 총 증가량 중에서 국가전체의 모든 산업의 평균성장으로 유발된 부가가치 또는 고용의 증가분을 의미한다.

$$N_g = V_{ij}(0)\frac{V(t) - V(0)}{V(0)}$$

- 산업구조효과(Industrial mix effect : Im) :
  전국적인 차원에서의 I 산업의 총 성장률에서 전국 모든 산업의 평균성장률을 뺀 전국 I산업의 순 성장률이 j 도시 I 산업에 대하여 유발한 부가가치 또는 고용증가를 뜻한다.

$$I_m = V_{ij}(0)\left[\frac{V_i(t)}{V_i(0)} - \frac{V(t)}{V(0)}\right]$$

- 지역할당효과(Region- al share effect : RS) :
  전국의 다른 지역에 대비한 j 도시의 경쟁적 위치를 나타내는 것으로 도시경제의 수행 능력에 따라 나타난다.

$$R_s = V_{ij}(0)\left[\frac{V_{ij}(t)}{V_{ij}(0)} - \frac{V_i(t)}{V_i(0)}\right]$$

3.4. 변이할당 분석 장점

- 도시경제 성장의 횡적인 차원과 종적인 차원을 동시에 관찰할 수 있는 간결하고 이해하기 쉬운 도시경제 분석 모델이다.
- 자료가 불충분하여 시계열분석이 어려운 경우나 시간과 자원이 제한되어 있을 경우에도 무리 없이 사용될 수 있다.
- 정책적인 의미를 가장 손쉽게 이해할 수 있는 방법이다.

3.5. 변이 할당 분석 단점

- 도시 내 산업들 상호간의 연관성을 고려하지 못한다.
- 산업성장의 구조적 특징, 즉 성장요인에 대한 정확한 설명을 제공 하지 못한다.
- 분석과정에서 자료획득의 용이성 때문에 고용자수가 측정지표로 많이 사용되는데, 이때 노동생산성을 고려하지 못하기 때문에 실업자의 증감 이유를 정확하게 설명하지 못한다.
- 변화-할당모델의 순수모델은 도시경제의 예측수단으로서의 기능이 부족하다.

4. 게임이론

본 장의 내용은 김영세(2002)의 게임이론을 재정리 한 것임.

흙투성이 꼬마들(Muddy children puzzle)

- 문제

- 세 아이들은 모두 모자를 쓰고 있는데, 모자 색깔은 하얗거나 빨갛거나 둘 중의 하나
- 각자는 다른 두 아이들의 모자색깔을 볼 수 있지만 자기 모자의 색깔은 볼 수 없음
- 세 아이가 모두 빨간 모자를 쓰고 있다고 가정
- 선생님이 들어와서 아이들에게 자기 모자의 색깔을 물으면 아무도 대답하지 못함
- 너희 셋 중에 최소한 한명은 빨간 모자를 쓰고 있다고 말함
- 첫번째 아이는 '아직도 나는 무슨 색깔의 모자를 쓰고 있는지 몰라요'라고 대답
- 두번째 아이도 '나도 무슨 색깔의 모자를 쓰고 있는지 몰라요'라고 대답
- 이때 세번째 아이가 자기 모자의 색깔을 대답할 수 있을까?

- 풀이

- A know B, C
- B know A, C
- C know A, B
- T Sentence A or B or C (1)
- A Sentence not know (B or C) (2)
- B Sentence not know (A or C) (3)
- If c and b then A sentence A (4)|~(1)
- If c and A sentence not know then B (5)|~(4)
- C | (4) (5)

4.1. 게임이론의 발전

게임이론은 폰노이만(John Von Neumann,1928)이 불확실성하의 선택을 다룬 최대·최소이론(minimax theorem)에서 비롯되었다. 게임이론은 응용수학과 경제학의 한 갈래로 참가자들이 자신의 이익을 최대화하려는 상황에서의 전략에 대한 연구이다.

폰노이만과 모르겐슈타인(Oskar Morgenstern, 1944)는 경제학의 많은 분야를 게임이론으로 접근하였으며, 전략적 게임과 확장형 게임으로 분류하여 표현하였고, 2인형 제로섬 게임에서 출발하여 여러 명이 하는 게임을 체계적으로 확장시켜 분석하였다.

그 후 1950년에 내쉬(Nash)가 협상이론에 관한 협조적 모델을 발표하였는데, 이는 사전에 구속력 있는 협약을 맺고 하는 게임으로 몇 개의 공리를 이용하여 다수의 결과 중 관심 있는 결과를 하나만 가려내는 공리적(axiomatic) 모델이다. 내쉬는 비협조적 게임을 위한 균형이론을 발전시켰는데 이는 각 선수들의 전략이 상대가 사용할 것이라고 예측한 전략에 대하여 최선의 전략이 되어야 하며, 또한 상대방에 대한 예측이 들어맞아야 한다는 두 가지 특성을 지니고 있다.

그러나 내쉬균형은 향후 일어날 상황에 따른 전략의 선택에 대해서는 취약한 약점이 있다. 젤튼(Selten, 1965)과 하샤니(Harsanyi, 1967~1968)는 이러한 확장형 게임에 필요한 연구를 진행하여 불완전정보하에서 게임에 베이지안 내쉬균형개념을 도입하였다. 이후 완전균형(Perfect equilibrium), 축차적 균형(Sequential equilibrium), 평판효과(Reputation effect)라는 개념이 불완전정보하의 게임에 활용되고 있다.

현재까지 개발된 게임이론은 게임을 하기 이전에 게임에 참가하는 선수들이 완전히 구속력 있는 협약 (full and binding agreement)을 맺고 하는 협조적 게임(cooperative game)과 비협조적 게임이 있고, 각 선수들이 한 번에 전략을 선택한 후 게임이 끝나는 정적 게임(one stage game)과 각 선수가 전략을 선택한 후 그 결과를 보고 다시 전략을 선택하는 과정을 수회 걸친 후에 나타난 결과에 따라 보상을 하는 동적 게임(multi-stage game)이 있으며, 이 이외에도 전략형게임(strategic-form game)과 확장형 게임

(extensive-form game), 완전정보게임(complete information game)과 불완전정보게임(incomplete information game), 제로섬게임(zero-sum game)과 비제로섬게임(non-zero game) 등이 있다.

국내에서는 정(2000)이 협력게임이론을 응용하여 통신산업에 응용한 바 있으며, 최(2004), 백(2006) 등이 도로에서 VMS최적 운영모델을 개발하는데 게임이론을 적용하였으며 김(2002)이 슈퍼마켓의 배달 서비스에 대한 효용을 게임이론으로 분석하였고 도로의 혼잡통행료 산정(김, 2004), 새만금간척사업에 대한 분석(임, 2003) 등 많은 응용연구가 수행된 바 있다.

4.2. 개념의 이해

골키퍼 없이 공격수 혼자 골킥을 연습하는 경우에 좌·우 어느 방향으로 차는 것이 유리할지를 궁리하는 선수는 없다. 골대는 움직이지 않고 그대로 제자리에 있으므로 어느 방향으로 차든 관계없기 때문이다. 공격수와 골대 사이에는 아무런 상호작용이 없다. 그러나 실전에서는 다르다. 승부차기의 경우에 공격수는 골키퍼를 염두에 두고 어느 방향으로 볼을 찰 것인지를 결정한다. 골키퍼의 입장에서는 공격수가 어느 쪽으로 볼을 찰지를 추측하여 공격수가 볼을 차는 순간에 몸을 그 방향으로 날릴 것이다. 공격수가 찬 볼의 방향이 골키퍼가 생각한 방향과 일치하면 골키퍼는 성공적으로 방어할 것이고, 공격수가 찬 볼의 방향이 골키퍼가 생각한 방향과 반대이면 공격수는 득점할 것이다. 결국 승부차기의 성패는 공격수가 어느 방향으로 볼을 차겠느냐와 골키퍼가 어느 방향으로 몸을 날리느냐에 달려 있을 것이다. 공격수와 골키퍼 사이에는 상호작용이 존재한다. 게임이론에서는 이러한 경우를 전략적 상황이라고 한다.

4.3. 게임이 이루어지는 상황

게임(game)은 우리말로 '놀이, 오락, 경기' 등의 의미를 갖는다. 흔히 알 수 있는 게임에는 놀이판 위에서 하는 바둑이나 장기, 카드를 갖고 하는 포커(poker)나 화투, 컴퓨터를 상대로 하는 각종 전자오락, 그리고 경기장에서 하는 야구, 축구, 테니스, 수영 등이 있다.

이들 가운데 어떤 것들은 서로 상관이 없어 보임에도 불구하고 게임이라는 동일 범주 안에 분류되는데, 그것은 상호간에 공통점이 있기 때문이다. 그러한 공통점으로는 첫째 모든 게임은 나름대로의 규칙(rule) 아래에서 진행된다는 것이다. 우선 규칙은 게임의 주체가 되는 경기자(player) 혹은 팀의 구성을 규정하며, 선수들이 어떠한 순서(order)로 게임을 할 것인가도 규정한다. 규칙에 따라 선수들이 택해도 좋은 행동과 택해서는 안 되는 행동이 정해져 있다. 이에 따라 반칙을 범했을 경우에는 벌점을 받거나 그 정도가 심하면 경기를 계속할 수 없도록 퇴장당하기도 한다. 둘째 공통점은 전략(strategy)의 중요성이다. 전략에는 좋은 전략이 있는 반면 잘못된 전략도 있다. 어떤 선수나 팀이 잘못된 전략을 계속해서 사용할 경우에는 게임에 지게 된다. 게임이론의 중요한 역할 중 하나는 어떤 전략이 좋은 것이고 어떤 전략이 잘못된 전략인지를 가려내는 데 있다. 셋째, 모든 게임에는 최종적인 결과(outcome)가 있다. 운동경기의 경우에는 우리편이 이기든가 상대편이 이기든가 혹은 비기든가 셋 중 하나의 결과가 최종적으로 실현된다. 넷째, 게임의 결과는 전략적 상호작용에 의하여 결정된다. 바둑에서 내가 아무리 악수(惡手)를 많이 둔다고 하더라도 상대방이 악수를 더 많이 두면 승리는 내 것이 될 수 있다. 반대로 내가 아무리 훌륭한 전략을 쓴다 하더라도 상대방이 나를 능가하는 전략을 쓴다면 나는 게임에서 지게 되는 것이다.

우리는 일상생활에서 의식적이든 무의식적이든 일반적으로 게임이라고 불리지는 않지만 게임의 상황에 참여하고 있으며 인간의 사회적 행태와 경제사회의 현상을 파악하는데 게임을 이해하는 것이 중요하다는 것을 알 수 있다. 게임을 이해하기 위해서 게임의 특징을 체계화시킨 것이 게임이론(game theory)이다. 구체적으로 게임이론은 전략적 상호작용이 존재하는 게임의 상황에서 개인의 전략 또는 행동이 초래하게 될 결과에 대한 모델을 세우고 그 모델화된 게임에서 경기자의 전략적 행동을 이해하는 분석틀을 제공하는 학문이다.

4.4. 게임이론의 구성요소

- 게임의 구성요소는 다음의 여섯 가지이다.
  ① 경기자
  ② 경기의 순서
  ③ 게임 도중 각 경기자가 알고 있는 정보에 관한 묘사
  ④ 매 시점에 각 경기자가 취할 수 있는 행동 혹은 전략
  ⑤ 경기자들의 행위에 따라 생길 수 있는 결과
  ⑥ 결과의 실현으로 각 경기자가 누리게 되는 보수(payoff)

이 가운데 게임의 규칙에 관한 구성요소는 ①, ②, ③이며, 전략에 관한 요소는 ④, 그리고 결과에 관한 요소는 ⑤와 ⑥이다. 게임이란 이상에서 언급한 여섯 개의 구성요소를 모두 갖춘 전략적 상호작용의 상황으로 정의된다.

게임이론은 경기자(player), 전략(strategy), 보수(payoff)라는 요소로 구성되어져 있다. 경기자는 게임의 주체로 사람일수도 있고, 기업이나 국가일수도 있다. 경기자의 수는 둘일 수도 있고, 셋 이상일 수도 있다. 전략이란 경기자가 행할 수 있는 모든 가능한 행동이다. 보수는 각 경기자들이 선택한 전략 하에서 이들에게 돌아갈 결과를 수치로 나타낸 것이다. 보수는 실제 금전적 보상일수도 있고 기수적(수치로 나타난) 효용일수도 있다.

4.5. 공범자의 딜레마

공범으로 보이는 두 명의 용의자가 검거되어 서로 다른 독방에서 취조당하고 있다. 두 용의자가 모두 범행을 자백할 경우 이들은 각각 징역 4년형씩의 실형을 선고받는다. 두 용의자가 끝까지 범행을 부인할 경우 증거불충분으로 각각 2년씩의 징역을 선고받는다. 그런데, 한 명은 범행을 부인하고 다른 한 명은 범행을 자백할 경우, 범행을 부인한 용의자는 위증죄가 추가되어 징역 5년을 선고받으나 범행을 자백한 용의자는 정상이 참작되어서 집행유예를 언도받게 된다.

공범자의 딜레마 게임에서 용의자2가 자백을 한다고 가정할 때 용의자1이

자백을 하면 용의자 1은 4년을 선고받게 되고, 부인하면 5년을 선고 받게 된다. 그러므로, 용의자2가 '자백'이라는 전략을 택한다면 용의자1도 전략 '자백'을 택하는 것이 최선이다. 이제 용의자2가 범행을 부인한다고 가정하자. 이때 용의자1이 자백하면 집행유예를 언도받게 되고 부인하면 2년의 징역을 선고받게 된다. 그러므로 용의자2가 부인한다고 하더라도 용의자1은 자백하는 것이 최선이다. 이상의 논리를 종합하면, 용의자1은 공범인 용의자2가 자백을 할지 혹은 끝까지 범행을 부인하고 의리를 지킬는지 알 수 없지만 둘 중 어느 경우이든 상관없이 용의자1에게 있어서 자백은 부인보다 항상 높은 보수를 낳는 전략이다.

공범자의 딜레마 게임에서 합리적인 경기자라면 절대로 '부인'을 선택하지 않는다. 즉, 용의자1은 용의자2의 전략에 상관없이 자백할 것이다. 동일한 논리로, 용의자2도 역시 용의자1의 전략에 상관없이 자백할 것이다. 결국 두 용의자는 범행 일체를 자백하고 각각 4년씩의 징역형을 살게 된다. 즉, 공범자의 딜레마 게임에 있어서 유일한 우월전략해는 (자백, 자백)인 것이다.

여기서 두 용의자 모두가 더 행복해지는 길이 있다. 즉, 두 용의자 모두 끝까지 범행을 부인하고 증거불충분으로 각 2년씩만 징역을 사는 길이다. 다시 말해서 (부인, 부인)이 (자백, 자백)보다 두 용의자 모두에게 더 높은 보수를 실현시킨다. 그러나, 상대방이 합리적이라는 전제가 있는 한 상대방을 믿을 수 없고 따라서 (부인, 부인)은 결코 달성될 수 없다. 공범자의 딜레마 게임은 경제주체가 각자 자신의 개인이익을 극대화함으로써 달성되는 균형상태의 자원배분이 사회적으로는 비효율적일 수 있다는 평범한 진리를 잘 표현하고 있다.

한 마디로 공범자의 딜레마 게임은 개인의 이익을 극대화하는 경쟁적 균형과 공동체 전체적으로 가장 바람직한 사회적 최적간의 괴리로 요약된다. 현실에서 문제의 핵심이 공범자의 딜레마 게임으로 묘사될 수 있는 현상은 수 없이 많다.

4.6. 우월전략과 열등전략

공범자의 딜레마 게임에서 '자백'전략은 강우월전략이다. 반면, '부인'전략은 상대방의 전략이 무엇이든 상관없이 항상 더 높은 보수를 보장하는 대안이 존재하므로 강열등전략이다.

특정한 전략 A가 강우월전략이기 위해서는 전략 A를 선택할 경우의 보수가 다른 어떠한 대안을 선택할 경우의 보수보다 더 커야 한다. 예를 들어 그림에 나타난 3×2게임을 보면, 경기자1이 UP을 선택할 경우 얻는 보수가 DOWN을 선택할 경우 얻는 보수보다 경기자2의 전략에 상관없이 항상 크다(3〉2이고 4〉0). 그러나 UP은 경기자1의 강우월전략이 될 수 없다. 왜냐하면 UP은 DOWN보다는 항상 우월하지만 MIDDLE보다 항상 우월하지는 않기(3〉1이지만 4〈5) 때문이다. 한편 DOWN에 대해서는 항상 우월한 대한 UP이 존재하므로 DOWN은 강열등전략이다.

전략의 우월을 판단하는 데 있어서 강우월 혹은 강열등전략보다 약한 개념도 정의할 수 있다. 상대방의 전략이 무엇이든 상관없이 자신의 전략 중 어느 특정 전략을 선택할 경우의 보수가 다른 어떠한 전략을 선택할 경우의 보수보다 더 높거나 혹은 동일하다면 그 특정 전략을 약우월전략이라고 부른다. 반대로 상대방이 어떠한 전략을 택하든 상관없이 내 자신이 특정한 전략 A를 택함으로써 얻는 보수보다 더 높거나 혹은 동일한 보수를 낳는 대안 전략이 존재할 경우 원래의 전략 a를 약열등전략이라고 부른다.

표 3.1 단순한 3×2 전략형 게임

구 분		경기자 2	
		Left	Right
경기자1	UP	3, 6	4, 4
	MIDDLE	1, 8	5, 7
	DOWN	2, −1	0, 9

4.7. 순수전략과 내쉬균형

게임에서 경기자들이 합리적이라면 어떠한 전략을 취할 것인가? 공범자의 딜레마 게임처럼 열등전략이 존재하는 게임에 있어서는 우선적으로 열등전략을 고려의 대상에서 제거함으로써 합리적인 경기자들이 취할 전략을 쉽게 가려낼 수 있다. 그러나, 우월전략이나 열등전략이 존재하지 않는 대부분의 게임에 있어서는 합리적 경기자들의 전략선택 및 그 결과에 관한 예측이 쉽지 않다. 따라서 어떠한 게임이 주어지든 보편적으로 적용할 수 있는 결과에 대한 조건이 필요한데 이 조건을 만족하는 경기자들의 전략과 그 결과를 내쉬균형(Nash equilibrium)이라고 부르기도 하고 줄여서 균형(均衡)이라고 부르기도 한다.

이해의 편의를 돕기 위하여, 루소(Jean-Jacque Rousseau)의 「사회계약론」(The Social Contract, 1762)에 나오는 사슴사냥게임(stag-hunt game)을 고려해보자. 두 사냥꾼 갑과 을이 토끼를 쫓을 것인가 사슴을 쫓을 것인가를 각자 독립적으로 정한다. 토끼를 쫓을 경우 상대방의 전략에 상관없이 토끼 포획에 성공하여 1의 효용을 얻는다. 한 사냥꾼만이 사슴을 쫓을 경우 그는 사슴을 놓치게 되고 이윤 0을 얻는다. 두 사냥꾼이 모두 사슴을 공격할 경우 사슴포획에 성공하게 되고 사냥물을 반씩 나누어 각자 v(여기서 v〉1)만큼의 효용을 얻는다.

표 3.2 사슴 사냥 게임(여기서 v〉1)

구 분		사냥꾼 을	
		사슴	토끼
사냥꾼 갑	사슴	v, v	0, 1
	토끼	1, 0	1, 1

사슴사냥게임에는 열등전략이 존재하지 않으므로 열등전략을 반복적으로 소거하는 방법으로는 해를 구할 수 없다. 다만 주어진 상황에서 다른 경기자(들)가 현재 전략을 고수한다는 가정하에 내가 현재의 전략을 다른 전략으로 바꿀 유인(誘引, incentive)이 있느냐 하는 질문을 던질 수 있다. 만일

경기자들 중 누군가에게 현재의 전략을 버리고 다른 전략을 취함으로써 자신의 효용이나 보수를 높일 수 있다면, 현재의 상황은 불안정적일 수밖에 없을 것이다. 반면에 어느 누구도 현재 전략으로부터 이탈할 유인이 없다면, 이들 전략의 결과인 현재의 상황은 흔들리지 않는 안전성을 가질 것이다. 이와 같이, 현재의 상황에서 어떠한 경기자도 이탈할 유인이 없는 안정적 상태 혹은 전략조합을 내쉬균형이라 부른다.

게임에서 내쉬균형이 하나만 있을 이유는 없다. 사슴사냥게임에는 두 개의 내쉬균형이 존재한다. 첫 번째 내쉬균형은 두 사냥꾼이 모두 사슴을 쫓는 (사슴, 사슴)의 전략조합이며 이 균형에서는 각 사냥꾼은 v씩의 보수를 얻는다. 사냥꾼 갑이 사슴을 쫓는 전략을 고수한다는 가정 하에서 사냥꾼 을은 '사슴'이라는 현재 전략으로부터 v의 보수를 얻고 '토끼'라는 다른 전략으로부터 1의 보수를 얻는다. 그런데, v는 1보다 크므로, 사냥꾼 갑이 '사슴'을 택할 때 사냥꾼 을은 사슴에서 토끼로 전략을 바꿀 이유가 없다. 대칭적 논리에 의하여, 사냥꾼 을이 사슴을 쫓는다는 가정 하에, 사냥꾼 갑은 사슴을 쫓는다는 현재 전략을 다른 전략으로 바꿀 이유가 없다.

u갑(사슴, 사슴)=v 〉 1=u갑(토끼, 사슴),
u을(사슴, 사슴)=v 〉 1=u을(사슴, 토끼). (2)

따라서 (사슴, 사슴)은 내쉬균형이며, 이 균형에서의 보수조합은 (v, v)이다.

두 번째 내쉬균형은 두 사냥꾼 모두 토끼를 쫓는 전략조합 (토끼, 토끼)이다. 이 균형에서 사냥꾼 각자가 얻는 효용은 1이다. 어느 사냥꾼이든 상대방이 토끼를 잡으러 간다면 자신도 토끼를 잡는 것이 최선이다. 상대방이 토끼를 잡으러 가는데 사슴을 쫓는다면 사슴사냥은 실패하게 되고 나는 0의 효용을 얻게 될 것이지만, 나도 토끼를 사냥하면 1의 보수를 얻을 수 있기 때문이다. 결론적으로, 사슴사냥게임에는 두 개의 내쉬균형, (사슴, 사슴)과 (토끼, 토끼)가 존재한다. 사슴균형하에서 사냥꾼 각자는 v의 보수를 얻고, 토끼균형에서 사냥꾼 각자는 1의 보수를 얻게 된다.

마찬가지로 공범자의 딜레마 게임에서 유일한 내쉬균형은 두 용의자 모두 범행을 자백하는 (자백, 자백)이다.

4.8. 홀짝게임에서 혼합균형의 계산

4.8.1. 홀짝게임

이제까지는 경기자가 순수전략만을 선택할 수 있을 경우의 내쉬균형의 성격과 그 예들에 관하여 다루었다. 그러나, 순수전략 내쉬균형(또는 줄여서 순수균형)이 존재하지 않는 게임도 많이 있다. 우리가 어렸을 때 많이 한 홀짝게임(matching pennies game)은 순수균형이 존재하지 않는 게임의 대표적인 예이다. 경기자1은 여러 개의 동전을 자기 손 안에 감추고, 경기자2는 감추어진 동전의 숫자가 홀수인지 짝수인지에 관한 추측을 말한다. 경기자2가 말한 후 경기자1은 손을 펴서 경기자2의 추측이 맞았는지 혹은 틀렸는지를 보여 준다. 만일 경기자2의 추측이 맞았으면 경기자1은 경기자2에게 1만원을 지불하며, 경기자2의 추측이 틀렸으면 경기자2가 경기자1에게 1만원을 지불한다. 홀짝게임은 게임의 모든 결과에서 두 경기자의 보수의 합이 항상 0이 되는데, 이러한 게임을 영합게임(零合게임, zero-sum game)이라고 부른다.

표 3.3 홀짝게임

구분		경기자 2	
		홀	짝
경기자 1	홀	−1, 1	1, −1
	짝	1, −1	−1, 1

홀짝게임에는 순수균형이 존재하지 않는다. 경기자2가 홀이라고 추측할 것이 확실하다면, 경기자1은 홀대신 짝을 선택함으로써 상대방을 이기고 1만원을 얻을 수 있다. 즉, 경기자2의 순수전략 '홀'에 대하여 경기자1은 홀대신 짝을 잡는 것이 최선응수(best response)이므로, 전략조합 (홀, 홀)은 결코 균형이 될 수가 없다. 그렇다면, 전략조합 (짝, 홀)은 균형인가? 이 경우, 경기자1이 짝을 선택할 것이 확실하다면 경기자2는 홀대신 짝이라고 추측하는 것이 최선응수이므로, 전략조합 (짝, 홀) 역시 균형일 수 없다. 마

찬가지 논리로, 나머지 두 개의 전략조합 (짝, 짝)과 (홀, 짝)도 두 경기자 중 누군가가 이탈할 유인이 있음을 증명할 수 있으며, 따라서 이들도 균형이 될 수 없다.

순수전략은 우연을 허락하지 않으므로 상대방에게 자신의 전략이 완전히 노출된다. 반면에 혼합전략(混合戰略, mixed strategy)은 선택 가능한 여러 순수 전략들을 주어진 확률분포에 의하여 임의로 추출 · 선택하는 것을 의미하므로 어떤 전략을 선택할지 사전에 알 수 없다. 예를 들어 위의 홀짝게임에서 경기자1이 항아리에 흰 공 1개와 검은 공 2개를 집어넣은 다음 보지 않고 손을 넣어 흰 공이 나오면 홀을 잡고 검은 공이 나오면 짝을 잡는 전략을 사용한다. 경기자2는 항아리에 흰 공 2개와 검은 공 3개를 넣고 같은 방법으로 홀짝을 추측하면 경기자2가 홀이라고 말할 확률은 40%이며 짝이라고 말할 확률은 60%이다. 이때 상대방은 물론이고 자기자신도 홀을 택하게 될지 혹은 짝을 택하게 될지 사전적으로 알지 못한다.

4.8.2. 홀짝게임에서 혼합균형의 계산

전략의 범위를 혼합전략으로까지 확장할 경우, 순수전략의 수가 무한(無限)하지 않는 한 내쉬균형은 반드시 존재한다는 사실을 증명할 수 있다. 따라서 순수전략의 수가 2개(홀과 짝)뿐인 위의 홀짝게임에서 순수균형은 존재하지 않지만 혼합균형은 존재한다. 그렇다면 혼합균형은 어떻게 계산하는가?

경기자1이 '홀'을 선택할 확률을 p라고 놓자. 경기자1이 선택가능한 행동은 '홀'과 '짝' 둘뿐이므로, '짝'을 선택할 확률은 당연히 (1-p)이다. 이처럼 경기자1이 'p의 확률로 홀을 선택하고 나머지 (1-p)의 확률로 짝을 선택'하는 혼합전략을 사용한다면 경기자2가 '홀'을 선택함으로써 얻는 기대효용은 다음과 같다.

$$p \times 1 + (1-p) \times (-1) = 2p - 1 \qquad (3)$$

동일한 전제하에서 경기자2가 '짝'을 선택할 경우 얻는 기대효용은 다음과 같다.

$$p \times (-1) + (1-p) \times 1 = 1 - 2p \qquad (4)$$

경기자2가 홀이라고 말해야 할지 혹은 짝이라고 말해야 할지는 경기자1이 홀을 선택할 확률 p에 달려 있다. 만일 경기자1이 홀을 선택할 확률이 50%보다 크면(즉, $p > 05$), 경기자2의 홀이라고 말하는 것이 최선의 응수이다. 반면 경기자1이 홀을 선택할 확률이 50% 미만(즉, $p < 0.5$)이면, 경기자2는 짝이라고 말하는 것이 최선의 응수이다. 경기자1이 홀과 짝을 선택할 확률이 정확히 반반(즉, $p = 0.5$)이라면, 경기자2는 홀과 짝 두 전략 간에 무차별하다고 느낄 것이다. 이상의 논의는 경기자2가 홀이라고 말할 확률을 q라고 놓을 때, 다음 식 5.3이 성립함을 의미한다.

$$p > \frac{1}{2} \text{이면, } q = 1$$

$$p = \frac{1}{2} \text{이면, } q\text{는 } 0\text{과 } 1 \text{ 사이의 어떤 값도 상관없다.} \qquad (5)$$

$$p < \frac{1}{2} \text{이면, } q = 0$$

앞의 식 5.3은 경기자2가 취해야 할 최선의 응수가 경기자1의 혼합전략에 따라 달라지는 것을 보여 주는 상응(correspondence)관계인데, 이를 경기자2의 최선응수(最善應酬, best response) 혹은 반응함수(反應函數, reaction function)라고 부른다. 그림 3.6은 경기자2의 반응함수를 p와 q의 공간에 나타낸 것이다.

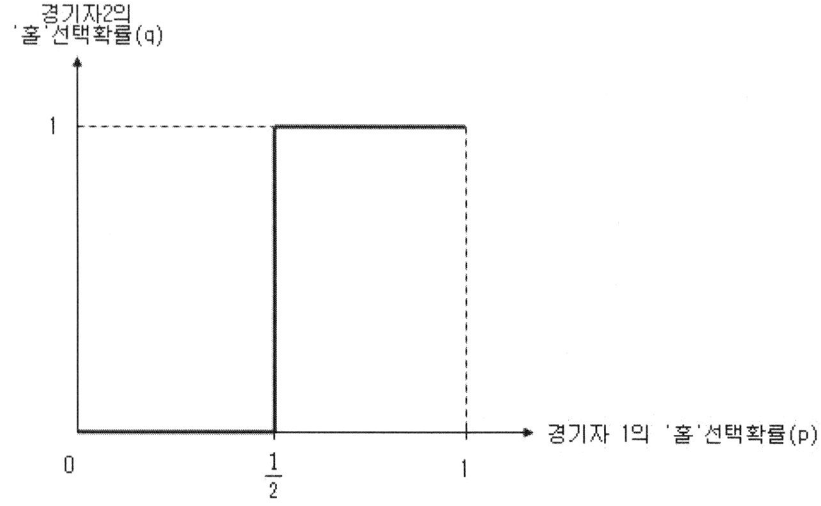

그림 3.6 홀짝게임에서 경기자2의 반응함수

이상에서 설명한 것과 대칭적인 논리로 경기자1의 최선응수를 구하면 다음 식 5.4와 같다. 또한 그림 3.7은 경기자1의 반응곡선을 나타낸다.

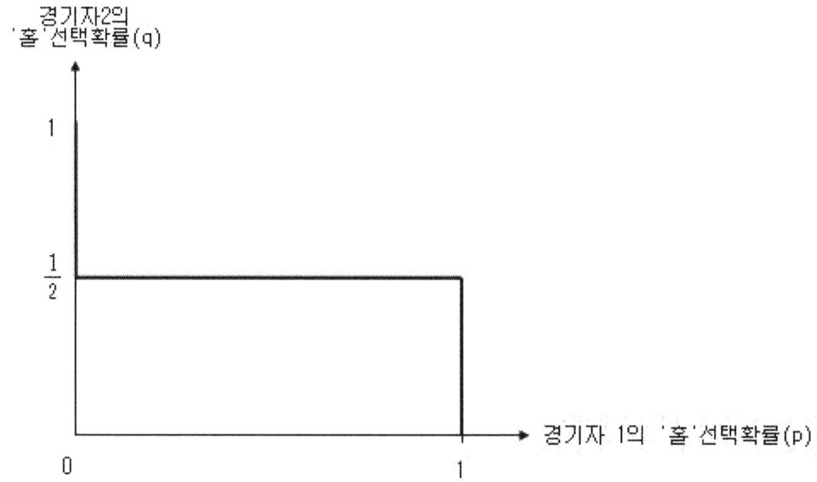

그림 3.7 홀짝게임에서 경기자1의 반응곡선

$$q > \frac{1}{2} \text{이면, } p = 0$$

$$q = \frac{1}{2} \text{이면, } p\text{는 0과 1 사이의 어떤 값도 상관없다.} \qquad (6)$$

$$q < \frac{1}{2} \text{이면, } p = 1$$

혼합전략 내쉬균형은 두 경기자의 반응함수를 동시에 만족하는 p와 q값을 구함으로써 얻는다. 두 반응함수를 동시에 만족하는 p와 q값을 각각 p^*와 q^*라고 놓자. 이는 경기자1이 p^*의 확률로 홀을 선택하고 나머지 $(1-p^*)$의 확률로 짝을 선택한다고 가정할 때, 경기자2는 q^*의 확률로 홀이라고 말하고 나머지 확률로 짝이라고 말하는 것이 최선의 응수임을 의미한다. 대칭적으로, 경기자2가 q^*의 확률로 홀이라고 말하고 나머지 $(1-q^*)$의 확률로 짝이라고 말한다고 가정할 때, 경기자1은 p^*의 확률로 홀을 택하고 나머지 $(1-p^*)$의 확률로 짝을 택하는 것이 최선의 응수임을 의미한다. 이 혼합균형하에서 경기자1은 실제 p^*의 확률로 홀을 선택하므로 경기자2는 상대방의 전략에 대한 올바른 신념(correct belief)하에서 자신의 확률 q^*를 택하고 있는 것이다.

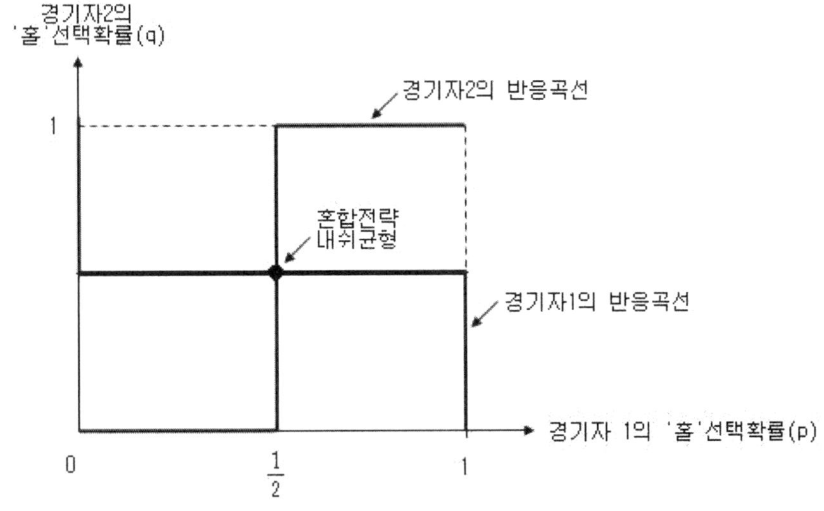

그림 3.8 홀짝게임에서의 혼합전략 내쉬균형

홀짝게임에서 존재하는 단 하나의 혼합전략 내쉬균형은 두 경기자의 반응함수 식 4.3과 식 4.4를 동시에 만족시키는 값 $p^* = 0.5$와 $q^* = 0.5$가 된다. 이는 경기자1은 50%의 확률로 홀을 선택하고 나머지 50%의 확률로 짝을 선택하며 경기자2도 역시 반반씩의 확률로 홀과 짝을 선택함을 뜻한다. 그림 3.8은 이러한 상황을 나타내고 있다.

5. 복잡계 확산 연구

5.1. 행위자 기반 모델

복잡계 연구의 주된 목적은 자연계 및 사회경제계 전반에 걸쳐 공통적으로 나타나는 창발현상(emergent phenomena)을 규명하는데 있다. 그러나 현실 속의 복잡계를 설명함에 있어 전통적인 귀납적(inductive) 또는 연역적(deductive) 접근은 모두 한계가 있다. 귀납적 접근을 따라 거시적 현상의 통계적 분석을 통해 특성을 판별하더라도 복잡계의 특징적인 창발성 때문에 이는 곧바로 미시적 메커니즘 규명으로 연결되기 어렵다. 연역적 접근의 경우에도 그 출발점이 되는 공리나 전제 자체가 심각한 오류를 내포할 수 있으며, 복잡성 때문에 보통의 해석적인 방법으로는 풀어내기가 어렵다.

복잡계 연구에서는 이를 보완하기 위해 흔히 계산모델에 의한 시늉내기(simulation)가 폭넓게 활용되고 있다. 우선 대상 시스템의 구성 주체들을 면밀히 관찰하여 주요한 속성과 행동규칙을 추출해내고, 이를 기반으로 다수의 간략화된 주체, 즉 행위자(agent)를 설정한다. 그리고 주어진 환경과 공간에서 이들이 직접 상호작용을 하도록 시늉내기를 하여 나타나는 현상들을 관찰한다. 여기서 관찰된 현상이 실제 시스템의 현상과 부합하지 않는다면 행위자의 속성과 행동규칙을 수정해가면서 시늉내기를 반복하여 최종적으로 유효성이 확인된 모델을 얻게 된다. 이와 같이 미시적 행위자의 특성에서 출발하여 시늉내기를 통해 상향식(bottom-up)으로 거시적 현상의 동역학을 끌어내는 모델을 행위자 기반 모델(agent-based model, ABM)이라고 한다.

오늘날 복잡계 이론에서 통용되고 있는 행위자의 개념은 사회과학과 전산학에서 발전된 개념들이 융합된 것이다. 일례로 경제학에서는 행위자를 주어진 제약조건 하에서 최대의 효용(utility)을 추구하는 개인의 의미로 사용했으며, 시스템을 구성하는 주체적 개별요소의 성격이 강조되었다. 전산학에서는 사용자나 다른 프로그램이 설정한 규칙에 따라 상황에 맞게 대응하는 소프트웨어 단위의 의미로 사용되기 시작했다. 이 행위자 개념은 객체지향 프로그래밍(object-oriented programming)에서 이야기하는 객체(object)와 유사한데, 여기에 자기통제 및 자율적인 상호작용 능력이 부가된 것으로 이해할 수 있다. 이를 특정하여 소프트웨어 행위자라고 하며, 특히 인공지능 이론에서는 학습능력과 적응능력까지 갖춘 지적 행위자(intelligent agent)로 개념이 확장되었다.

이러한 맥락에서 복잡계를 구성하며, 다양한 상호작용을 하는 개별 단위 구성주체를 모두 행위자로 지칭하기도 한다. 자연계에서 흔히 연구되는 물리적 입자부터 사회경제계의 개인이나 조직까지 이 넓은 의미의 행위자에 포함된다. 이 분야에서 적용하려는 질병 확산 양상을 적용할 수 있는 행위자들에게 몇 가지 중요한 특징이 있다.

첫 번째는 행위자의 불균질성(heterogeneity)이다. 이것은 시스템을 구성하는 행위자들이 다양한 고유의 속성과 행동규칙을 가지고 있음을 의미한다. 확산의 주체가 되는 개체는 주변의 다양한 환경과 영향기작으로 인해서 주변의 개체와 다양한 방향으로 작용한다.

두 번째는 행위자의 자율성(autonomy)이다. 이것은 개별 행위자의 행동이 일괄적으로 중앙 통제되지 않음을 의미한다. 환경적 구속조건이나 시스템 내부에서 축적된 제도적 관습, 관행에 의해 행동에 실질적인 제약을 받을 수는 있으나, 행위자의 모든 요인을 제어하는 전지전능한 시스템 통제자는 정해져있지 않다.

세 번째는 행위자가 시스템 공간상에서 주변 행위자와 국소 상호작용(local interactions)을 한다는 점이다. 여기서의 공간은 물리적 공간이나 네트워크 공간 등 다양한 형태를 포함한다. 대상 공간에서 개체들이 물리적으로 근접하거나 연계된 개체들과 교류하며 연계 요인들을 통해 질병을 전파, 확산하는 것과 같다.

네 번째는 행위자의 제한합리성(bounded rationality)이다. 여기서의 합리성은 행위자가 가능한 선택 가운데 자신에게 가장 유리한 것을 선택함을 의미한다. 주류 경제학 등에서는 연역적 접근을 위한 이상화된 조건으로서 행위자들이 시스템에 대한 모든 정보를 감안하여 최적의 선택을 내릴 수 있음을 가정하는 경우가 종종 있다. 이것을 완전합리성(perfect rationality)이라고 한다. 그러나 위에서 설명한 바와 같이 현실의 행위자는 국소 상호작용에 의해 전달된 한정된 정보를 가지며, 정보 처리능력에도 한계가 있기 때문에 이는 지나치게 비현실적인 가정이다. 이를 보완하여 유한한 정보량 및 정보 처리능력의 한계 내에서 가장 유리한 선택을 모색하는 성향을 제한합리성이라고 한다.

5.2. 행위자 기반 모델의 응용

행위자 기반 모델이 산업계 현장 문제 해결의 도구로 진일보한 중요한 계기는, 1980년대 이래 복잡계 연구를 선도해온 산타페 연구소의 연구진들이 1997년 BiosGroup이라는 회사를 설립하면서 마련되었다. 카우프만(S. Kauffman)과 굴지의 회계법인 Ernst & Young이 합작·주도한 이 회사는 복잡계 연구에 쓰이는 다양한 기법들을 활용하여 비즈니스 현장의 문제 해결 컨설팅을 수행하였다.

BiosGroup이 행위자 기반 모델을 활용하여 신선한 충격을 던진 대표적인 사례는 미국 SouthWest Airlines의 항공화물 운송 시스템 개선 프로젝트를 들 수 있다. 미국의 대표적인 저가 항공사 SouthWest Airlines는 1998년 당시 급성장하는 와중에 항공화물 처리에 매우 어려움을 겪고 있었다. 각 공항의 화물처리량이 물류수요 변화에 따라 급변했으며, 특정 공항들에서 화물처리 대기시간이 길어지는 심각한 문제가 발생했다. 이 회사는 처음에 전형적인 업무처리 프로세스 효율화를 통해 문제 해결을 시도했으나, 모두 실패로 돌아가며 BiosGroup에 문제 해결을 의뢰했다. BiosGroup은 현장 관계자들의 인터뷰와 관찰, 사측이 보유한 운항기록 등을 토대로 행위자 기반 모델을 구축하였다. 각 공항에서 화물 처리를 담당하는 현장 관계자를 행위자로 설정하고, 관행적으로 시행되어오던 화물처리 규칙과 항공기 운항

일정, 각 공항의 화물처리 용량 등을 모델에 반영하였다. 그리고 완성된 모델을 이용하여 행위자들의 화물처리 규칙을 변화시켜가며 모의를 수행하였다. 그 결과 화물처리 규칙에 심각한 맹점을 밝혀냈다. 예를 들어 앨버커키에서 오클랜드로 보낼 화물이 있고, 이를 실은 항공기가 앨버커키(10:30) →라스베이거스→샌프란시스코(13:15)→산호세→샌프란시스코→오클랜드(18:10)로 운항할 계획이라고 하자. 기존에는 화물을 빨리 보내기 위해 첫 번째 샌프란시스코에 착륙했을 때, 화물을 내려 보다 빨리 도착할 예정인 샌프란시스코(14:15) →오클랜드(15:35) 항공편으로 옮겨 실었다. 이 경우 각 현장 관계자의 입장에서는 빠른 배송을 위한 합리적 선택을 한 셈이지만, 실제로는 화물을 싣고 내리는 작업에 많은 비용과 수고가 들기 때문에 제때 화물을 싣지 못하거나 항공편이 지연되는 부작용이 빈발했다. 이 경우 2시간 35분 늦더라도 화물을 그대로 놔두는 편이 보다 정확히 배송되고 공항의 부담도 줄었다. BiosGroup은 이런 식으로 비교적 간단한 화물처리 규칙을 개정하는 해결책을 제시하여 현장의 화물처리량을 15 ~ 20%나 경감시키는데 성공했다.

이러한 성공사례에서 행위자 기반 모델과 컴퓨터 모의는 현업에서도 강한 효과를 나타냄이 입증되었다. 대부분의 기업 현장에서는 기존의 조직 관행과 문화가 있기 때문에 새로운 개선안이 제시되더라도 이를 거부하는 경우가 빈번하다. 개선안 시행의 결과 예상되는 변화에 대해 명확하고 긍정적인 기대를 줄 수 있어야만 실행으로 옮겨질 수 있다. 가시적으로 잘 설계된 컴퓨터 모의실험은 이를 설득시키는데 유용함이 드러났다. 이 때문에 현재는 행위자 기반 모델을 활용하는 컨설팅 업체들도 다수 분화되었으며, BT, P&G, HP, 유니레버, 펩시콜라 등 유수의 글로벌 대기업의 업무 현장에서 결과들이 활용되고 있다.

또 다른 행위자 기반 모델의 중요한 응용 사례로는 시장 설계 연구들이 있다. 전력시장이 대표적인 예인데, 과거에는 국가마다 소수의 기업이 전력산업의 발전-송전-배전 부문을 일괄적으로 관할하는 것이 보편적이었다. 그러나 1980년대 무렵부터 영국, 미국 등을 중심으로 전력산업의 각 부문을 분할하고 다수의 기업이 나눠 맡아 경쟁시장 원리를 도입하기 시작했다. 그러나 전력은 일반 재화와 달리 저장하기가 매우 어렵다는 특성이 있다. 순간순간 급증하는 전력수요에 맞춰 발전 및 송전부문이 즉시 대응하지 못하면 전체 전력시스템이 연쇄적인 과부하에 의해 망가지게 된다.

초기에는 늘어난 행위자들의 경쟁적 시장원리에 의해 보다 저렴한 가격에 전력낭비도 줄일 수 있을 것으로 기대되었다. 그러나 예상과 달리 소매가 급등과 2000년 캘리포니아 대정전 사태와 같은 부작용이 속출하였다. 각 회사들이 이윤을 극대화하기 위해 미래 수요 확대에 대비하는 설비 증설을 기피하고, 전력 예비율도 위험한 수준으로 낮게 유지했기 때문이었다. 이것은 행위자들의 제한적 합리성이 시스템 전체적으로는 취약성으로 이어질 수 있음을 보여주는 사례이며, 적절한 시장 제도와 규제의 필요성을 경각시켰다.

이러한 행위자의 행동규칙이 전체 전력수급 시스템에 미치는 잠재적 영향을 분석하는 작업은 행위자 기반 모델이 적격이다. 특히 참여하는 행위자의 수가 대단히 많은 금융시장과 달리 전력시장은 행위자의 수가 비교적 적다는 이점도 있다. 이 때문에 세계적으로 여러 연구팀들이 전력시장의 행위자 기반 모델을 연구하고 있으며, 효과적인 전력시장 설계를 위한 의미 있는 성과들을 내놓고 있다.

이상에서 살펴본 바와 같이 행위자 기반 모델은 자연과학 및 사회과학, 공학 분야에 걸쳐 복잡계 연구 및 응용의 주요한 방법론으로 성공리에 정착되고 있다. 아직 국내에서는 학계의 일부 연구자들을 중심으로 제한적으로 보급된 수준이기 때문에 미래가 불투명해보일 수 있으나, 세계적인 추세를 볼 때 앞으로의 발전 가능성은 매우 밝다고 할 수 있다. 특히 갈수록 글로벌화되며 복잡해지는 현안에 직면하여 기존의 연구 방법론들로는 명확한 해결책 제시가 힘들어지는 상황에서, 행위자 기반 모델은 유력한 대안의 하나임이 분명하다.

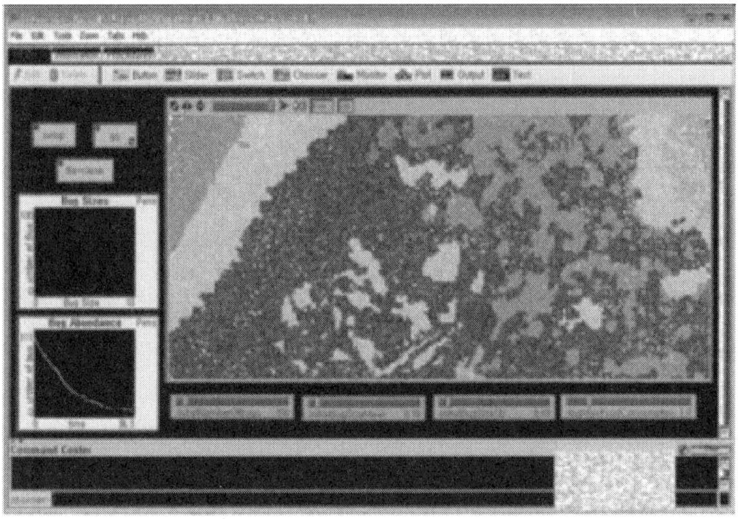

그림 3.9 넷로고를 이용한 ABM 수행

6. 참고문헌

1. [다시보는 공업수학] ASSE & RSE 이정재
2. 김영세, 2006, 게임이론 -전략과 정보의 경제학-, 박영사

제4장

선형 계획법

KONGJU NATIONAL UNIVERSITY

제4장

선형 계획법

1. 선형계획법

- 선형 계획법(線型計劃法, linear programming)은 최적화 문제의 일종으로 주어진 선형 조건들을 만족시키면서 선형인 목적 함수를 최적화하는 문제이다.

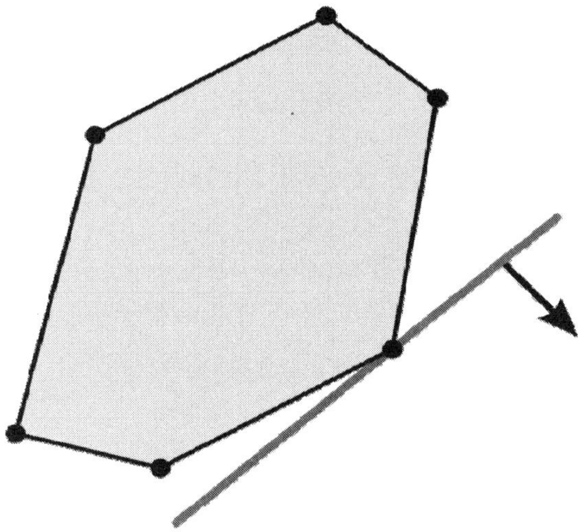

그림 4.1 선형계획법

- 선형 계획법은 운용 과학, 미시 경제학, 네트워크 경로 최적화 등 많은 분야에서 사용되고 있으며 선형 계획법의 특수한 경우인 네트워크 흐름과 같은 문제들에 대해서는 여러 특화된 알고리즘들이 연구되었다.

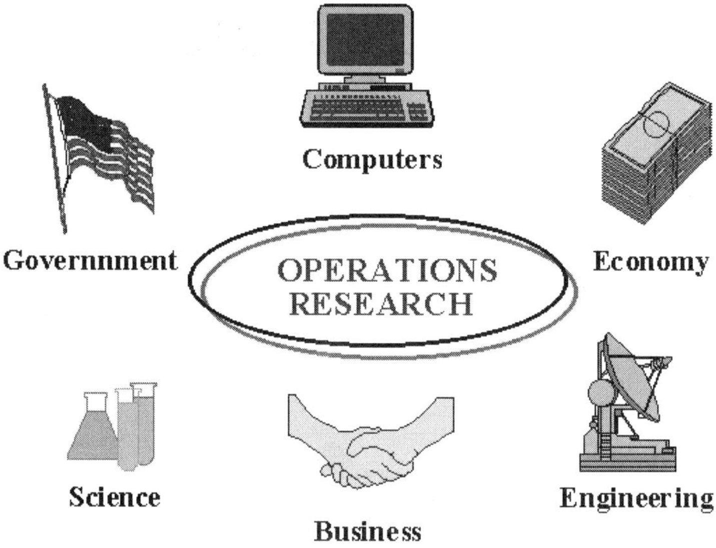

그림 4.2 많은 분야에서 사용되는 선형 계획법

- 선형 계획법은 운용 과학(Operations Research) 중에서 가장 일반적인 기법으로 가변 요소 사이에 일차 방정식이 성립할 경우(선형(線型)의 관계가 있을 때) 변화의 한계를 정할 때에 사용하는 생산계획 및 수송계획 등의 문제에 선형 계획법이 이용된다.

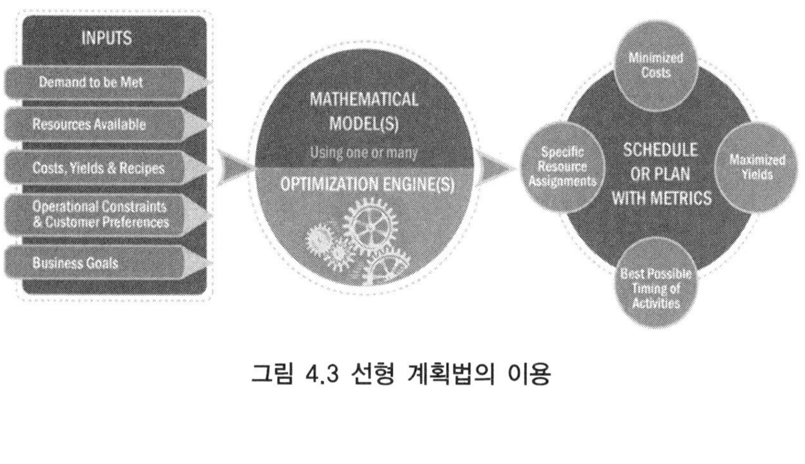

그림 4.3 선형 계획법의 이용

- 선형계획 모델의 응용:
  - •생산-제조분야, 재무분야, 광고분야, 고용-훈련분야,
  - •생산-분배(물류)분야 등 기업 응용
  - •수송-교통망분야, 농업분야, 군사-운용분야 등 공공 응용
  - •식단문제 등

2. 선형계획법의 예

판매 과장이 세일즈맨을 각 지역으로 할당하는 문제에 직면하고 있다고 할 때 세일즈맨에게는 제 각기의 특성이 있어 어느 세일즈맨에게는 어느 지역이 적절하지만 몇몇의 세일즈맨은 매우 우수하여 어느 지역이라도 담당할 수 있으며 다른 세일즈맨보다 더 좋은 실적을 올릴 수가 있다. 판매과장의 문제는 세일즈맨의 지역할당을 통하여 전체의 판매량을 최대로 함에 있을 것이다. 이 경우 만약 세일즈맨이 각각의 지역에 있어서 상대적 효율을 수량화 할 수 있다고 하면 간단한 선형 계획법의 수법을 써서 최적의 할당을 정할 수가 있다.

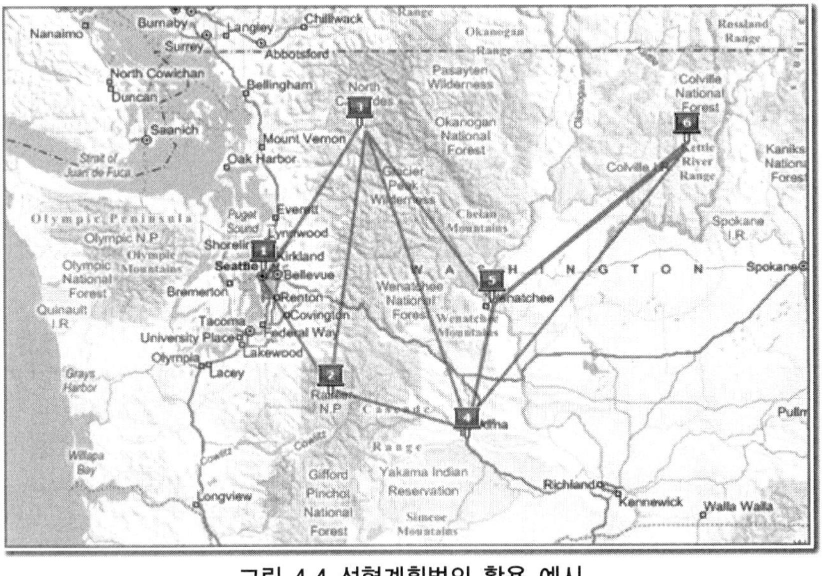

그림 4.4 선형계획법의 활용 예시

2.1. 선형계획법의 범위와 조건

- 한정된 자원 하에 매출, 이익, 효율 등을 최대화하거나 비용과 시간을 최소화하는 문제를 주로 다룸
- 최대화 또는 최소화하고자 하는 목적함수
- 자원의 제한을 표시하는 제한조건(constraints)
- 변수의 비음수 조건

2.2. 선형계획법의 구성요건

- 선형계획의 목적식
  - •목적식 계수
- 선형계획의 제약식
  - •기술계수
  - •우변상수(우변제한값)

2.3. 선형계획법 예제

- 선형계획 모델: 목적함수, 제약식 등 의사결정 변수가 선형

$$z = 100x_1 + 200x_2$$

$$30x_1 + 10x_2 \le 50$$

$$x_1, x_2 \ge 0$$

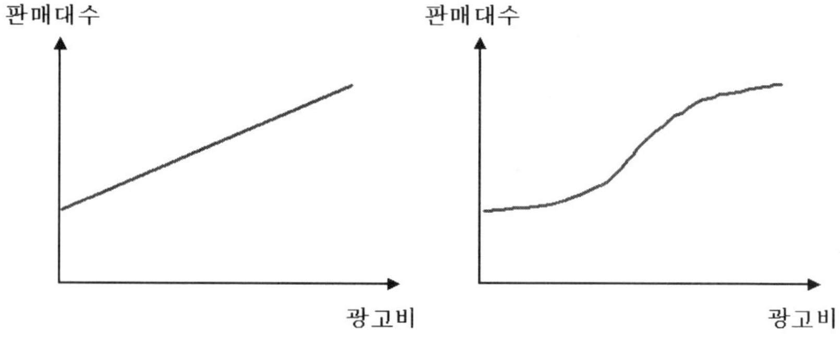

그림 4.5 선형과 비선형의 예

- 이익최대화 문제 조건
  - 온풍기 생산의 이익최대화 문제
  - 제품배합문제(product-mix problem): 제한된 주어진 자원으로 최대 이익을 내는 제품별 생산량을 결정하는 문제 (제품별 및 공정별 소요시간, 최대 조업 가능시간, 단위당 판매이익)

표 4.1 예제 1 이익최대화 문제

공정	가구		월최대 조업 가능 시간
	사무실온풍기	가정용온풍기	
파트제작	4	7	5,000
조립	2	1	1,500
페인트칠	1	1	1,000
단위당 판매이익	5만원	3만원	

- 이익최대화 문제 식 도출
  - 최 대 화 : $Z = 5x + 3y$
  - 제한조건 : $4x + 7y \le 5,000$ (파트제작 공정)
    $2x + y \le 1,500$ (조립 공정)
    $x + y \le 1,000$ (페인트칠 공정)
  - 변수조건 : $x, y \ge 0$ (비음 조건)

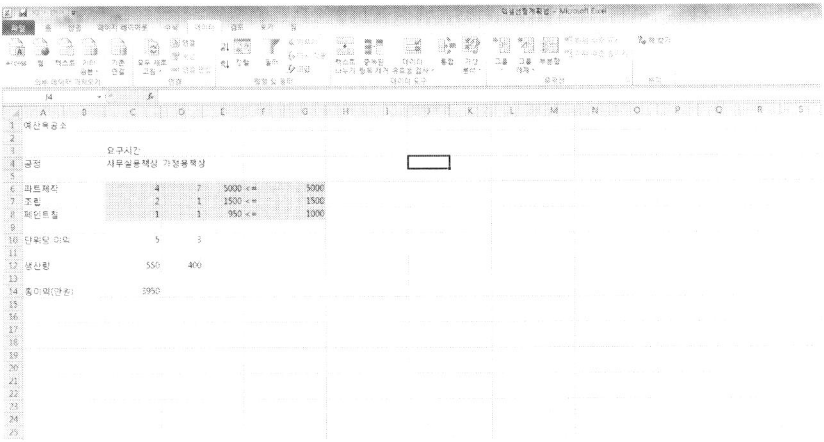

그림 4.6 예제 1 이익최대화 문제

- 선형계획법의 가정
  - 일차성의 가정
  - 확실성의 가정
  - 연속성의 가정
  - 가산성의 가정

- 선형계획법의 최소화 문제

표 4.2 예제 2 생산라인 인턴채용 문제

공주전자는 향후 오디오 생산라인에서 다음 표와 같이 월별 총 생산시간이 증가할 것으로 예상하고 있다. 이를 위해 숙련기술자들이 필요하며 1인당 한 달에 180시간 근무하고 있다. 매월 이직자 수는 다음 표에 나와 있다. 따라서 이들을 보충하기 위하여 오디오 생산라인에서는 매월 초 신규 직원을 채용하고 있으며 신규직원은 라인에 투입하기 전 한 달간의 실무교육을 거쳐야 한다. 실무교육은 숙련기술자가 1:1로 실시하며 이를 위하여 숙련 기술자는 신입사원 1인당 월 60시간씩 투입하고 있다. 한 달간의 교육이 끝나면 신규직원은 숙련기술자가 된다. 숙련기술자의 월 급여는 250만원이며 신규직원의 경우 100만원이라고 한다. 한국전자의 오디오 생산라인에서 1월에서 6월까지 '최소의 임금비용'으로 필요한 생산시간을 충족하려면 '매월 몇 명의 신규직원'을 채용해야 하는지 알아보려고 한다. 단, 1월초의 숙련기술자의 수는 40명이라고 한다.

표 4.3 예제 2 요구 생산시간과 이직률

	1월	2월	3월	4월	5월	6월
요구 생산시간	6,000	7,000	7,500	8,500	9,000	9,500
이직률	5%	5%	8%	7%	3%	5%

	A	B	C	D	E	F	G	H	I	J	K
10											
11	고용계획										
12											
13	월		1월	2월	3월	4월	5월	6월			
14	신규채용직원수		2.776134	5.661735	8.197187	5.466305	3.232578	0			
15	숙련기술직원수		40	40.77613	44.39906	49.04432	51.07753	52.77778			
16	이직 숙련기술직원수		2	2.038807	3.551925	3.433103	1.532326	2.638889			
17	이직율		5%	5%	8%	7%	3%	5%			
18											
19	숙련기술자 1인당근무시간		180								
20	가능근무시간		7200	7339.704	7991.831	8827.978	9193.955	9500			
21	필요 총 생산 시간		7033.432	7000	7500	8500	9000	9500			
22			>=	>=	>=	>=	>=	>=			
23	월 총 생산시간 요구량		6,000	7,000	7,500	8,500	9,000	9,500			
24											
25											
26	총 임금 계산										
27										합계	
28	숙련기술직원임금		10000	10194.03	11099.77	12261.08	12769.38	13194.44		69518.71	만원
29	신규직원임금		277.6134	566.1735	819.7187	546.6305	323.2578	0		2533.394	만원
30											
31	총 직원 임금		72052.1	만원							
32											

그림 4.7 예제 2 요구 생산시간과 이직률

표 4.4 예제 3 생공사료의 비용최소화 문제

(주)생공사료에 근무하는 정대리는 '생공화이팅'이라는 젖소용 종합사료의 영업을 담당하고 있다. 그는 강원도에서 젖소를 100마리 사육하여 낙농을 하고 있는 김주성씨를 방문하여 '생공화이팅'을 판매하려고 하고 있다. 김주성씨는 젖소들의 영양분을 엄격히 관리하고 있는데, 젖소 1마리가 하루 동안 1,000단위(mgr) 이상의 칼슘, 20,000칼로리 이상의 탄수화물, 1,500단위(gr) 이상의 단백질을 섭취시킨다고 목표를 정해두고 있었다. 그는 현재 '우량식품'이라는 사료를 먹이고 있었는데, '우량식품' 1kg에는 360단위의 칼슘, 14,280칼로리, 714단위의 단백질이 포함되어 있다. 반면 정대리 회사의 '생공화이팅' 1kg에는 710단위의 칼슘, 8,930칼로리의 탄수화물, 714단위의 단백질이 포함되어 있다. '우량식품'은 1kg에 1286원이며, '생공화이팅'은 1kg에 1714원이다.
당신이 정대리라면 김주성씨를 어떻게 설득할 수 있겠는가?

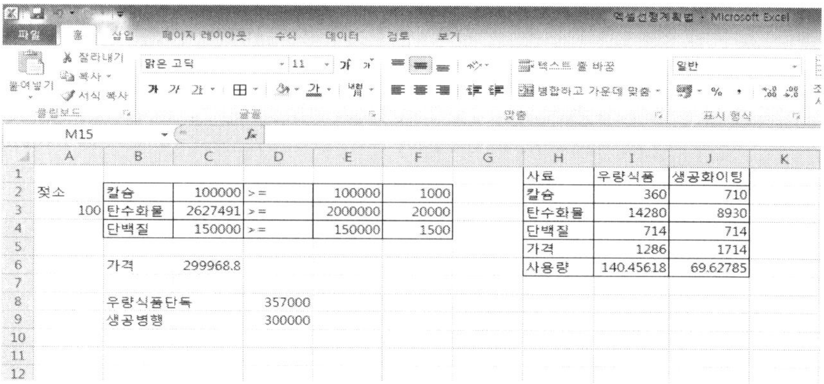

그림 4.8 예제 3 생공사료의 비용최소화 문제

표 4.5 예제 4 한국산업의 제품 배합문제

한국산업에서는 유모차와 보행기, 자전거 등을 생산하고 있다.
생산 기계가 3대가 있는데 유모차의 경우, 필요 기계작업시간이 기계 1은 8시간 기계 2와 3은 4시간, 보행기의 경우, 기계1이 3시간 기계2가 4시간 기계3에서는 생산이 불가하며, 자전거의 경우, 기계1이 3시간 기계2는 생산이 불가하고 기계3은 1시간이 소요된다. 판매이익을 보면 유모차는 30만원 보행기는 20만원 자전거는 16만원이다. 또한, 각각의 제품은 40대 밖에 생산할 수가 없다. 이때 기계1은 240시간, 기계2는 200시간, 기계3은 100시간의 제한 조건을 두고, 어떻게 생산해야 최대의 이익을 낼 수 있을까?

– 제품배합 문제의 확장과 민감도 분석

*최적해 : 유모차 생산 = 0

보행기 생산 = 40

자전거 생산 = 40

목표셀값 = 1440

	A	B	C	D	E
1	한국산업의 제품배합 문제				
2					
3					
4		필요한 기계작업시간			
5		유모차	보행기	자전거	
6	기계1	8	3	3	
7	기계2	4	4	0	
8	기계3	4	0	1	
9					
10	판매이익	30	20	16	
11					
12	모형				
13		유모차	보행기	자전거	
14	생산대수	0	40	40	
15			<=		
16	판매한도		40		
17					
18					
19	총판매이익		1440		
20	제한조건				
21	기계 1 사용시간		240	<=	240
22	기계 2 사용시간		160	<=	200
23	기계 3 사용시간		40	<=	100

그림 4.9 예제 4 제품배합 문제의 확장과 민감도 분석(1)

	A	B	C	D	E
26					
27	최적 생산대수				
28	유모차의	유모차	보행기	자전거	판매이익
29	판매이익	B14	C14	D14	C19
30	27	0	40	40	1440
31	30	0	40	40	1440
32	33	0	40	40	1440
33	36	0	40	40	1440
34	39	0	40	40	1440
35	42	0	40	40	1440
36	45	10	40	13	1463
37	48	18	32	0	1504
38	51	18	32	0	1558
39	54	25	13	0	1617
40	57	25	13	0	1692
41	60	25	13	0	1767
42	63	25	13	0	1842

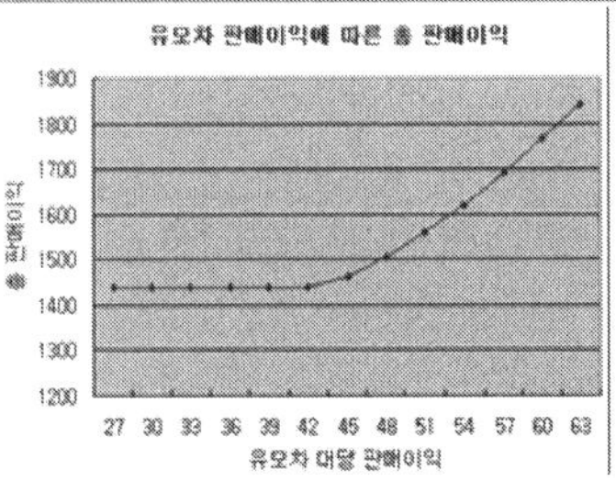

• 민감도 보고서(목표셀 계수 변화시): 유모차 판매이익을 현재 30만원에서 변화시킴

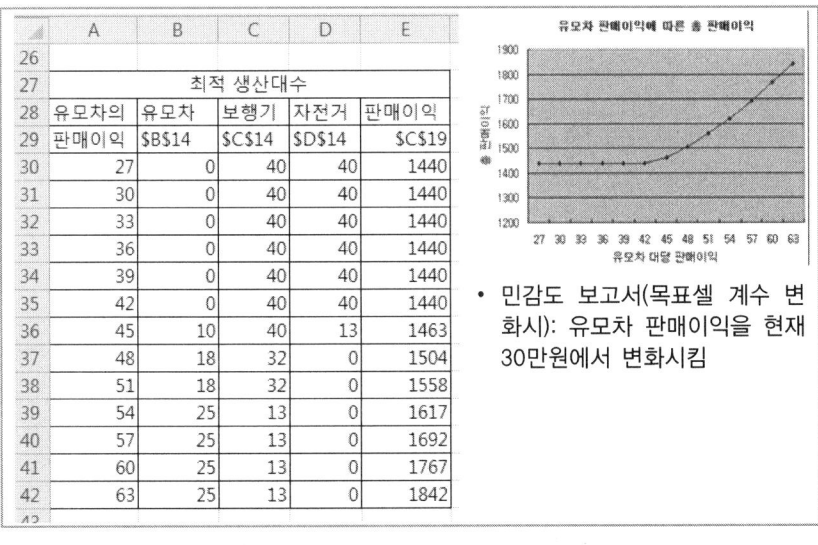

그림 4.10 예제 4 제품배합 문제의 확장과 민감도 분석(2)

기계1의 생산시간변동	유모차 B14	보행기 C14	자전거 D14	판매이익 C19
	최적해 변화: 생산대수와 판매이익			
60	0	20	0	400
90	0	30	0	600
120	0	40	0	800
150	0	40	10	960
180	0	40	20	1120
210	0	40	30	1280
240	0	40	40	1440
270	0	40	50	1600
300	0	40	60	1760
330	0	40	70	1920
360	0	40	80	2080
390	0	40	90	2240
420	0	40	100	2400
450	0	40	100	2400
480	0	40	100	2400
510	0	40	100	2400

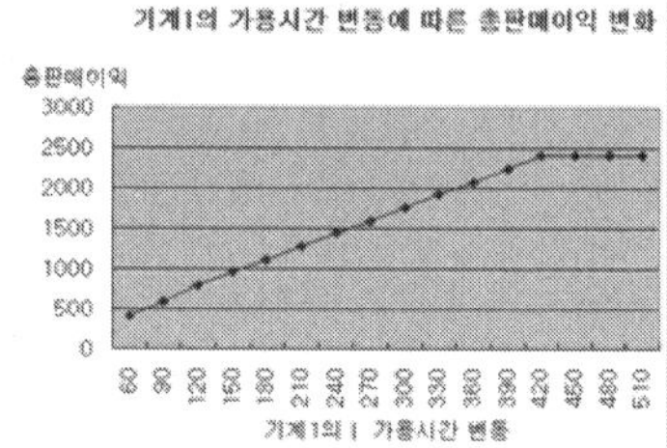

• 민감도 보고서(제한조건 우변값 변화시): '기계1'에 대한 사용가능 시간(제한조건 우변 값)을 변화 현재 240 시간에서 변화시킴

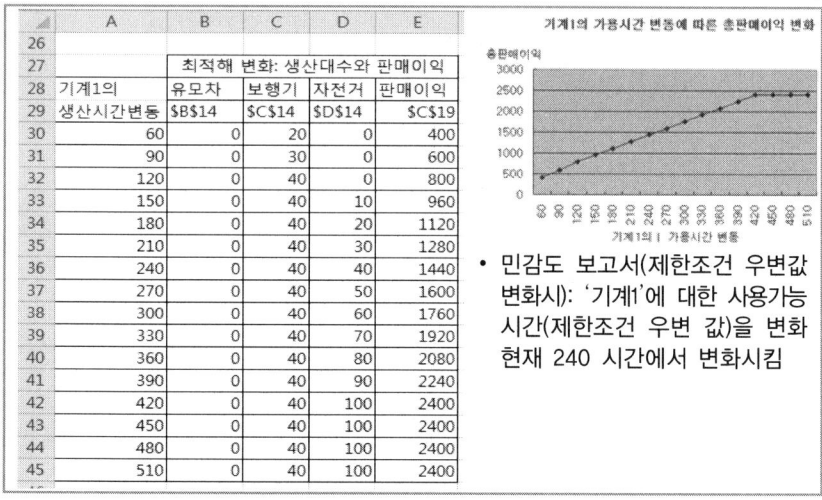

그림 4.11 예제 4 제품배합 문제의 확장과 민감도 분석(3)

•민감도 보고서: '해 찾기 결과' 대화상자에서 '민감도'를 선택하여 민감도 보고서를 출력

Microsoft Excel 14.0 민감도 보고서
워크시트 이름: [액셀선형계획법.xlsx]한국산업
보고서 작성일: 2016-02-16 오후 5:20:36

변수 셀

셀	이름	계산 값	한계 비용	목표 셀 계수	허용 가능 증가치	허용 가능 감소치
B14	생산대수 유모차	0	-12.66666667	30	12.66666667	1E+30
C14	생산대수 보행기	40	4	20	1E+30	4
D14	생산대수 자전거	40	0	16	4	4.75

제한 조건

셀	이름	계산 값	잠재 가격	제한 조건 우변	허용 가능 증가치	허용 가능 감소치
C21	기계 1 사용시간 <=	240	5.333333333	240	180	120
C22	기계 2 사용시간 <=	160	0	200	1E+30	40
C23	기계 3 사용시간 <=	40	0	100	1E+30	60

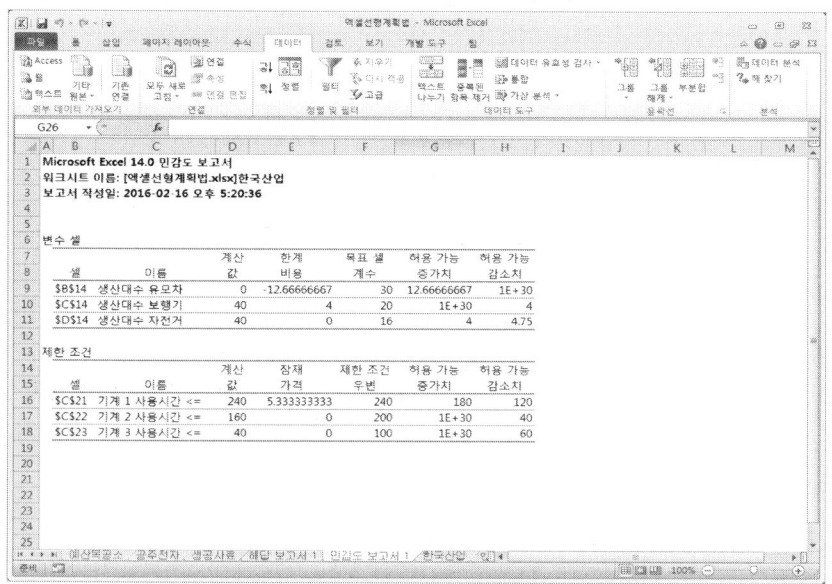

그림 4.12 예제 4 제품배합 문제의 확장과 민감도 분석(4)

- 민감도 분석 요점(유용성: 새롭게 해찾기를 실행하지 않아도 결과를 예상)
  - 민감도 분석(1): 한계비용*

    유모차의 현재 계산값 '0'에서 '1개'를 증가시키면,

    ① 목표셀 값은 현재의 1440만원에서 1440-12.67= 1427.33 (만원)으로 감소한다.

    ② 새로운 최적 생산량은 (1대, 40대, 37.33대) 로 변하나, 이는 민감도 보고서에서 쉽게 알 수는 없다.
  - 민감도 분석(2): 허용 가능의 범위**(목표셀 계수)

    자전거 1대당 판매이익이 16만원에서 18만원으로 2만원 증가하면,

    ① 최적해 (유모차,보행기,자전거) = (0대,40대,40대)는 변화 없음 (최적해가 변하지 않는 목표셀 계수의 범위)

    ② 목표셀 값은 1440만원 + 2만원*40대 = 1520만원 임
  - 민감도 분석(3): 잠재가격***

    기계1의 제한조건을 241시간으로 1시간 더 증가시키면,

    ① 목표셀의 최적값은 잠재가격인 5.33만원 증가한다.(실제로 해찾기로 실행해 보면 최적값은 1445.33 만원)

    ② 이때, 최적 생산량은 (0대, 40대, 40.33대) 로 변하나, 이는 민감도 보고서에서 쉽게 알 수는 없다.

값을 바꿀 셀

셀	이름	계산 값	한계 비용	목표 셀 계수	허용 가능 증가치	허용 가능 감소치
B14	생산대수 유모차	0	-12.67	30	12.67	1E+30
C14	생산대수 보행기	40	4	20	1E+30	4
D14	생산대수 자전거	40	0	16	4	4.75

제한 조건

셀	이름	계산 값	잠재 가격	제한 조건 우변	허용 가능 증가치	허용 가능 감소치
B21	기계1 사용시간 (시간)	240	5.33	240	180	120
B22	기계2 사용시간 (시간)	160	0	200	1E+30	40
B23	기계3 사용시간 (시간)	40	0	100	1E+30	60

그림 4.13 민감도 분석 요점

* '계산 값'을 한 단위 변경(증가 or 감소)시킬 때 생기는 손해

** 현재의 최적해가 변하기 직전까지 변동할 수 있는 범위

*** 제한조건 우변의 제약을 한 단위 완화할 때 생기는 이득

제5장

순서도와 프로그래밍

KONGJU NATIONAL UNIVERSITY

제5장 순서도와 프로그래밍

1. 지역건설과 컴퓨터

지역건설공학은 건설공학, 정보공학, 화학공학 등 많은 공학 지식을 지역의 개발과 보전에 접목한 것으로 자원인 토지, 물, 작물, 마을, 시설들의 지역적, 물리적 특성과 그들 사이의 관계를 찾아내고, 쾌적한 지역 생활공간, 효율적인 생산공간을 창출하는 공학분야이다.

모든 공학이 그렇든 지역건설공학은 가능한 많은 사람들이 일상에서 안전성과 편리성, 그리고 쾌적성을 제공하여 삶을 윤택하게 하는데 목표를 두며, 특히 자연의 위한대 힘의 원천을 인류의 유용과 편리성을 위한 기술의 개발과 적용에 목적을 둔다.

지역건설공학이 공학분야의 하나인 만큼 공학에 대한 이해가 지역건설에 대한 이해를 높이는 부분이 될 것이다. 공학은 다음과 같이 정의한다.

The profession in which knowledge of the mathematical and natural sciences, gain by study, experience, and practice, is applied with judgement to develop ways to use, economically, the materials and force of nature for the benefit of mankind.(ABET)

여기에서 보면 공학은 수학과 과학에 대한 지식이 필요하며, 학습, 경험과 실습을 통한 지식의 획득과 인류의 삶을 위한 공적 복지의 증진을 목표로 한다. 이런 공학을 배우기 위해선 연구(research), 개발(development) 그리고 시험(testing)의 과정이 필요하다.

공학은 과학과 다르며, 그 주된 이유는 실용성에 있다. 공학은 수학, 과학 등의 이론을 이용하여 현실적으로 이용될 수 있는 창조를 목적으로 하는 학문이다. 이를 위해 많은 지역건설의 세부 분야들이 있으며, 공통된 기반 지식으로 컴퓨터 프로그래밍이 필수적으로 자리 잡게 되었다.

컴퓨터 프로그램은 자료의 방대한 처리, 정확한 처리, 신속한 처리 등 프로그램의 기본적 목적 외에도 프로그램 개발과정에서 프로그램 개발자는 습득되는 자료 및 분석 과정의 논리적 고찰, 구조적 접근, 객체화의 이해가 부수적으로 얻게 된다.

본 자료에서는 비쥬얼베이직이라는 프로그램 언어를 통해 이와 같은 과정을 학습, 실습하고자 한다.

2. 프로그래밍 언어

컴퓨터를 이용하여 업무를 처리하기 위해서는 컴퓨터가 이해할 수 있는 언어가 필요하다. 일반적으로 컴퓨터는 기계어 만 이해할 수 있으므로, 실제로 작성하기 곤란하므로 인간의 언어와 비슷한 다양한 프로그래밍 언어가 만들어지고 발전되어 왔다.

프로그램 언어는 지금까지 수없이 많이 개발되어 왔다. 대략 2,000~4,000 종의 프로그래밍 언어가 있는 것으로 알려져 있다. 그러나 실제 사용되는 언어는 200여 종의 언어가 있으며, 실제 업무에 이용되는 것은 수십 종에 불과하다.

프로그래밍의 목적은 사용자가 컴퓨터를 이용하여 문제를 풀 수 있게 하기 위해서 기계내의 알고리즘과 현실세계를 연결하는 데 있다. 일반적으로 실제 문제와 기계내부의 알고리즘은 다른데, 예를 들어 A=B+C 는 실제 문제에 있어서 등호 좌우변이 동등하다는 의미이지만 컴퓨터에서는 B에 저장된 내용과 C에 저장된 내용을 더하여 A라는 장소에 옮기는 것을 뜻한다. 그러므로 실제 문제에서는 I=I+1이 성립 할 수 없지만 컴퓨터 성립한다.

컴퓨터의 작업 처리는 초기에는 자료를 특정 장소에 저장하고, 작업은 외부적으로 진행하는 프로그램 외장 방식이었으나, Von Neumann machine 즉, 한 순간에 한가지 일만 처리되는 기계에 관한 개념이 수학적으로 확립 되면서 프로그램을 외부에 둘 필요가 없게 되어 프로그램과 자료를 모두 내부에 두고 순차적으로 실행하는 프로그램 내장방식으로 발전하게 되었다. 따라서 현재 대부분의 프로그램이 이 방식을 채택하고 있고, 프로그래밍에서 변수-메모리의 관계의 이해가 요구된다. 이렇게 보면 프로그램은 작성하는 목적에 따라 자료를 일정한 순서로 가공하는 것이므로,

가공순서를 나타내는 Process flow control이 필요하고 이를 표시 한 것이 프로그램이라 할 수 있다.

프로그램 언어를 분류하는 데는 몇가지 방법이 있다. 여기서는 패러다임에 의한 분류와 세대별 분류, 그리고 기계와의 친화도에 의한 분류를 설명한다.

프로그래밍 언어는 그 언어가 지원하는 패러다임(Paradigm)에 의해 분류할 수 있는데, 패러다임이란 어떤 문제에 대한 처리방식으로서 분명히 구분할 수 있는 방법의 집합을 뜻한다. 따라서, 패러다임을 구성하기 위해서는 그 패러다임을 규정 할 수 있는 정의(Definition)과 이를 구현 할 수 있는 수단(Method concept) 및 실제 적용에서의 규칙(Principle in practice)을 가지고 있어야 한다. 프로그래밍 언어도 이와 같이 주어진 문제를 컴퓨터가 처리하게 하는 데 여러 가지 패러다임이 있다. 현재 프로그램 언어가 채택하고 있는 패러다임은 대체로 다음 다섯 가지로 알려져 있다.

① Imperative Paradigm: 프로그래밍 언어는 일의 순서를 나열하고 컴퓨터에게 순차적으로 명령을 전달하도록 하는 방식이다.
② Object-Oriented Paradigm : 프로그램이 점차 복잡해지면서 제작과 관리를 용이하게 하기 위하여 프로그램을 기계적 부품처럼 전체조직 중의 한 부품으로서의 작용(Part)과 업무의 성격상 구분되는 종류(Class)로 구분하여 조직화하는 방식이다.
③ Functional Paradigm : 프로그램이 방대해 지면서 그 관리를 용이하게 하기 위하여 모든 프로그램을 함수화하는 방식이다.
④ Logic Paradigm : 인간의 사유과정을 모방하여 추론을 바탕으로 업무를 정리하는 방식이다.
⑤ Parallel & Distributed Paradigm : 업무의 처리를 여러대의 컴퓨터 또는 CPU에게 분담하게하고 자료가 발생하는 곳에서 동시에 처리되도록 하는 방식이다.

세대별 분류는 프로그램 언어가 발달되어 온 단계별로 분류하는 방법으로서 중요한 언어의 개념의 변화를 중심으로 분류한다. 최근에 와서는 몇개의 세대언어가 동시에 개발되고 이용되기도 한다.

① 1세대 : 기계어 중심의 초기 언어

② 2세대 : 어셈블어를 중심으로 한 언어

③ 3세대 : 컴파일러와 명령어 중심의 언어

④ 4세대 : 몇 가지 언어를 복합하여 만든 4GL 언어

⑤ 5세대 : 추론능력을 갖춘 인공지능 언어

⑥ 6세대 : 인간과 같은 학습능력을 갖춘 언어

기계와의 친화도에 따른 분류는 기계와의 친화도 즉, 직접적으로 메모리를 지정하거나 장비의 관리를 담당 할 수 있는 정도를 기준으로 분류하는 방법이다.

① 저급언어(Low Level) : 기계어와 유사하고, 직접 메모리를 이용하는 언어로서 어셈블리 등이 해당 됨.
② 중급언어(High Level) : 서부루틴 등을 이용한 구조화 개념이 도입되고, 직접 또는 간접메모리 지정 방식이 혼용된 컴파일러 중심의 언어로서 f77, c 등 대부분의 언어가 이에 해당 됨.
③ 고급언어(Very High Level) : 기계와 무관하게 이용할 수 있으며 Hidden memory를 지원하고, 추론을 가능하게 하는 언어로서 Prolog 등이 이에 해당 됨

비쥬얼베이직은 기본적으로 Imperative Paradigm의 개념을 사용하고 있고, 3세대 언어이며, 중급언어이다. 여기서 중급은 프로그램의 발전수준을 의미하지 않는다. 현재도 베이직 프로그램은 많은 프로그래머로 부터 가장 유용한 개발 언어로 이용되고 있다.

3. 비쥬얼베이직

비쥬얼베이직은 뛰어난 교육능력을 지닌 프로그래밍 언어이다. 베이직(BASIC) 이란 의미 처럼 쉽게 배우고, 쉽게 사용하며, 쉽게 프로그램의 목적을 달성할 수 있도록 구성된 언어가 비쥬얼베이직입니다. 과거 DOS 시절에는 Quick Basic이나 GW-Basic 등이 사용되어 왔으나 Window 시스템이 대중적으로 확립된 이후 그래픽 객체가 베이직에 포함되어 더욱 편리하게 만들어 졌습니다.

① 베이직(BASIC)은 원래 'Beginners All-Purpose Symbolic Instruction Code'의 약어입니다. 이 말에서 의미하듯 베이직은 모든 분야에 적용 가능하도록 작성된 초보 프로그래머를 위한 언어입니다.

② 비쥬얼(Visual)은 시각적인 부분을 말합니다. 즉, 사용되는 개체를 미리 구성하여 마우스로 끌어 놓아 실행 폼을 구성하고, 이를 이용해 프로그램을 작성하여 완성하도록 구성되어 있습니다.

③ 비쥬얼베이직은 과거 베이직언어가 인터프리터방식으로 실행되는 한계를 넘어 컴파일도 가능하도록 구성되어 있고, 이 의미는 실행파일을 작성할 수 있음을 뜻합니다.

또한, 비쥬얼베이직은 이들 기본적 과정 외에 VBscript를 이용하여 웹문서를 작성한거나, 데이터 엑세스 기능을 이용하여 데이터베이스용 응용프로그램을 작성할 수 있으며, Excel이나 Word와 같은 Windows 응용 프로그램에서 제공되는 기능을 사용할 수 있습니다.

이들 기능 외에 비쥬얼베이직은 무엇보다 자기가 구성한 프로그램을 쉽게 보고, 판단할 수 있는 인간적인 친화성이 가장 큰 매력이라 생각됩니다.

4. 순서도의 필요성

프로그램의 과정은 문제를 논리적으로 해결하는 과정입니다. 구조화된 프로그래밍에서는 이를 순차, 반복, 판단의 세가지 과정을 의미합니다. 순차는 문제의 해결하기 위해 순서를 가지고 문제를 접근하며, 반복은 전산기의 빠른 계산능력을 이용하여 반복하며, 판단은 적절한 조건을 만족할 때 분기하거나 결정하는 부분을 말합니다. 이를 조합하여 프로그램이 작성되는데 이를 전세계 누구나가 이해할 수 있는 기호로 작업의 순서를 나타낸 것이 순서도(flow chart)입니다. 다시 말하면 순서도는 문제를 해결하는 순서입니다.

따라서 순서도는 '알고리즘 또는 문제해결의 절차를 그림으로 알기 쉽게 나타낸 것' 이라 정의 할 수 있다. 그러므로 순서도를 보면 전체 내용을 쉽게 판단할 수 있으며, 어떤 컴퓨터 프로그램언어를 사용함에 따라 달라지지 않는다.

순서도의 작성 목적은 다음과 같다.

① 업무 또는 프로그램의 전체적인 개요를 쉽게 파악하고 의사소통

② 프로그램의 논리적인 체계를 쉽게 이해

③ 프로그래밍(코딩)을 쉽게 작성

④ 논리적 오류의 수정이나 갱신이 용이

⑤ 공동으로 프로그램을 작성할 수 있는 토대

순서도의 작성에 이용되는 기호는 1965년 ISO에 규정한 표준기호를 바탕으로 하며, 논리는 위에서 아래로 왼쪽에서 오른쪽의 순서로 진행되며, 화살표가 있을 경우는 화살표의 진행에 따른다.

하나의 예를 들어보면, A씨가 B씨에게 전화를 걸어 어떤 일을 상의하는 경우를 생각해 보기로 하자. 이때, A씨가 할 일과 그 순서를 정리해 보면 다음과 같이 생각할 수 있다.

① B씨에게 전화를 건다.
② 통화중이면 끊고 다시 전화를 건다.
③ 통화중이 아니면 받을때 까지 기다린다.
④ 전화가 통하면 B씨를 찾는다.
⑤ B씨가 응답하면 용건을 말한다.
⑥ B씨가 집에 없으면 전할 내용을 가족에게 말한다.
⑦ 전화기를 놓고 끝낸다.

이를 순서도로 표현하면 다음과 같다.

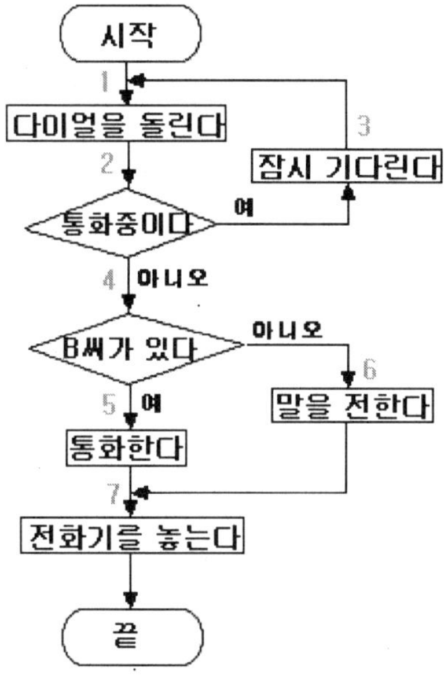

이 순서도대로 하면 A는 B에게 전화하는 과정을 표현할 수 있다. 그러나 이 순서도에서는 A씨가 전화번호를 잘못 눌러거나 B가 회의중으로 전화를 받을 수 없거나 전화기가 고장나서 소리가 안들리거나 하는 등의 예외상황에 대해 고려하고 있지 않다. 이런 모든 예외에 대해 완전한 순서를 정하는 것이 순서도가 완성되어 가는 과정이 된다. 따라서 논리에 따라 같은 목적에 대해 수없이 많은 순서도가 또는 프로그램이 작성될 수 있다.

5. 순서도의 기호

순서도에 기호는 많이 있으나 순서도의 목적은 업무의 과정을 단순화하는데 있으므로 차츰 사용하지 않는 기호들이 많아지고 있으며, 기본적인 기호는 다음과 같다.

- 알고리즘(Algorithm): 문제 해결에 필요한 처리 과정이나 처리 순서
- 순서도(Flow Chart): 알고리즘의 처리 순서를 쉽게 알 수 있도록 기호를 사용하여 그림으로 나타낸 것

표 5.1 순서도에 쓰이는 기호

기호	뜻	예	
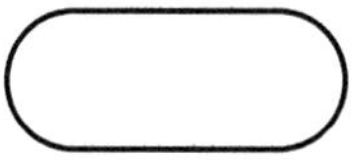	시작 또는 끝	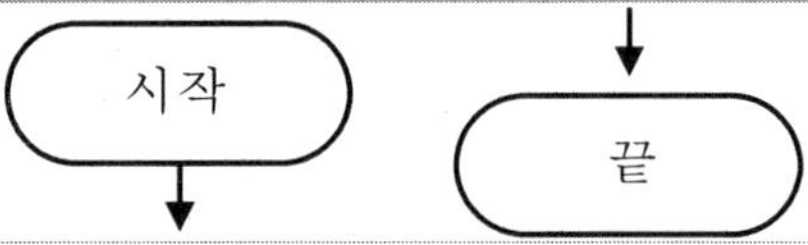	
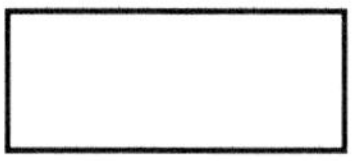	처리	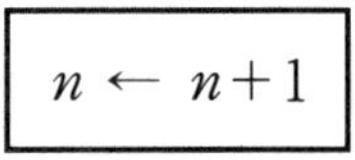	n에 저장된 값에 1을 더하여 새로운 n에 저장하여라.
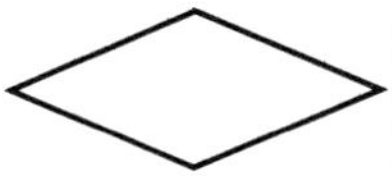	판단	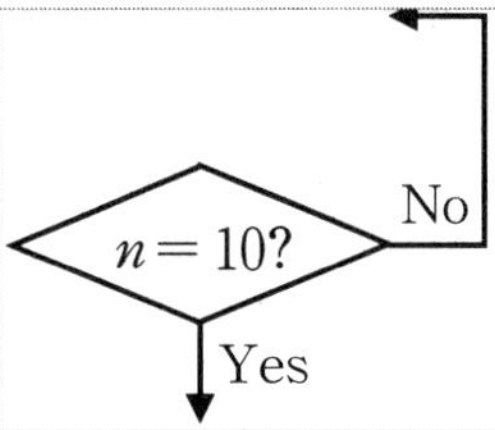	$n = 10$ 이면 Yes로, $n \neq 10$ 이면 No로 이동하여라.
	인쇄(출력)	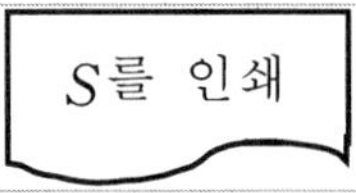	S에 저장된 값을 인쇄하여라.
	연결자		흐름이 다른 곳과 연결되는 입출구를 나타냄
	저장공간	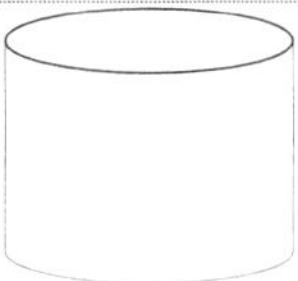	자료를 저장하는 공간, 디스크

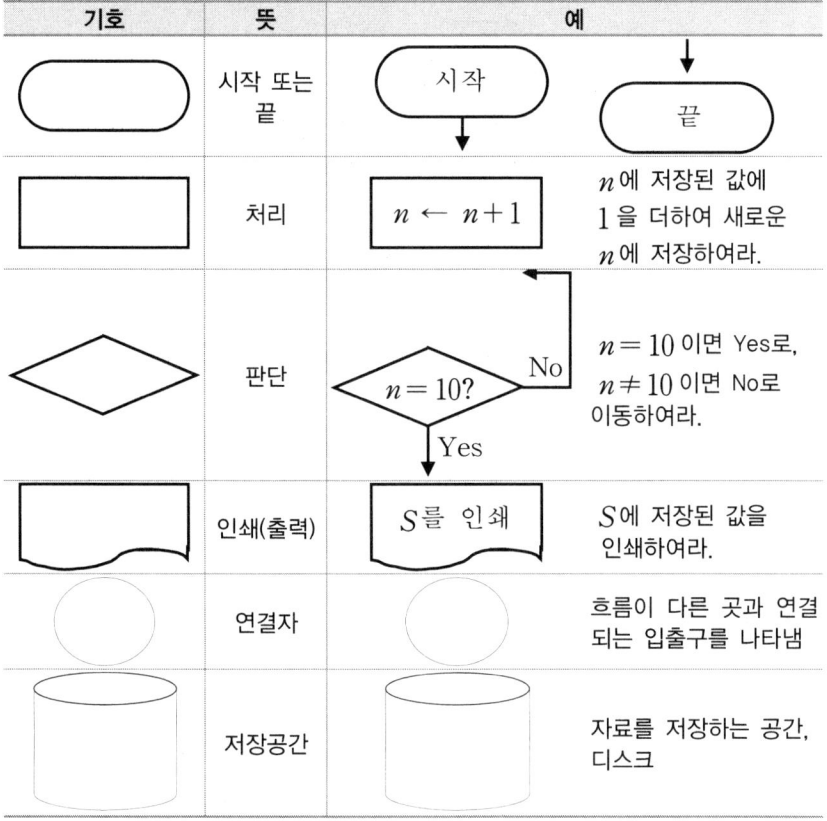

▶ 루프 (Loop) : 순서도에서 동일한 처리나 판단이 반복되는 부분

6. 순서도의 작성

순서도를 작성하기 위해 다음의 문제를 생각하자.

예제 1. 실수 a, b 의 값을 읽어 a, b의 차를 구하는 순서도를 작성하시오.

① a, b 를 읽는다.

② a−b≥0 이면 ④로 간다.

③ a−b<0 이면 ⑤로 간다.

④ a, b 의 차는 a−b를 인쇄

⑤ a, b 의 차는 b−a를 인쇄

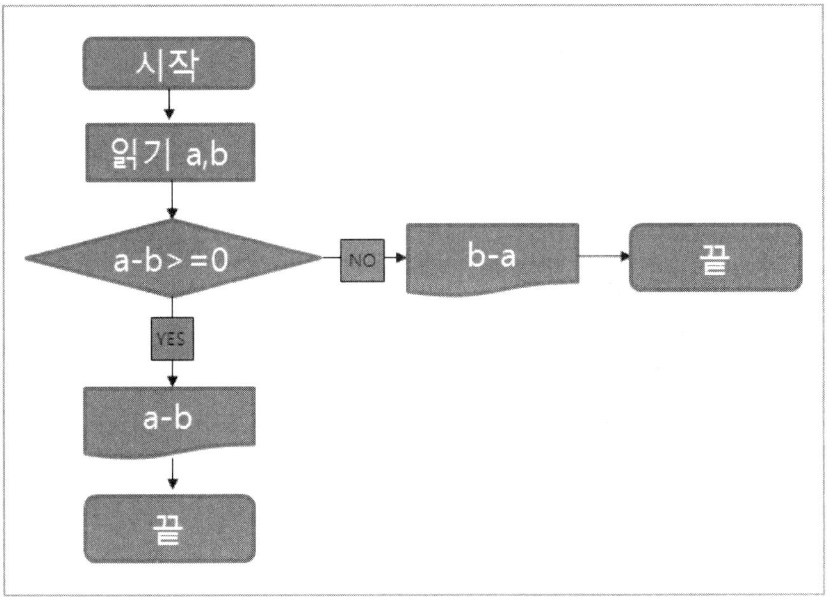

예제 2. 자연수 a를 3으로 나눌 때, 나머지를 구하는 순서도를 작성하시오.

① a 를 읽는다.

② a≥3 이면 ④로 간다.

③ a 〈 3 이면 ⑥으로 간다.

④ a-3 을 a 로 놓는다.

⑤ a 를 ③ 으로 보낸다.

⑥ a 를 인쇄한다.

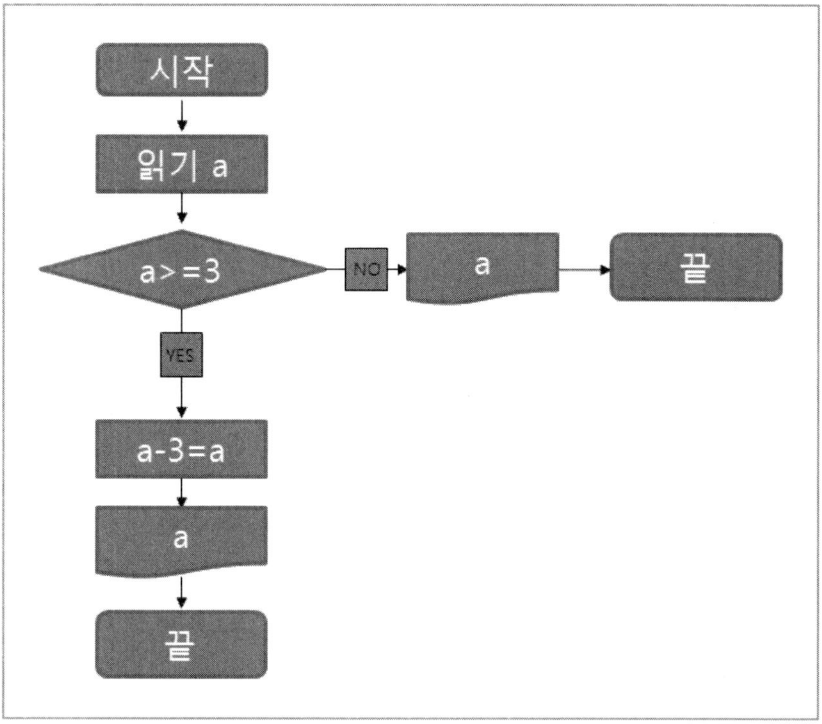

예제 3. 다음 합을 구하는 순서도를 작성하여라.

1 + 2 + 3 + ... + 50

① 먼저 S를 1로 하고 N을 2로 한다.

② S+N 의 결과인 3을 다시 S 로 한다.

③ N+1 의 값 3을 다시 N으로 한다.

④ N 50 이면 ② 로 가서, ②, ③의 과정을 계속하고, N 〉 50이면 ⑤ 로 간다.

⑤ S 를 답으로 한다.

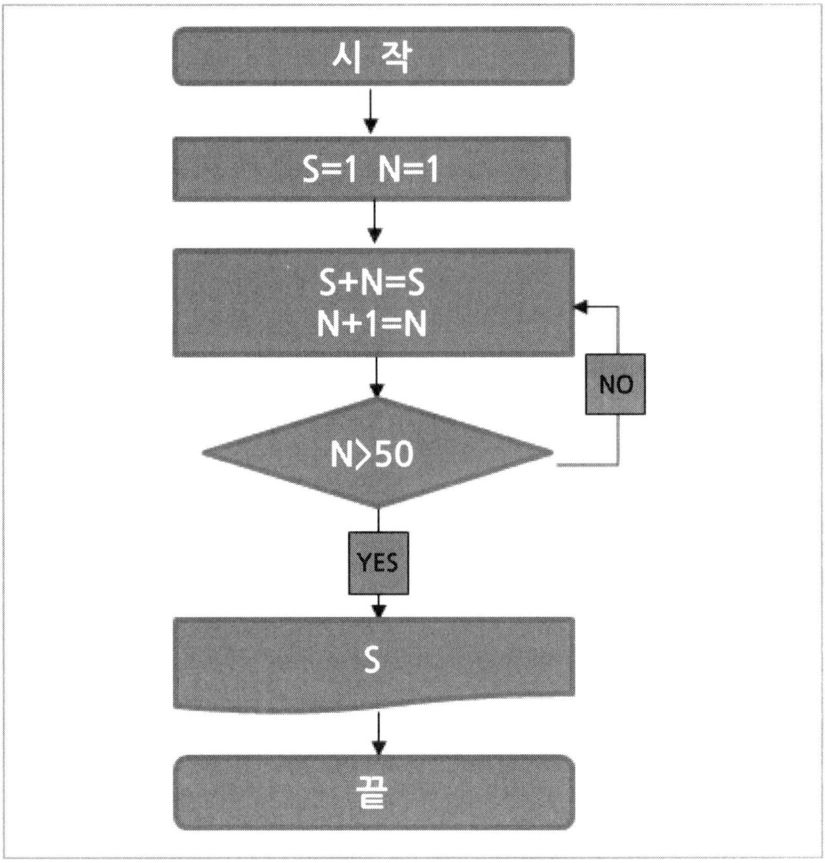

예제 4. 1×2×3×4×5...×20의 값을 구하는 순서도를 다음 순서에 따라 작성하여라.

① 먼저 S 를 1로 놓고 N 을 2로 한다.

② S ×N 의 결과인 2를 다시 S 로 한다.

③ N + 1 의 값 3을 다시 N 으로 한다.

④ N 20 이면, ②,③ 의 과정을 계속한다.

⑤ N 〉 20 이면 ⑥으로 간다.

⑥ S 를 답으로 한다.

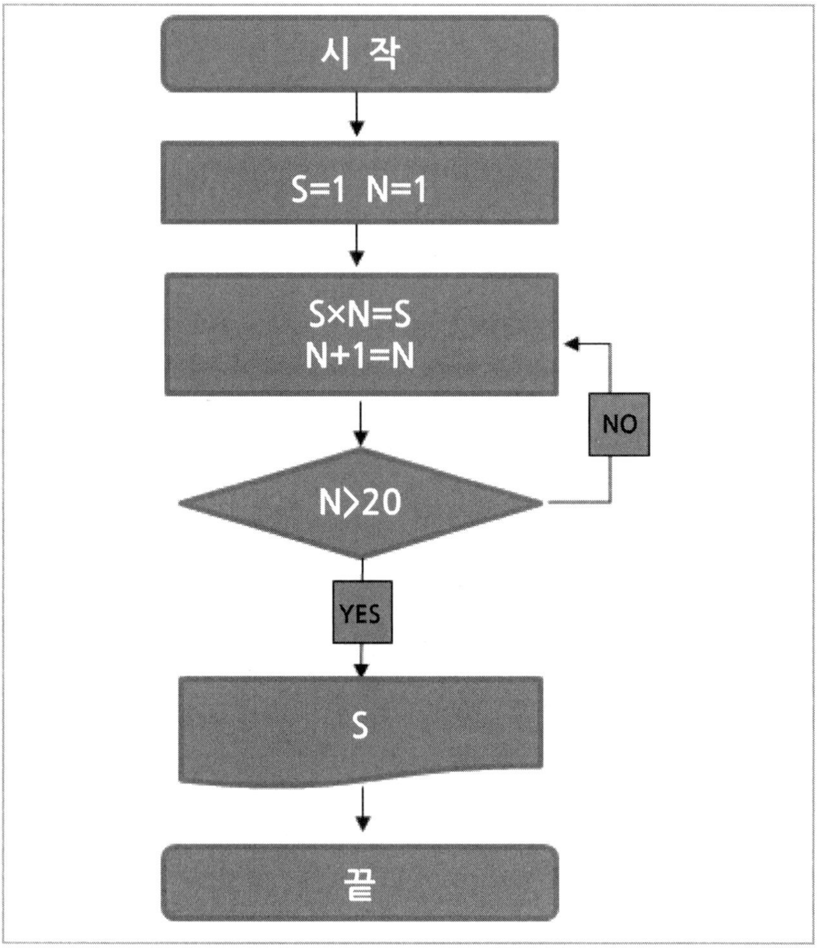

예제 5. 첫째 항이 3, 공차가 2 인 등차수열의 제 100 항을 구하는 순서도를 작성하시오.

① a = 3, n = 1 로 놓는다.

② $a_n = a + (n-1) \times 2$ 로 놓는다.

③ n+1=n 으로 놓는다.

④ n≠100 이면 ②로 간다.

⑤ n = 100 이면 ⑥으로 간다. a_n

⑥ a_n 를 인쇄한다.

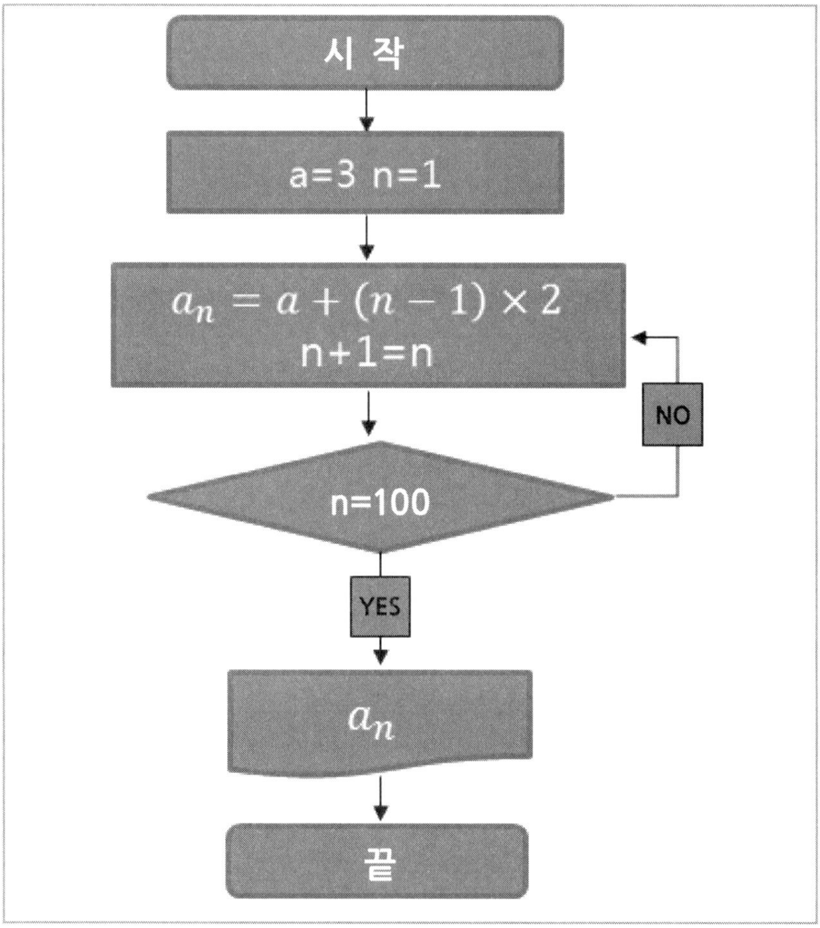

예제 6. 어느 도시의 수도 요금은 100kg 미만까지는 기본 요금 1000원이고, 100kg 이상 150kg 까지는 kg당 40원이라고 한다. 수돗물을 a kg (a 〈 150)사용하였을 때, 수도 요금을 계산하는 순서도를 작성하여라.

① 먼저 현재 수도사용량을 a라고 하자.

② a 〈 100 기본요금 1000을 부과한다.

③ a ≥ 100보다 크면 초과분(a−100)에 대해서는 40원씩 부과하고, 기본요금을 더한다.

④ 요금(s)를 출력한다.

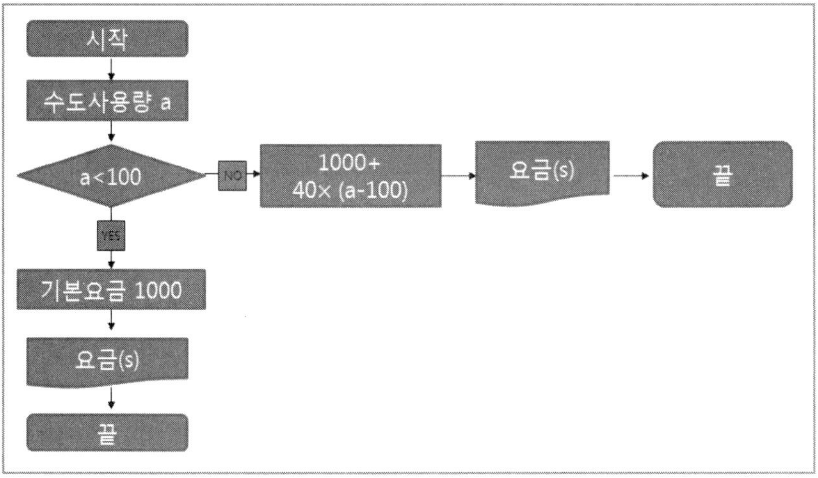

7. 비쥬얼베이직 처음 따라하기

먼저 더하기를 수행하여 결과를 알아보는 프로그램을 작성해 보자.

7.1 먼저 생각해 보자.

- 더하기를 하기 위해선 두개의 값을 받아들여야 한다.
- 이것을 변수 a, b라고 하자.
- 또 이 두값을 더한 결과로 일력하는 값을 c하고 하자.
- c가 a와 b 의 더한 값과 맞는지 알기 봐야 한다.
- 따라서 a+b=d라는 변수를 하나더 생각하자
- 만약 c=d이면 결과는 맞는 것이고, 아니면 틀렸다고 알려주자.
- 결과 확인을 위한 버튼하나가 필요하다.
- 프로그램을 끝내는 버튼도 하나 필요하다.

7.2 그럼 비쥬얼베이직을 실행하여 이 프로그램을 순서대로 작성하자.

(1) 먼저 비쥬얼스튜디오를 실행하여 새 프로젝트를 누르면 다음과 같은 화면이 나온다.

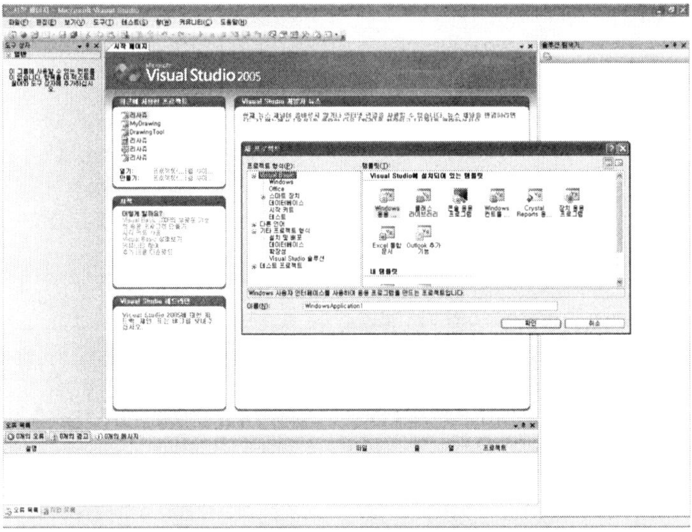

(2) 여기서 새로운 파일을 만드는 것이므로 윈도 응용프로그램 버튼을 클릭하고 파일명을 적는다. 그럼 다음과 같은 초기 화면이 생긴다.

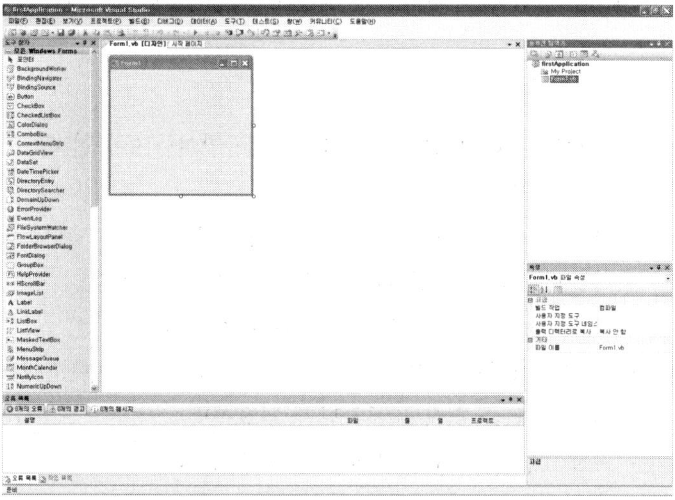

(3) 폼의 이름을 설정하기 위해(물론 안해도 된다.) 폼의 속성창의 Text에 이름을 '더하기 연습'이라고 친다. 창 위에 이름이 바뀌었음을 알 수 있다.

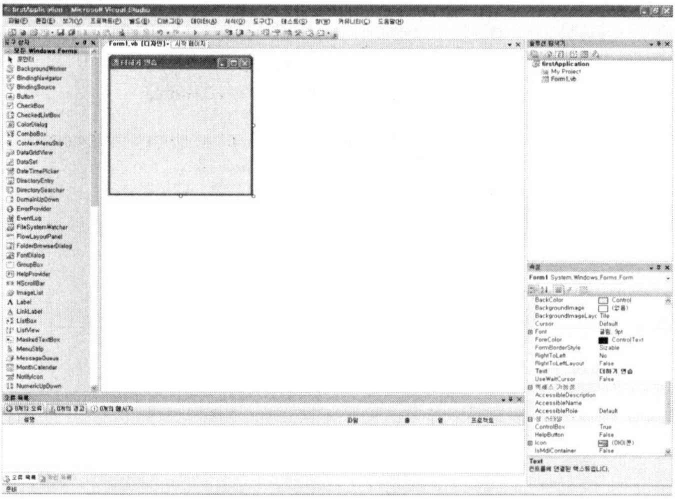

(4) 폼에 제목창을 넣자. 폼에 글을 쓰기 위해선 'label' 버튼이 필요하다. 'label' 버튼은 왼쪽 개체중 Label을 클릭한다음 폼의 적당한 위치에서 크기를 마우스로 드래그-드롭한다.

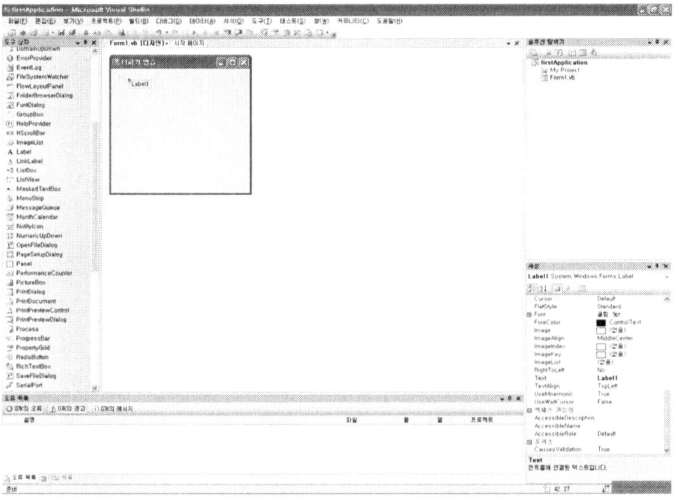

(5) 이상태에서 속성창을 보면 Text에 'Label1'이라 되어 있는데 이를 '더하기 연습'이라 입력하고, 적당한 모양으로 변환한다.

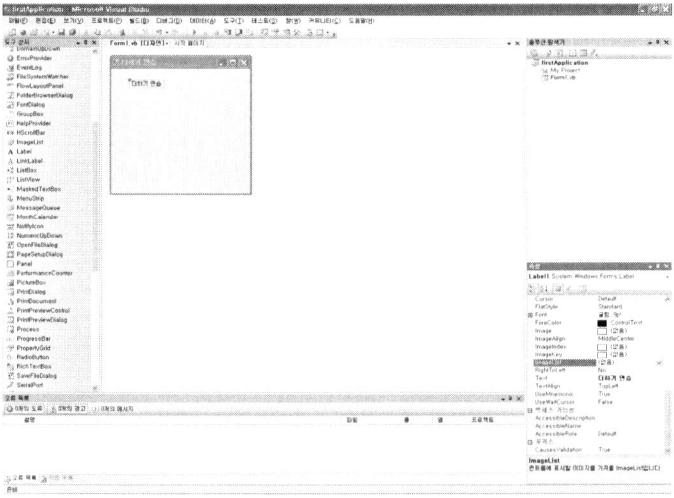

(6) 이제 a, b를 입력할 수 있도록 하자. 외부 자료의 입력은 'Textbox' 버튼으로 좌측에 보면 아이콘을 하고 있다. 두개의 Textbox 버튼을 넣는다.

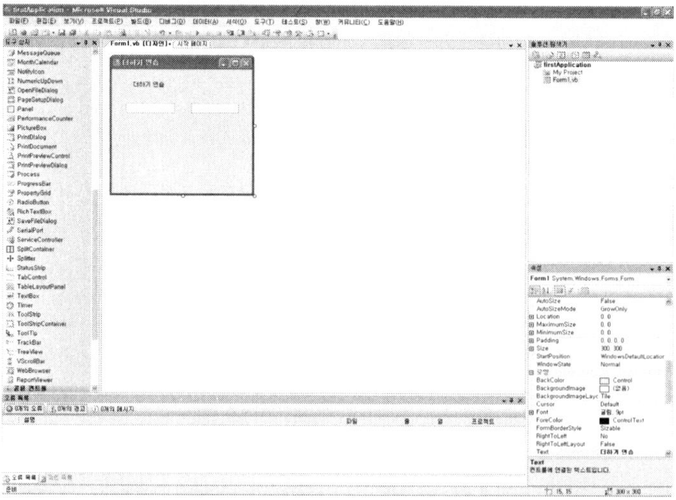

(7) 이제 label로 더하기 기호(+)와 결과기호(=)를 넣고, 값을 입력할 수 있는 텍스트버튼을 삽입합시다.

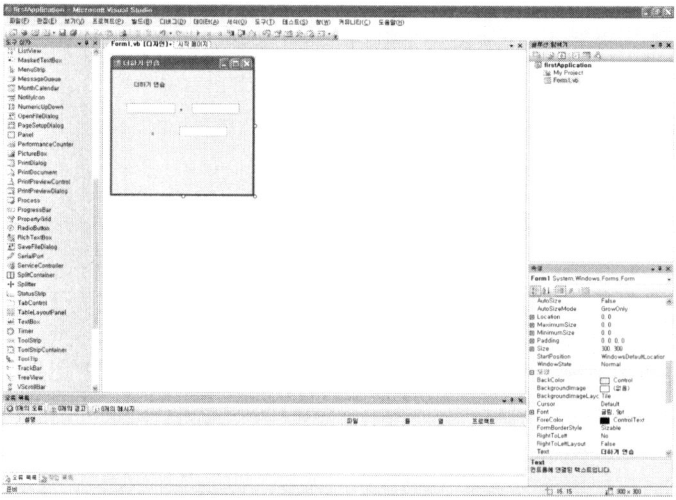

(8) 이제 명령을 처리하는 버튼(Button)을 삽입합니다. 버튼의 삽입은 마찬가지로 왼쪽 개체를 마우스로 클릭하고, 폼의 위치에서 마우스로 드래그-드롭합니다. 커멘드버튼의 Text은 '정답확인'이라고 하죠.

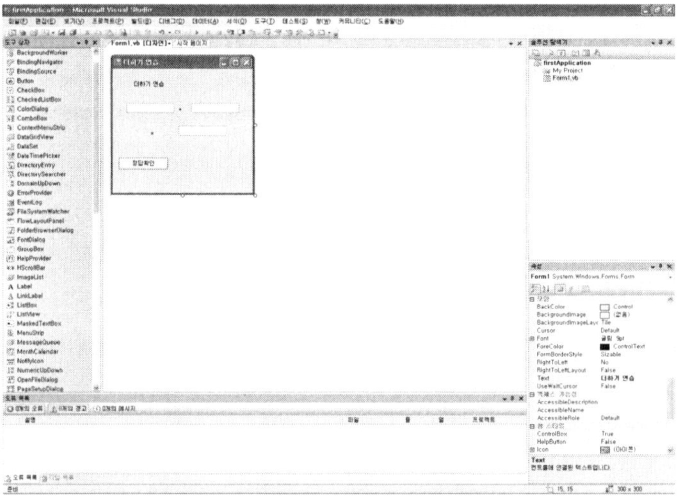

(9) 폼작업 마지막으로 프로그램을 종료하는 버튼을 하나 더 삽입하고, Text로 끝내기라고 합시다. 이러면 폼작업은 모두 끝났습니다.

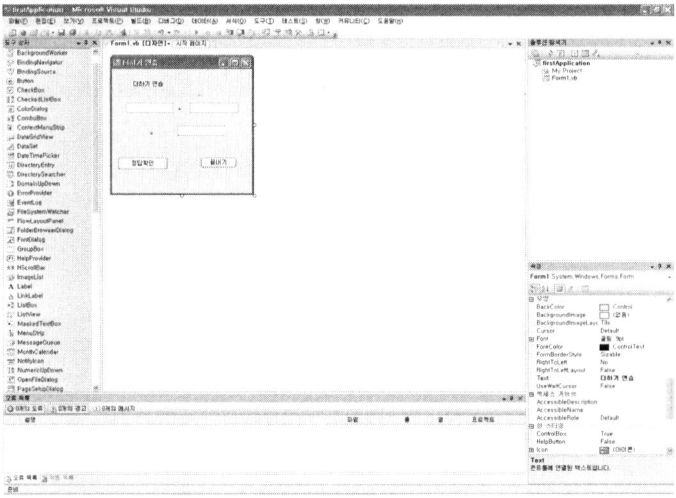

7.3 이제 프로그램을 작성합시다. 프로그램의 작성은 개체를 더블클릭하여 작성합니다. 개체를 더블클릭하면 프로그램 작성 창이 생성됩니다.

(1) 쉽게 커멘트버튼 중 '끝내기'라고 된 버튼을 더블클릭합니다. 그럼 코드창이 나타납니다.

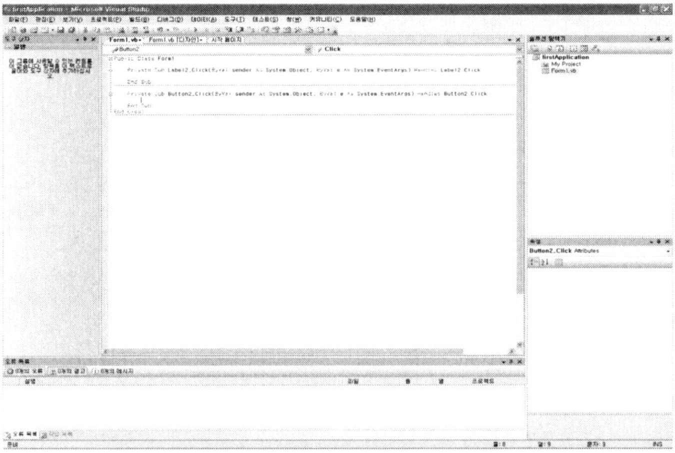

(2) 여기에 작성할 코드는 즉, 프로그램을 실행되었을때 종료명령을 입력하고자 하는 것이고, 비쥬얼베이직에서 이 명령어는 'end'입니다. 코드창에 입력합니다.

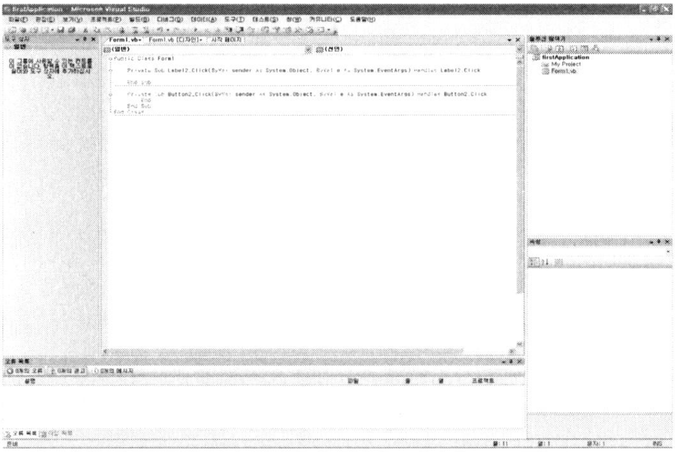

(3) 이러면 이 끝내기 버튼의 프로그램이 작성된것입니다. 다른 개체의 프로그램을 작성하기 위해 폼으로 되돌아 갑니다. 코드창의 오른쪽 위  버튼을 클릭합니다. 그럼 폼으로 되돌아옵니다. (4) 마지막으로 정답을 확인하는 버튼을 더블클릭하여 프로그램을 작성합니다.

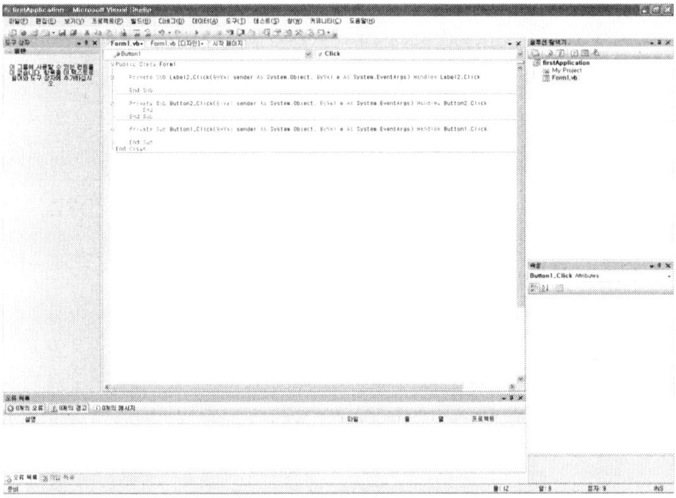

(4) 이제 진짜 프로그램입니다. 다음과 같이 작성합니다.

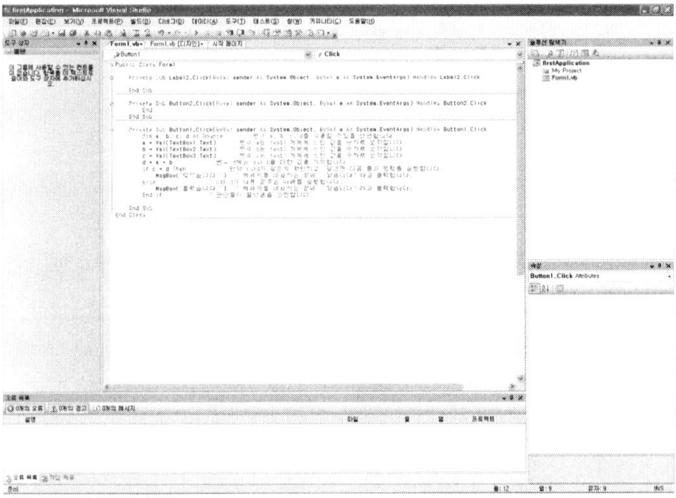

작성 코드의 의미는 다음과 같습니다.

Dim a, b, c As Double	변수 a, b, c, d를 사용할 것임을 선언합니다.
a = Val(TextBox1.Text)	변수 a는 TextBox1 개체에 쓰인 값을 숫자로 생각합니다.
b = Val(TextBox2.Text)	변수 b는 TextBox2 개체에 쓰인 값을 숫자로 생각합니다.
c = Val(TextBox3.Text)	변수 c는 TextBox3 개체에 쓰인 값을 숫자로 생각합니다.
d = a + b	변수 d에는 a와 b를 더한 값을 기억합니다.
If c = d Then	만약 c와d가 같은지 확인하고, 같으면 다음 줄의 명령을 실행합니다.
MsgBox ("맞았습니다.")	메세지를 내보이는 창에 "맞습니다"라고 출력합니다.
Else	c와 d가 다른 경우는 아래를 실행합니다.
MsgBox ("틀렸습니다.")	메세지를 내보이는 창에 "맞습니다"라고 출력합니다.
End If	판단절이 끝났음을 선언합니다.

7.4 이제 폼작업, 프로그래밍이 끝났으므로 실행하여봅시다.

(1) 실행은 메뉴에서 할 수도 있습니다.

(2) 위의 두개의 텍스트버튼에 값을 적당히 넣어 봅시다.

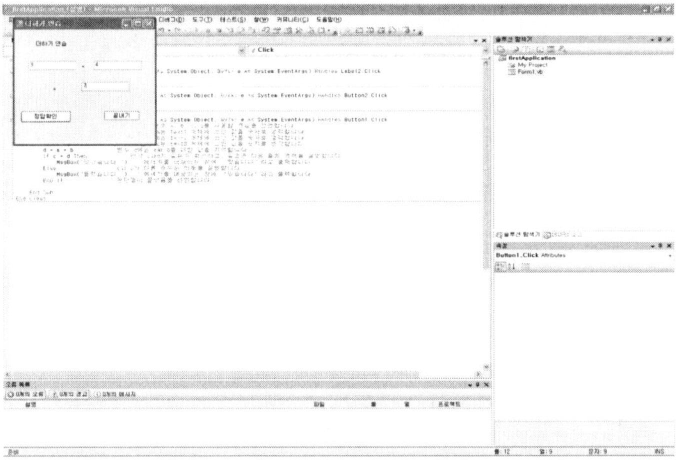

(3) 그리고 그 값을 생각해서 아래 텍스트버튼에 쓰죠. 값이 7이므로 7을 넣습니다.

(4) 그리고 정답인지를 확인합니다. 커멘트 버튼 중 '정답을 확인'을 누루면 되겠죠. 값이 맞으로 다음의 창이 뜹니다. 이창이 메세지박스창입니다.

(5) 7대신에 이번엔 다른 값을 넣어 봅시다. 6을 넣죠. 그리고 정답을 확인하면 틀렸으므로 다음의 메세지창이 뜹니다.

(6) 얼마든지 반복해도 되겠죠. 마지막으로 프로그램을 끝내기 위해 '끝내기'버튼을 누르면 프로그램이 종료됩니다.

7.5 이 프로그램을 저장하고, 실행파일을 만들어 봅시다.

(1) 먼저 저장하기 위해 메뉴중 파일에서 프로젝트 저장을 누릅니다.

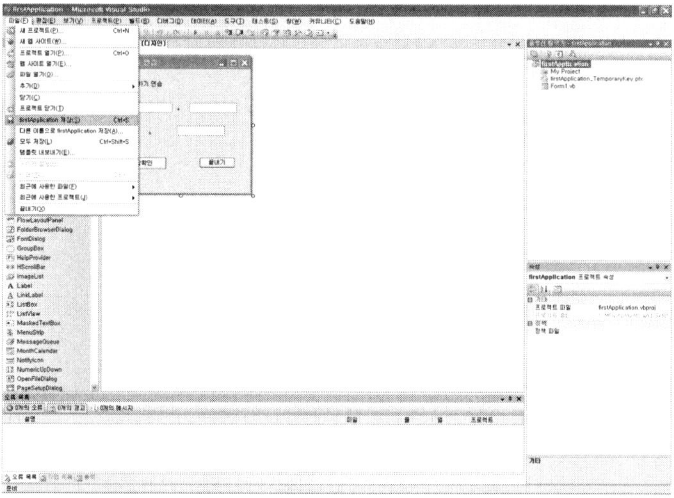

(2) 그리고 빌드합니다. 그러면 프로젝트폴더 밑에 bin디렉토리 밑에 release밑에 .exe화일이 만들어져 있는 것을 확인할 수 있습니다.

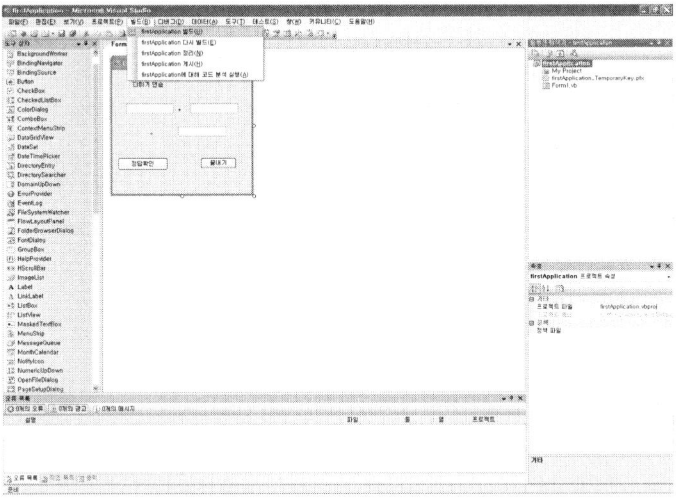

(3) 그리고 이를 웹이나 인스톨파일 형태로 게시할 수 있습니다.

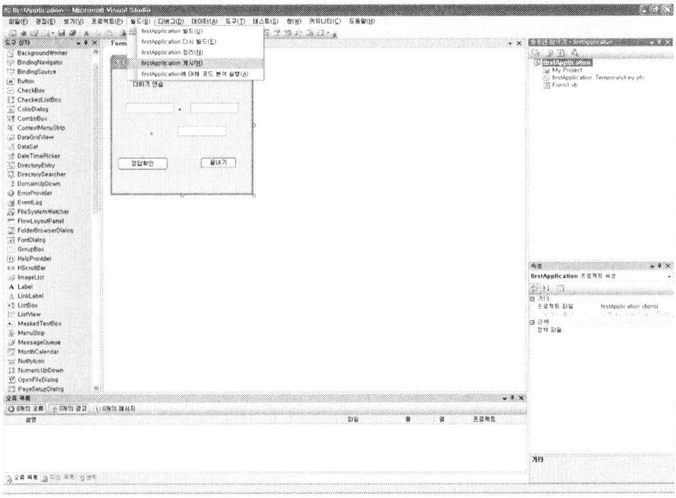

※ 처음 하는 작업은 여러 단계로 보이지만 조금만 익숙해지면 아주 쉽게 생각하고, 작성할 수 있습니다.

8. 리사쥬 그리기

8.1 프로그램의 개요

리사쥬 프로그램은 sin과 cos함수를 이용하여 다양한 그림을 그리는 프로그램입니다. 비쥬얼베이직에서 삼각함수의 각은 라디안 값을 사용므로 변환해 주어야 합니다.

8.2 관련함수

리사쥬 프로그램에 관한 함수는

For - Next

정도입니다.

8.3 폼 객체

리사쥬 프로그램의 폼은 다음과 같습니다.

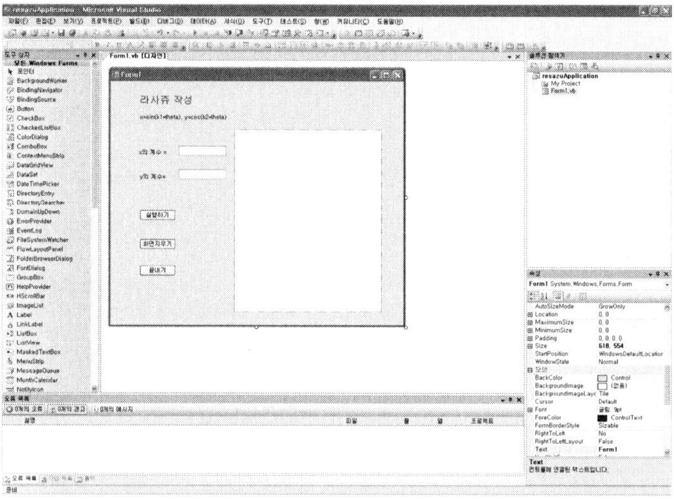

위의 폼으로 보면 라벨이 4개, 텍스트박스가 2개, 커멘트버튼이 3개, 픽쳐박스가 1개네요. 보이죠.

개체의 속성은 다음과 같다.

객체	이름	속성
form	form1	
picturebox	picMain	background color white
label	label1	caption:"리사쥬 작성", font:"26p"
	label2	caption:"x=sin(k1*theta), y=cos(k2*theta)"
	label3	caption:"x의 계수"
	label4	caption:"y의 계수"
Text	TextBox1	Text:"25"
	TextBox2	Text:"24"
Button	Button1	caption:"실행하기“
	Button2	caption:"화면지우기“
	Button3	caption:"끝내기“

8.4 변수 테이블

리사쥬 프로그램에 사용된 변수는 다음과 같다.

Dim k1, k2 As Integer	x, y축의 리사쥬 배율
Dim delta, delta1, delta2 As Double	선을 그리기 위한 시점, 종점의 각
Dim x1, x2, y1, xy2 As Integer	시점, 종점의 좌표
Dim shiftx, shifty As Double	폼에 그림을 그리기 위한 이동 값
Dim multx, multy As Double	폼에 그림을 확대하기 위한 배율값

8.5 프로그램 코드

리사쥬 프로그램 코드는 다음과 같다.

```
Private Sub Button1_Click()
Dim k1, k2 As Integer
Dim delta, delta1, delta2 As Double
Dim x1, x2, y1, y2 As Integer
Dim shiftx, shifty As Double
Dim multx, multy As Double
shiftx = 150
shifty = 150
multx = 100
multy = 100

k1 = Val(TextBox1.Text)
k2 = Val(TextBox2.Text)
delta = 0
For delta = 0 To 72
    delta1 = delta * 5 * 3.141592 / 180
    delta2 = (delta + 1) * 5 * 3.141592 / 180
    x1 = System.Math.Sin(k1 * delta1) * multx + shiftx
    y1 = System.Math.Cos(k2 * delta1) * multy + shifty
    x2 = System.Math.Sin(k1 * delta2) * multx + shiftx
    y2 = System.Math.Cos(k2 * delta2) * multy + shifty
    PictureBox1.CreateGraphics.DrawLine(New  Pen(Color.Black),  x1,  y1,
    x2, y2)
Next delta


End Sub

Private Sub Button2_Click()
End
End Sub

Private Sub Button3_Click()
PictureBox1.CreateGraphics.Clear(Color.White)
End Sub
```

8.6 실행결과

프로그램의 실행결과는 다음과 같다.

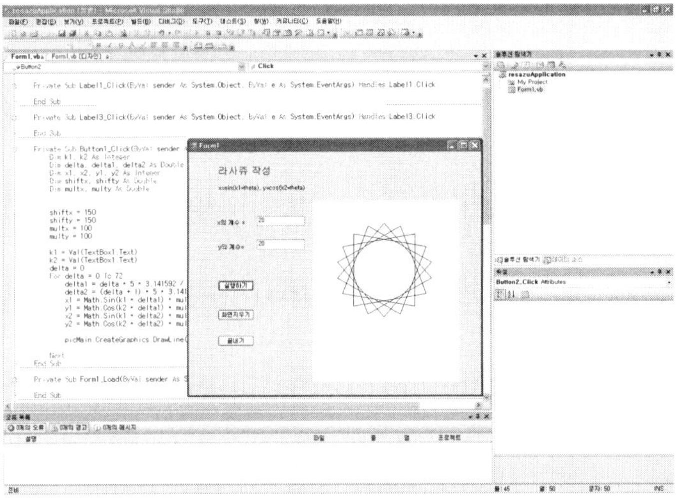

9. 참고문헌

1. [네이버 지식백과] 흐름도 [flow diagram] (두산백과,2010. 08. 01)
2. [네이버 지식백과] 순서도[flowchart] (IT용어사전, 한국정보통신기술협회)

제6장

농촌주택 노후화 진단모형

제6장 농촌주택 노후화 진단모형

본 교재에서는 정남수(2002) 등이 연구한 '농촌주택 개량을 위한 노후화 진단 방안에 관한 연구'를 재정리 하여 본 과정을 설명하고자 한다.

1. 서론

1960년대 이후 국가의 경제 개발 정책이 공업화에 치중하게 됨에 따라 사회구조는 도시위주로 발전되고 농촌지역은 도시에 비하여 경제적인 발전 속도가 상대적으로 낙후되어, 도·농간의 격차는 더욱 심해져 가고 있는 실정이다.

도·농간의 격차가 커지고 노동인력이 도시로 이주하면서 농촌에서의 부녀화, 노령화가 진행되고 있으며, 빈집의 증가를 가져와서 농촌의 마을기능이 약화되고 있다. 이를 보완하기 위하여 주택개량·개선사업, 취락구조개선사업, 문화마을조성사업 등이 진행 중에 있다.

그러나, 농촌주택 노후화의 기준이 미흡할 뿐 아니라 농가경제력과 농촌주택의 건축구조와 재료 및 주민의 의식에 대한 고려가 되지 않은 채 건축년도에 따라 40년 이상 된 주택에 대하여 노후화 되었다고 평가되고 있다. 농촌주택에 대한 효율적인 정비지원과 행정지침의 수립을 위해서는 지금과 같은 경과년수 만으로 노후화를 판단하지 않고 주택의 유형과 결함의 형태 및 거주민을 고려하는 종합적인 진단이 이루어 져야 할 것으로 판단된다.

본 연구에서는 문헌조사와 농촌주택실태조사 및 주민의 의견을 수렴하여 농촌주택 노후화의 개념을 정립하고, 농촌주택의 구조적 유형과 유형에 따른 주요 결함 항목을 정리하여, 농촌주택 노후화 진단 모형을 개발하는 것을 목적으로 하였다.

2. 농촌주택 노후화의 개념과 평가

2.1. 농촌주택의 범위

농어촌발전특별조치법시행령 제2조 제4호에서 농어촌(이하 농촌)이라 함은 지방자치법 제2조 제1항 제2호의 규정에 의한 시(시와 군 및 구)의 지역 중 농림부장관이 농어촌 소득의 증대를 위하여 필요하다고 인정하여 법 제52조의 규정에 의한 중앙농어촌발전심의회의 심의를 거쳐 농어촌으로 고시하는 지역을 말하며, 본 연구에서 농촌이란 국가의 균형발전 및 농업인·임업인·어업인의 복지향상을 위하여 종합적·체계적으로 정비·개발할 필요가 있는 지역으로 정의하였다.

주택건설촉진법 제3조 제2호에 의해 “주택”이라 함은 세대의 세대원이 장기간 독립된 생활을 영위할 수 있는 구조로 된 건축물과 이에 부속되는 일단의 토지(이하 건축물), 또는 건축물의 일부를 말하며, 이를 단독주택과 공동주택으로 구분한다.

본 연구에서 농촌주택은 농촌에 존재하며 장기간 독립된 주거생활을 할 수 있는 구조로 된 건축물(이에 부속되는 건축물 및 토지를 포함) 중 단독주택으로 규정하였으며, 심벽구조와 같이 경과기간에 관계없이 지속적으로 유지보수 되거나 보전을 위한 건축물은 제외하였다.

2.2. 농촌주택 노후화의 개념

하시모토(橋本正五, 1982) 등은 노후화 현상의 주요요인을 크게 물리적 요인, 기능적 요인, 사회적 요인으로 분류하고 이 중 물리적인 요인을 가장 중요하다고 하였다.

민은 주택의 가치는 가치 정의의 개체, 사회·경제적 변화, 입주자의 특성 등 여러 요인에 의해 다르게 정의된다고 가정하고, 그 가치를 개념적으로 물리적, 기능적, 사회·경제적, 기술적 가치로 구분하였으며, 노후화의 정의 또한 물리적 노후화, 기능적 노후화, 사회·경제적 노후화, 기술적 노후화로 구분하였다. 이처럼 노후화는 물리적인 면과 인지적인 면으로 구별될 수 있으며, 연구자에 따라 인지적 노후화를 사회적, 경제적, 기능적으로 분류하기도 한다.

본 연구에서 농촌주택의 노후화는 물리적, 경제적, 사회적으로 분류하였으나, 조사결과 농촌주택은 이주의 개념이 미약하여 경제적 노후화는 중요하지 않으므로 물리적 노후화와 사회적 노후화로 분류하였다.

2.3. 농촌주택 노후화 평가방법

노후화 평가방법은 김 등이 소개한 일본건설성 광청영선부의 건축물의 판정기준, 이이즈까(飯叢裕, 1968)의 노후도를 의미하는 감모도 판정방법, 블랙의 노후화를 의미하는 내구성 판정방법 등이 있다.

일본건설성의 판정기준은 주택을 구체, 마감, 설비의 세 부분으로 구분하였다. 그리고 조사대상 부위를 세분하여 항목을 설정하여 물리적 노후도의 정도를 평가기입한 후 각각의 평균값으로 노후화율을 산출하였다. 평가척도는 10단계로 되어 있으나, 조사 담당자의 판단에 의존하는 정도가 커서 정확성이 다소 결여되어 있다.

이이즈까는 건물 각 부위의 수선시기를 구하기 위하여 노후화의 과정을 정량적으로 평가하는 방법을 이용하였는데, 경과년수에 따라 건물의 각 부위에 나타나는 노후화의 정도를 노후도로 보고 이를 초기 기능에서 현재의 저하된 기능으로 평가하였으며, 실태조사를 통해 노후도를 판정할 때는 표면에 나타난 결함을 물리적으로 측정하거나 시각적으로 등급을 정해 관측하였다.

블랙은 건물의 노후화를 내구성의 저하현상으로 보았다. 그리고 건물의 내구성의 저하현상을 성능의 저하과정으로 해석하였으며, 노후화에 의한 내구성의 평가항목을 4가지로 구분하였다. 4개 항목은 현재의 사용조건, 자재, 설계, 유지관리이며 좀 더 세분할 수 있다. 평가방법은 국제건물위원회(International Council for Building, CIB)에서 제안한 성능평가단계를 이용하였다.

박 등은 주거만족도는 주택규모 및 구성방식, 관리의 적정성, 실내거주성, 마감수준, 단지환경 및 시설, 소음환경, 입지조건, 건물외관, 생활여건 및 투자가치, 주위환경에 의해 규정될 수 있다고 보았다. 그러나, 지적한대로 주거만족도의 상대성 및 지표 자체가 갖는 한계로 인하여 객관성을 확보하기 어렵다.

본 연구에서 평가항목은 한국건설기술연구원에서 제시한 주택의 진단·평가지침을 기초로 주택의 열화평가항목을 결정하였으며, 주민의 만족도는 객관적으로 측정 가능한 크기에 의해서만 규정된다고 가정하였다. 주택에서 확보될 수 있는 크기에 대한 자료는 대지면적, 건축면적, 부속사면적, 안방면적, 거실면적, 부엌면적, 다용도실면적, 부속방면적 등 이 있다.

2.4. 농촌주택 노후화의 평가모형

노후화의 평가모형에 있어서 기본가정은 주택의 노후화가 진행되는 과정은 여러 가지 원인에 의하지만 가장 주된 이유는 경과년수이다. 따라서 경과년수와 노후도에 상관관계가 있다고 가정하여 노후도를 종속변수로 하고 경과년수를 독립변수로 하는 회귀분석을 많이 이용한다.

후루사까(古阪秀三, 1986)는 물리적 내용연수, 사용기간, 노후도값을 사용하여 건물의 유지관리모형을 작성하였으며, 각종 유지관리방법의 차이에 따라 물리적 내용연수에 차이가 나타난다는 것을 밝혔다. 스웨니는 주택의 모든 조건이 같다면 거주기간이 길수록 유지관리비용이 늘어난다고 가정에서, 주택보유기간과 소유형태를 이용하여 주택유지관리의 이론적인 모형을 제시하였다.

국내에서 주택의 노후화에 관한 문제는 1970년대 말부터 연구되기 시작했으나 이에 대한 연구성과는 많지 않으며 초기단계의 조사연구에 불과하다. 1992년 임은 아파트 노후화 결정요인에 관한 연구에서 로지스틱 모형을 이용하였으며, 이외에도 동역학모형, 시스템 다이나믹스기법 등을 소개하였다.

농촌주택의 노후화는 다양한 요인에 의해 영향을 받으므로, 본 연구에서 농촌주택의 물리적노후화는 사용년수와 건물의 열화에 따른 개·보수 비용을 고려한 선형모형으로 산정하였으며, 사회적 노후화는 주거만족도의 역함수로 표현하고, 주거만족도는 주택에서 정량적 표현이 가능한 요인들에 의한 다중선형모형으로 가정하였다.

3. 농촌주택 결함의 종류와 노후화 진단모형의 개발

농촌주택의 노후도를 평가할 수 있는 결함은 문헌조사를 통하여 물리적 결함과 인지적 결함으로 나눌 수 있으며, 이를 평가하기 위한 조사자료의 항목을 설정하였다.

3.1. 인지적 결함 관련 조사항목

인지적 결함과 관련된 항목은 주택요소별로 구별할 수 있었으며, 주택에서 구별될 수 있는 요소를 표 6.1과 같이 구분하여 각 요소별로 면적, 난방여부, 통풍, 환기, 채광, 소음, 창문의 크기와 위치 등으로 분할하였다.

표 6.1 Items related with cognitive property

Item / Element	Size	Functions					
		Heating	Ventilation	Day light	Noise	Window Size	Window location
Main room	○	○	○	○	○	○	○
Living room	○	○	○	○	○	○	○
Bath room	○		○			○	
Kitchen	○		○			○	○
Bed room 1	○	○	○	○	○	○	○
Bed room 2	○	○	○	○	○	○	○
Bed room 3	○	○	○	○	○	○	○
Miltipurpose room	○		○				
Belonging building	○		○			○	

3.2. 물리적 결함 관련 조사항목

1차 물리적결함은 다양하고 세분되어 현장에 적용하기 어려웠다. 이를 보완하여 쉽게 목측으로 구분이 가능한 2차 결함유형을 조사한 결과 열화현상이 구조 유형별로 다르게 나타남을 인지하고, 3차에서는 구조 유형별 평가항목을 작성하였다. 마지막으로 목측 조사의 객관성을 부여하기 위해 주택 개·보수 실무자에게 문의한 결과 단열에 대한 고려가 요구되었으며 최종적으로 구조유형별로 균열, 누수, 단열 등으로 결정하였다.

3.3. 농촌주택 노후화 진단모형

3.3.1. 사회적 노후도 진단 모형

본 연구에서는 인지적 결함의 조사를 통하여 주택의 사회적 노후화를 정의하고, 물리적 결함의 조사로부터 주택의 물리적 노후화를 정의하였다. 먼저 사회적 노후화는 주택에 대한 불만족도의 개념으로 정의하였다. 이것은 주택에 대한 만족도에 영향을 미치는 요소가 주택의 면적과 기능이 대부분 인 것으로 나타났다. 이 요소에 대한 객관성을 부여하기 위하여 지대의 구분, 기상특성, 건축 년도, 주택구조, 가족 수, 가구주연령 등의 일반현황과 표 6.1에 나타난 주택요소의 규모에 대하여 지수화 시킨 자료와의 다중회귀분석을 실시하여 정량적 모델을 식(3)과 같이 정의하였다.

$$Y = \Sigma b_i y_i \quad (1)$$

$$S = 1 - Y \quad (2)$$

$$S = \Sigma a_i x_i \quad (3)$$

여기서, Y : 주택만족도(satisfaction of resident)

y_i : 개별만족도(satisfaction to each contents)

b_i : Coefficient, S : 사회적 노후도(social deterioration)

x_i : 지수항목(index), a_i : Coefficient

면적에 대한 만족도를 독립변수로 하고 주택의 만족도를 종속변수로 하여 다중회귀분석을 실시한 결과 표 6.2와 같은 결과를 얻었다. 이것을 이용하여 사회적노후도를 추정하였다.

$$Y = Ya * 0.484 + 32.365 \quad (4)$$

여기서, Y : 주택만족도(satisfaction of resident)

Ya: 면적만족도(satisfaction to size)

표 6.2 Result of regression

Model	R	R^2	Adjusted R^2
1	0.856	0.733	0.728

모형을 구성하기 위하여 다음과 같이 모형에 포함될 항목들을 지수화 하였다. 아직까지 국내에서는 농촌주택 규모의 기준 설정에 대한 연구가 미흡하여, 본 연구에서는 요소별 규모와 만족도를 조사하여 적정 만족도를 3.5 ~ 4.0으로 가정하고 조사를 통하여 표 6.3과 같이 규모별 상대적 만족도의 기준을 설정하였다.

표 6.3 Standard size of house components with degree of satisfaction

Item	Required size(×3.3㎡)	Degree of satisfaction
Yard	400	3.6
Main building	60	3.5
Belonging building	60	3.5
Main room	8	3.7
Bed room 1	5	3.5
Bed room 2	5	3.6
Living room	8	3.8
Kitchen	7	3.7
Miltipurpose room	5	4.0
Bath room	5	4.0

조사가능한 가족특성은 가구주연령, 1인당 거주면적, 가구의 소득수준 등이었다. 각각의 특성들은 각각 독립으로 가정하였다. 연령지수는 100세를 기준으로 지수를 추정하였고, 가족지수는 국민표준주택의 일인당 거주면적 기준이 6평이므로 가족 수에 6평을 곱하여 본체면적과의 관계를 통하여 지수화 하였다. 소득지수는 가구 통계자료를 참고로 농촌의 평균소득이 2300만원으로 추정되었으며, 소득액과 평균소득과의 관계를 통하여 지수화 하였다. 이를 식으로 나타내 보면 다음과 같다.

$$I_s = \frac{\Sigma\left(\frac{S_i}{S_r}\right)}{n} \tag{5}$$

$$I_y = \frac{(100 - Y_l)}{100} \tag{6}$$

$$I_f = \frac{A_m}{(N_f \times 6)} \tag{7}$$

$$I_i = \frac{(2300 - M_i)}{2300} \tag{8}$$

여기서, I_s: 면적지수(size index), I_y: 연령지수(age index),

I_f : 가족지수(family index), I_i : 소득지수(income index),

S_i: Insufficient size, S_r: Required size, n: Number of room

Y_l: Host age, A_m: Size of house, N_f: Family number,

M_i: Total income

구조특성을 지수화하기 위하여 농촌주택 구조유형을 조사하였고, 한국감정원의 조사를 바탕으로 내용년수를 적용하였으며, 이는 표 6.4와 같다.

표 6.4 Endurable year of structural types

Type	Material of Wall		Material of Roof	Endurable Year
Wood	Brick		Zinc.	37.5
			Cement Tile	42.5
			Korean Tile	45
Masonry	Brick	Fire Brick	Slab	50
			Slab. + Grazed Tile	
		Cement Brick	Slab	50
			Slab + Cement Tile	
	Cement Block		Cement Tile	42.5
			Zinc. ·Slate	
	Composites			50

결정된 내구년한을 바탕으로 구조지수의 산정은 잔여년수와 개보수년도에 가중치를 곱하여 계산하였다. 개보수에 대한 가중치는 공사의 규모에 대하여 고려한 것이며 이를 식으로 나타내면 다음 식 (8), (9)와 같다.

$$I_s = \frac{(Y_d - Y_u)}{Y_d} \tag{9}$$

$$Y_u = Y_n - Y_c + \Sigma(Y_n - Y_r) \times w \tag{10}$$

여기서, I_s: 구조지수(structure index), Y_d: 내용년수(endurable year),

Y_u: 사용년수(used year), Y_n: 현재년도(now year),

Y_c: 건축년도(constructed year), Y_r: 개보수년도(repair year),

w: 가중치(weighting)

3.3.2. 물리적 노후화 진단모형의 개발

물리적노후화를 정량적으로 평가하기 위하여 경제적 가치 개념을 도입하여 연도별 감가율에 따른 주택의 재건축비와 노후화에 대한 보수비의 관계를 정량화하였다. 이를 그림으로 나타내보면 그림 6.1과 같고, 조사결과 국내에서는 폐기시 잔존가치를 따지지 않으므로 0으로 가정하였다.

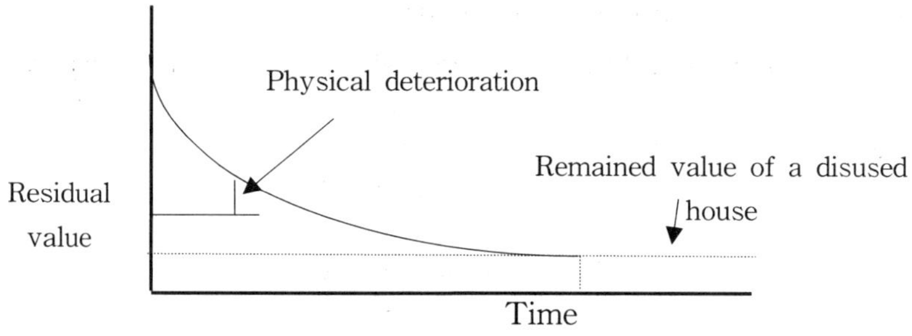

그림 6.1. Evaluation Concept of physical deterioration of rural house

연구에서는 물리적 노후도를 추정하기 위하여 전국 200여개의 농촌주택을 조사하였으며, 표 6.4의 유형을 대상으로 각 유형별 단가표 및 내구년한, 폐기시 잔존가치는 전문가조사를 토대로 작성하였다. 또한 주택의 감가율은 다양한 식들이 존재하나, 본 연구에서는 적용상의 편의를 위하여 주택의 감가율은 주택건축비와 내구년한에 대한 선형감소율로 가정하였으며, 그 식은 식 (11)과 같다.

$$p = \frac{(R_y \times Y + \Sigma\Phi_i F_i) \times 100}{M_r} \quad (11)$$

여기서, p: 물리적 노후도(physical deterioration),

R_y: 년간감가율(reduction of price per year)

Y : 사용년수(used year), Φ: 보수비용(repair cost),

F_i: 열화현상(physical faults), M_r: 건축비용(construction cost)

4. 노후화 진단 모형의 적용 및 고찰

4.1. 사회적 노후화 진단방안의 평가 검증

사회적노후화를 정량적으로 평가하기 위하여 전국의 100가구 규모의 마을을 무작위로 선정하여 100가구의 자료를 조사하였으며, 이를 전술한 방법을 이용하여 회귀분석을 실시한 결과는 다음과 같다.

4.1.1. 각 지수의 독립성 분석

조사된 자료를 바탕으로 독립변수로 쓰일 변수들의 상관관계분석을 실시한 결과 표 6.5에 나타난 것과 같이 각각의 지수는 독립임을 알 수 있었고, 이에 따라 이를 이용한 회귀분석을 실시하였다.

표 6.5 Correlation between indexes

	Age index	Family index	Income index	Size index	Structure index
Age index	1.000	.142	-.045	.223	-.254
Family index	.142	1.000	-.020	-.275	-.013
Income index	-.045	-.020	1.000	.455	-.330
Size index	.223	-.275	.455	1.000	-.648
Structure index	-.254	-.013	-.330	-.648	1.000

4.1.2. 다중선형회귀분석

연령지수, 가족지수, 소득지수, 면적지수, 구조지수의 다섯 항목을 독립변수로 하고 사회적노후도를 종속변수로 다중회귀분석을 실시한 결과 상관계수 값은 0.709로 추정된 식은 다음과 같다.

$$S = 21.831 I_y + 16.109 I_f + 18.823 I_i + 40.109 I_s + 64.289 I_a - 38.805 \qquad (12)$$

여기서, I_y: Age index , I_f: Family index, I_i: Income index ,

I_s: Structure index, I_a: Size index

4.2. 물리적 노후화 진단방안의 평가 검증

물리적 노후도를 평가 검증하기 위하여 충청남도 홍성군 홍북면 지역의 주택 7가구를 주택 증개축 전문가와 함께 실시하였다. 조사한 내용을 분석한 결과 표 6.6과 같이 1, 2, 5, 9의 네 가지 유형에 대하여 물리적노후도를 추정할 수 있었으며, 이는 전문가가 평가한 내용과 최대오차 21.02%, 평균오차 11.83%로 평가되어 주택의 물리적 노후도를 추정해 낼 수 있었다.

표 6.6 Evaluation of physical deterioration of sample house(unit : thousand won)

House number	House 1	House 2	House 3	House 4	House 5	House 6	House 7
Host age	46	45	38	37	42	47	69
Family number	4	7	4	4	3	2	2
House size(pyung)	34	45	26	30	23	18	40
Type of structure	9	5	5	2	2	2	1
Used time(yrs)	6	18	20	30	18	20	35
Contents of faults	Crack(1)	Crack(2)	Crack(2) Leak.(3)	Crack(1) Ins.(3)	Crack(1) Leak.(3) Ins.(1)	Crack(1) Leak.(3) Ins.(2)	Crack(1) Leak.(1)
Types	9	5	5	2	2	2	1
Construction cost (㎡)	428	260	260	267	267	267	338
Total cost	47,987	38,637	22,323	26,457	20,284	15,874	44,603
Endurable year	50	42.5	42.5	37.5	37.5	37.5	42.5
Repair cost	415	1,413	5,493	2,362	1,649	1,456	1,053
Reduction of price per year	960	909	525	706	541	423	1,049
Now value (exclude faults)	42,229	22,273	11,818	5,291	10,548	7,408	7,871
Now value (exclude faults)	41,814	20,860	6,325	0	8,898	5,952	6,818
Deterioration (model%)	12.86%	46.01%	71.67%	100.%	56.13%	62.51%	84.71%
Deterioration (expert%)	15.00%	50.00%	75.00%	90.00%	70.00%	60.00%	70.00%
Relative error	14.24%	7.98%	4.45%	11.11%	19.81%	4.18%	21.02%

4.3. 결과고찰

현장조사를 통하여 물리적노후화 진단방안을 적용하여 본 결과 전문가의 의견과 79~96%의 일치를 보였으며, 사회적 노후화를 적용하여 본 결과 지수화된 자료만으로 (R2 0.709) 노후도를 추정해 낼 수 있었다.

5. 요약 및 결론

본 연구에서는 농촌주택 노후화의 개념을 정립하고, 농촌주택의 구조적 유형을 조사하여, 유형에 따른 주요 결함 항목을 결정하고, 노후화 진단방안을 개발하는 것을 목적으로 하였다.

1) 농촌주택의 결함은 물리적 결함과 인지적 결함으로 구분하였다. 현장조사를 통하여 물리적 결함 구분으로 균열, 누수, 단열 항목을 선정하였으며, 인지적 결함은 문헌조사와 현장조사를 바탕으로 주택에 대한 주민의 만족도를 통하여 평가하였으며, 인지적 결함에 의한 주택의 노후화를 사회적 노후화로 정의하였으며, 물리적 결함에 의한 주택의 노후화를 물리적 노후화로 정의하였다.

2) 물리적 노후화를 정량적으로 평가하기 위하여 경제적 가치 개념을 도입하여 농촌주택을 11개 유형에 대하여 노후화에 따른 보수비로 정량화하였다.

3) 사회적 노후화를 정량적으로 평가하기 위하여 주택의 공간별 크기와 기능에 의한 만족도와 주택 만족도에 대한 회귀분석결과 크기에 대한 만족도 만으로 주택 만족도를 나타낼 수 있었으며, 조사 가능한 주택 건축에 관련된 항목 즉, 각 실의 면적, 가족 수, 가장의 연령, 건축년도 등을 지수화 하였고, 주택 만족도와 지수화된 자료를 회귀 분석하여 계수를 산정하였다.

4) 개발된 농촌주택 노후화 진단방안은 물리적 노후화 진단방안의 경우 농촌주택의 현재가치를 추정함으로써 개·보수나 신축여부를 판가름해 줄 것으로 기대되며, 사회적 노후화 진단방안은 주민이 인식하지 못했던 주거가치에 대해 평가해주므로 주택개량을 촉진하게 되며 농촌주민의 삶의 질 향상에 기여할 것으로 판단된다.

시대의 변화에 따라 주택유형이나 공사내용이 변화가능성을 반영할 수 있도록 하기 위하여 향후연구를 통하여 개발된 농촌주택 노후화 진단방안을 사용자가 손쉽게 이용할 수 있는 일반사용자 지원 전산모형을 개발하고, 주택유형이나 공사의 변화를 반영할 수 있는 농촌주택진단 데이터베이스를 개발하여, 물리적 노후화와 사회적 노후화를 연계시켜 주택개량의 적합도를 판단할 수 있는 통합모델의 개발이 필요할 것으로 사료된다.

제7장

농경지예측모델

KONGJU NATIONAL UNIVERSITY

제7장 농경지예측모델

본 교재에서는 장우석(2008) 등이 연구한 '변화할당효과를 고려한 논 면적 예측 모형의 개발'을 재정리하여 본 과정을 설명하고자 한다.

1. 서론

장래의 경지면적을 예측하는 방법은 크게 세 가지로 나눌 수 있다. 첫째 전통적으로 많이 이용하고 있는 방법으로 통계적 기법을 이용한 예측이다(김경덕 등, 1999). 둘째로는 위성영상을 이용한 토지이용도를 추출하고 이로부터 시계열 경지면적 변화를 예측하는 방법이다(황만익, 1997). 마지막으로 Markov 기법 등을 적용한 추계학적 모델 및 GIS, RS를 통합한 방법이다(김정부, 1978). 이들 방법은 이용 가능한 자료의 종류, 분석의 정확도, 대상지구 등의 조건에 따라 다양하게 개발 · 적용되고 있다.

우리나라에서 장래 경지면적 예측을 위한 통계학적 접근방법으로는 농촌경제연구원을 중심으로 시도되고 있으며 1980년대 초반부터 다양한 방향으로 시도되었다. 이정환 등(1998)은 국내외 농업여건 변화에 대응한 농정분야 전략과 정책을 검토하기 위해 국내외 식량문제 전반에 걸친 전망과 향후대책을 제시한 바 있다. 그중에서 경지면적 변화는 상위 계획인 국토종합계획의 도시용 용지 신규 소요량 전망치를 이용하여 용도별 전용 및 개발 면적을 배분하는 형태로 설정하여 2010년의 경지면적 전망을 시도하였다. 또한, 한국농촌경제연구원에서는 1998년에 농업부문 전반에 걸친 장·단기 예측모델을 개발하였고 이를 보완하여 1999년에 KREI-ASMO (Korea Rural Economic Institute - Agricultural Simulation Model) (김경덕 등, 1999)를 발표하였다. KREI-ASMO 모델은 크게 국제 쌀 수급모델과 국내농업모델로 구분되고, 다시 국내농업모델은 재배업부문모델과 축산부문모델로 구성되어 이들 결과로부터 차기 농산물 협상을 감안한 수입개방 시나리오에 따른 대안별 국내생산 및 수입량을 분석하였다. 이중 논면적 변화 예측을 위한 개별 국가

모델을 제시하였고, 현재논면적, 실질농가수취가격, 기간 등으로 향후 논면적을 예측하기 위한 매개변수를 산정하였다. 한국 농업 부문 연간 전망모델인 KREI-ASMO는 매년 자료 갱신과 더불어 개별 형태방정식 및 모델구조에 대한 지속적인 유지, 보완을 위하여 매년 발전해 나가고 있다. 그러나, 현재의 통계적 모델은 전국단위의 경지면적 예측에 그치고 있으며 개발지구단위 예측에 활용되지 못하고 있다.

다음으로, 위성영상을 이용한 시계열 토지이용변화 추정 방법은 도시화 산업화에 따른 도시인근 지역, 경관 등을 분석하기 위한 목적으로 수행되었으며, 일부 농촌지역의 경지면적 분석이 시도된 바 있다. 황만익(1997)은 인공위성 자료를 이용하여 도시지역의 도시화에 따른 토지이용 변화 분석을 실시하였다. 안승만 등(2002)은 도시의 확장에 따른 인구 밀집지역의 토지이용변화를 분석하기 위해 위성영상과 GIS를 이용하여 시계열 분석을 시도한 바 있다. 그러나, 일부지역에 시범적으로 적용된 사례가 있을 뿐 전국단위 적용에는 한계가 있다. 마지막으로 공간자료와 추계학적 모델을 이용한 예측 방법으로써 김정부(1978)는 Markov chain 에 의한 경지면적 변동을 추정하였고, 주용진 등(2003)은 시계열별 Landsat 위성 영상과 토지이용 변화 예측모델을 개발하여 토지이용 변천과정에 대한 모의를 시도하였으나, 토지이용의 변화과정을 모사할 수는 있으나 일정년도 후의 정량적 결과를 산출하는 데는 어려움이 있다.

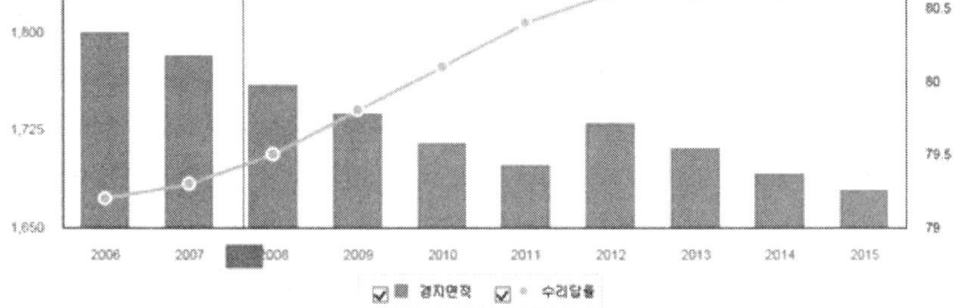

그림 7.1 경지면적 및 수리답률 추이

- 경지란 농작물 재배를 목적으로 하고 현실적으로도 재배가 가능한 토지를 의미
- 논은 물을 직접 이용하여 논벼 등의 식물을 주로 재배하는 토지, 밭은 물을 대지 않고 과수, 채소 등을 재배하는 토지를 의미
- 수리답은 수리시설이 설치되어 관개용수가 안정적으로 확보된 논을 의미
  •경지면적은 '03년 1,846천ha에서 '15년 1,679천ha로지난 13년간 총 167천ha 감소
- 2015년 말 현재 1,679천ha로 2014년 1,691천ha보다 12.1천ha 감소
  •논 면적은 908천ha로 지난해 934천ha보다 25.4천ha(2.7%) 감소
  •밭 면적은 771천ha로 지난해 757천ha보다 13.3천ha(1.8%)증가
  * 경지면적조사는 2012년부터 원격탐사 기술을 활용하여 위성영상 판독으로 조사

본 연구에서는 장래 논 면적 변화를 년도별로 예측하기 위하여 한국농촌경제연구원에서 개발한 KREI-ASMO 모델의 전국단위 예측자료를 바탕으로 도단위 적용에서의 문제점을 검토하고, 이를 보완하기 위한 방안으로 변화 할당 효과를 고려한 논 면적 예측모델을 개발하고자 한다.

2. 논면적예측모델의 개발

2.1. 농경지 결정모델

KREI-ASMO 모델은 한국 농업의 변화를 포괄적으로 판단하기 위하여 농업부문 장·단기예측 모델(1988)을 수정 · 보완한 모델이다. 이 모델은 국제미가를 예측하는 국제 쌀 수급모델, 경종작물과 과수 등을 포함하는 재배업 모델, 축산물 수급을 예측하는 축산모델 및 이들의 전망치를 통합하여 농업소득과 부가가치 등을 산출하는 총량모델의 4개 모델로 구성되어 있으며, 이 중에서 농경지 결정모델이 포함된 재배업 부분 모델은 재배업 모델은 농업생산요소, 가격결정함수, 경지배분함수, 단수함수, 수요함수(역수요함수) 등으로 구성된다(김경덕 등, 1999). 여기에서 각 농업생산물에 대한 농업생산

요소, 가격결정함수로부터 농업투입재가격, 농업노임, 임차료 등 농업생산요소가격이 산출된다. 산출된 농업생산요소 가격은 경지배분모델이 입력되어 생산량을 결정하게 되고, 최종적으로 총량모델에 입력 자료로 사용된다. 경지배분함수에서 농업생산요소 가격과 농경지 결정모델에서 산출되어 각 품목별 재배면적을 산출한다.

2.2. 농경지결정모델의 농촌지역 적용의 한계

KREI-ASMO는 과거의 경지면적을 기반으로 미래의 경지를 예측하는 내생변수와 외생변수를 모두 사용하는 방법이었는데, 2005년으로 넘어오면서 농산물가격, 농업 노임 등 외생변수만을 활용하는 것으로 바뀌었고, 시나리오를 추가하여 외생변수가 변화할 때 농지변화를 예측할 수 있도록 하였다. 그러나 이를 도 단위 이하로 내리게 되면 지역별로 변별력을 갖출 수 있는 충분한 외생변수를 확보할 수 없고, 확보하더라도 내생변수가 발생시키는 자체적인 무작위성이 외생변수의 보편성을 추월하게 되므로 지역별 편차를 심화시키게 된다. 따라서 자체적인 내생변수로 경지의 변화를 예측하는 모델의 개발이 필요하다고 판단된다.

2.3. 변화할당효과를 고려한 논 면적 예측 모델의 개발

변화 할당 효과를 고려한 논 면적 예측모델 개발을 위한 연구의 방법은 그림 7.2와 같다. 논 면적변화에 영향을 주는 변화할당효과에는 경지성장효과, 경지구조효과, 지역할당효과로 분류 할 수 있다. 변화할당효과를 고려한 논 면적 예측 모델에서는 경지 구조효과와 지역할당효과 위주로 경지면적 변화를 분석하고, 성장효과를 보정하여 N 년 후의 논 면적을 예측하였다. 또한 개발된 모델의 적용을 위하여 1998년부터 2003년까지의 논 면적변화 분석을 통하여 3년 후인 2006년 논 면적을 예측하였다.

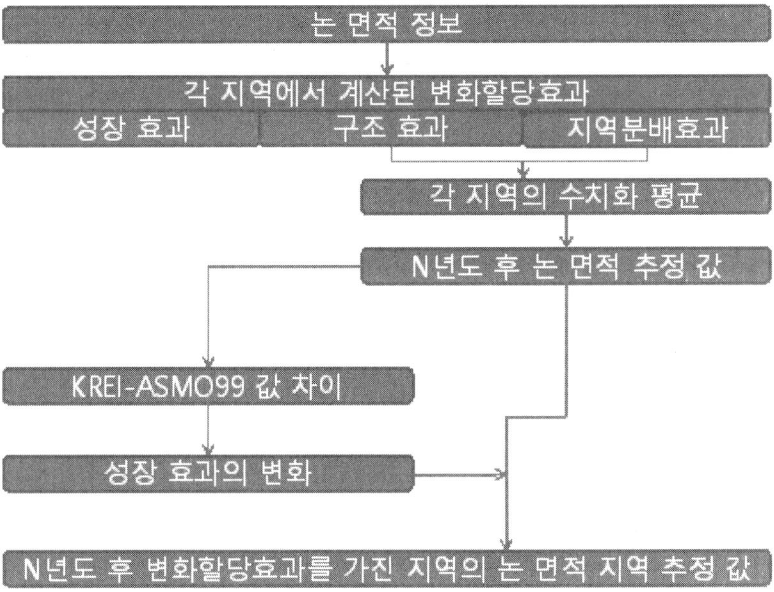

그림 7.2 논 면적 추정 값 모델

2.4. 논 면적 예측모델의 변화할당효과

변화할당효과를 고려한 논 면적 예측모델에서 총 경지 면적 변화는 분석기간 동안 특정 지역 특정 규모 논 면적의 총 증가, 감소의 합을 의미한다. 따라서 이 값이 (+) 혹은 (−) 의 값을 가짐에 따라 분석기간 동안 그 지역의 규모별 경지 면적 변화여부를 판단할 수 있다. 총 변화량은 식 (1) 으로 나타낼 수 있다(윤대식, 1998).

$$\text{총 분산} = Ng + Im + Rs \qquad (1)$$

where, Ng = 국가적인 논 면적 성장 효과

Im = 논 면적 구조 효과

Rs = 지역 할당 효과

경지 성장 효과는 일정기간 j 지역 i 면적의 변화 또는 총 증가량 중에서 국가 전체의 모든 면적의 평균 변화로 발생하는 증감량을 말한다. 이것은 어떤 도시나 지역의 특정 규모별 농경지 면적의 변화는 전국의 논 면적변화와 무관한 상태에서 이루어 질 수 없으며, 전국의 논 면적의 변화에 영향을 받는다는 사실을 근거로 한다. 경지 성장효과는 식 (2)로 나타낼 수 있다.

$$N_g = V_{ij}(o) \times \left[\frac{V(t) - V(o)}{V(o)} \right] \quad (2)$$

where, $V_{ij}(o)$ = 년도(0) 논 면적 분산에서 지역(j)과 규모(i)

$V(o)$ = 년도(0) 총 국가의 논 면적 분산

$V(t)$ = 년도(t) 총 국가의 논 면적 분산

경지 구조 효과는 일정기간 j 지역 i 면적의 변화 또는 총 증가량의 변화를 말한다. 여기서 지역별 범위는 전국의 각 도로 정하였으며, 산정식은 식 (3)로 나타낼 수 있다.

$$Im = V_{ij}(o) \times \left[\frac{V_i(t)}{V_i(o)} - \frac{V(t)}{V(o)} \right] \quad (3)$$

where, $V_{ij}(t)$ = 년도(t) 논 면적 분산에서 지역(j)과 규모(i)

$V_{ij}(o)$ = 년도(0) 논 면적 분산에서 지역(j)과 규모(i)

지역 할당 효과는 전국의 다른 지역에 대비한 특정 지역의 경쟁적 위치를 나타내는 것으로 그 지역이 지니고 있는 입지적 특성, 인구 유입, 농경지 입지 요건 등 그 지역의 다른 지역에 대한 상대적 경쟁력을 의미한다. 이는 전국의 경지 면적 변화량에 대비하여 + 값을 가질 수도 있으며 - 값을 가질 수도 있다는 것을 의미한다.

$$Rs = V_{ij}(o) \times \left[\frac{V_{ij}(t)}{V_{ij}(o)} - \frac{V_i(t)}{V_i(o)} \right] \quad (4)$$

where, $V_{ij}(t)$ = 년도(t) 논 면적 분산에서 지역(j)과 규모(i)

3. 적용 및 비교

3.1. 경지성장효과의 산정

경지성장효과는 국가 전체의 모든 면적의 평균 변화로 발생하는 증감량을 말한다. 그러나, 경지성장효과는 이미 전국 경지면적통계 등의 자료로 반영되고 있으며, 성장효과 결과 값이 실측치와 일치함으로써 이를 무시할 수 있을 것이라 판단된다. 표 7.1은 1997년부터 조사된 전국의 총 경지면적변화량이며 미래의 경지성장효과는 전국단위로 개발된 KREI-ASMO 모델의 추정치를 활용할 수 있다.

표 7.1 한국 논 면적 변화 (unit : ha)

년도	한국의 평균 논 면적	증가와 감소	비고
1997	1,103,809	-	실제 정보
1998	1,099,319	-4,490	
1999	1,095,827	-3,492	
2000	1,093,090	-2,737	
2001	1,090,682	-2,408	
2002	1,083,874	-6,808	
2003	1,074,009	-9,865	
2004	1,063,911	-10,098	
2005	1,054,518	-9,393	
2006	1,034,643	-19,875	
2010	953,798	-80,845	KREI-ASMO 평가 정보
2020	953,774	-24	
2030	953,749	-25	

3.2. 경지 구조 효과의 산정

1998 년부터 2006년까지 추정된 경지 구조 효과를 고려하여 2006년까지의 규모별 평균 논 면적의 변화를 살펴보면 그림 7.3과 같이 중규모 논의 면적변화가 크게 나타난다는 것을 알 수 있다. 이는, 소규모 논의 경우 지가 상승의 기대로 인한 부동산 투기 및 소규모 매입으로 인한 증가로 볼 수 있으며, 중규모 논의 경우 농업의 세분화로 농작물 가격의 하락이 그 원인으로 볼 수 있다.

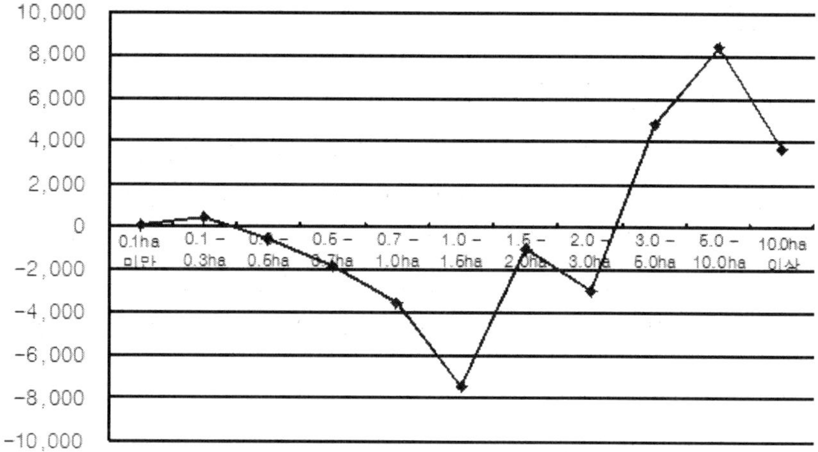

그림 7.3 규모별 평균 경지 면적 변화량

중규모 논은 해당 규모에 비하여 적정 판매 수익을 올리지 못하는 이유로 인하여 경지를 팔거나 농사를 포기함으로써 면적이 계속해서 줄어들고 있는 것으로 판단되며, 여기에는 중규모 논의 소 규모화 또는 대규모 경지로의 흡수에 대한 요소도 포함되어 있다. 대규모 논의 경우 농업의 소득을 극대화하기 위하여 점차적으로 규모가 대규모화되는 것으로 판단된다.

3.3. 지역 할당 효과의 산정

지역 할당 효과에서는 각 도 논 면적의 년 별 평균 변화량을 예측할 수 있다. 이것은 그림 7.4에 나타낸 바와 같다. 지역할당효과를 고려하면 경기도, 강원도, 전라북도, 제주도 지역의 논 면적은 계속해서 감소하는 추세이며, 그 외 충청남도, 전라남도, 경상북도, 경상남도 지역은 논 면적이 증가하는 추세이다. 앞서 고려한 경지 구조 효과와 지역 할당 효과의 총합은 0에 가까운 값을 나타내고 있으므로 도별 평균 논 면적 변화량은 전국적으로 논 면적이 감소하는 범위 안에 있다고 판단할 수 있다.

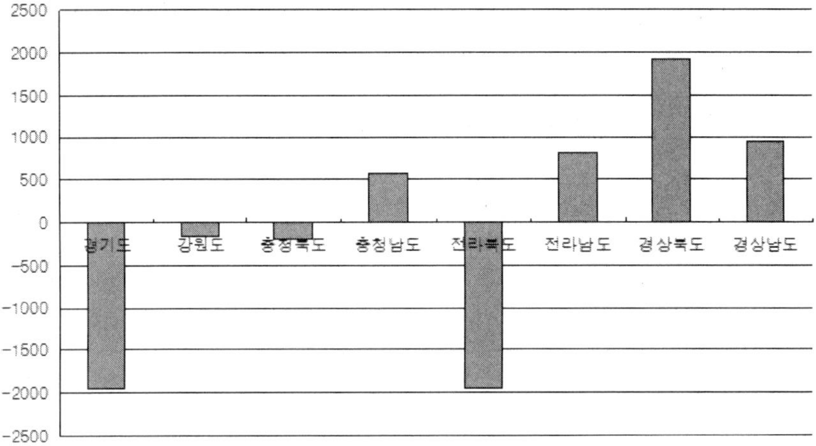

그림 7.4 전국 평균 총 경지 변화량(지역 할당 효과)

3.4. 산정된 변화 할당 효과의 검증

산정된 변화 할당 효과를 검증하기 위하여 표 7.2와 같이 1998년부터 2003년까지의 지역할당효과와 경지구조효과를 산술평균 하여 3년 후인 2006년 도별 논 면적을 예측하였다. 그 결과 표 7.2에 나타난 바와 같이 도별 최대 오차 5.5%, 평균 오차 2.5 %로 예측이 가능하였다.

표 7.2 2006년에 실제 값과 추정 값의 비교 (unit : ha)

년도 변화율	지역	2003년 논 면적	2006 추정 값	논 면적 수정 효과 변경	2006년 실제 값	오차율 (%)
−929.67	경 기	121,627	118,838	117,189	111,004	−5.57
−98.75	강 원	49,383	49,087	48,406	47,751	−1.37
−326.38	충 북	63,264	62,285	61,421	58,498	−5.00
22.71	충 남	184,640	184,708	182,145	181,897	−0.14
−82.59	전 북	161,825	161,577	159,335	158,839	−0.31
1133.75	전 남	219,849	223,250	220,152	211,740	−3.97
592.11	경 북	156,777	158,553	156,353	151,855	−2.96
−310.24	경 남	116,450	115,519	113,916	112,958	−0.85
합 계			1,073,818	1,058,917	1,034,542	−2.52

3.5. 변화 할당 효과를 고려한 미래 논 면적 예측 응용

산정된 경지성정효과와 경지구조효과, 지역할당효과를 활용하여 2010, 2020, 2030년의 논 면적을 예측한 결과는 표 7.3와 같다.

표 7.3 KREI-ASMO 모델과 비교 (unit : ha)

	논 면적 성장효과 없이 비교			논 면적 성장효과와 같이 비교		
	2010	2020	2030	2010	2020	2030
경 기	105,752	92,623	79,493	97,489	85,380	73,268
강 원	47,577	47,143	46,709	43,860	43,457	43,051
충 북	56,528	51,602	46,677	52,111	47,567	43,022
충 남	183,766	188,440	193,113	169,407	173,704	177,990
전 북	159,943	162,702	165,461	147,445	149,978	152,503
전 남	214,761	222,312	229,863	197,980	204,927	211,862
경 북	153,785	158,608	163,432	141,768	146,205	150,633
경 남	112,471	111,255	110,038	103,683	102,555	101,421
합 계	1,034,643	1,034,686	1,034,789	953,798	953,774	953,749
KREI-ASMO 99 추정치	953,798	953,774	953,749	〈 KREI-ASMO 추정치		

3.6. 변화 할당 효과를 고려한 논 면적 예측 모델의 고찰

KREI-ASMO 모델은 일반적으로 논 면적과 농산물 가격을 국가 전체에 적용하여 전체를 바탕으로 회귀하여 구하는 방법이기 때문에 국가적 차원에서 논 면적 예측은 가능하지만 도 단위 이하는 적용하기가 곤란하다.

개발된 변화-할당 효과를 고려한 도 단위 논 면적 예측모델은 경지성장효과를 KREI-ASMO 모델의 전국 단위 논 면적 변화로 판단하였으며, 경지구조효과를 고려하기 위하여 농가수를 평균 면적으로 곱하여 규모별 논 면적으로 환산하여 활용하였으며, 예측치와 실측치의 잔차를 이용하여 지역할당효과를 산정하였다. 산정 과정에서 규모별 논 면적은 실측치가 아닌 예측치 이므로 일정부분 오차를 포함하고 있으며 년도별 논 면적 규모별 농가 수에 대한 통계자료의 조사단위 일부가 일치하지 않은 한계점도 가지고 있다. 또한 산정된 변화 할당 효과의 시간적 변화에 고려없이 산술평균하여 장래 논 면적 변화를 예측에 활용한 점과 지가 변동, 간척 및 개간 등 논 면적의 증가에 대한 요소를 고려하지 못한 부분도 모델의 한계로 지적될 수 있다.

그러나, 기존의 모델에서 논 면적 비를 활용하여 산술적으로 분할하는 방식에 비하여 변화할당의 개념을 도입하여 경지성장효과, 경지구조효과, 지역할당효과의 3가지 요소를 고려하는 본 연구의 모델은 도 단위의 경지구조효과와 지역할당효과를 산정하여 지역별 논 면적을 장기예측하고 이 자료와 전국단위로 추정된 KREI-ASMO모델과의 차이로 경지성장효과를 보정하므로 지역별 특성을 반영할 수 있다는 점과 함께 전국단위 논 면적 예측과도 부합하는 결과를 얻을 수 있었다.

4. 요약 및 결론

장래 농촌지역 논 면적 변화 예측 모델을 개발하기 위하여 기존의 KREI-ASMO 모델의 한계와 적용성을 검토하고, 변화–할당 효과를 고려한 논 면적예측모델을 개발하는 것을 목적으로 하였다. 기존의 KREI-ASMO은 국가단위의 논 면적 예측은 가능하지만 도 단위로 내려가게 되면 충분한 변수를 확보하더라도 내생변수가 발생시키는 자체적인 무작위성이 외생변수의 보편성을 추월하게 되므로 도 이하 지역에는 적용하기 힘들다고 판단하였다.

개발된 모델은 지역의 논 면적 변화 예측을 위하여 경지 성장효과, 경지구조효과, 지역 할당효과의 3가지 변화–할당효과를 고려하여, 논 면적의 전국 성장요소, 구조별 변화요소, 지역할당요소를 추정하였다. 이 요소중에서 97년부터 2003년까지의 구조별 변화요소, 지역할당요소를 산술평균하여 도별 논 면적 변화를 추정하였으며 KREI-ASMO에서 전국단위 예측치와의 차이를 보정하여 도별 추정면적을 보정하였다. 계산된 결과는 지역별 차별화된 추정과 함께 전국단위 논 면적 예측과도 부합하는 결과를 얻을 수 있었다.

매년 농촌경제연구원에서는 전국 경지예측모델을 갱신하고 있는데 농업용수수요량 추정 등 응용연구에서는 향후 전국의 논 면적을 예측하는 KREI-ASMO모델이 변화하더라도 이를 전국경지성장효과로 취급할 수 있기 때문에 용수구역단위에 적용하는데 문제가 없을 뿐만 아니라, 국내 논 규모의 경우 읍면단위까지 통계조사가 시행되기 때문에 용수구역단위를 산정할 수 있을 것으로 기대된다.

그러나 현재 개발된 논 면적 예측모델에서 경지구조효과의 경우 규모별 논 면적통계가 농가수로 조사되는 것에 그치고 있어 이를 논 면적으로 환산하는데 오류를 포함할 수 있으며, 통계 조사되는 면적이 2000년까지는 10단계에서 2004년 이후 12단계로 수정되는 등 통계조사의 면적이 통일되지 않아 이 오차는 향후 통계청에서 각 도의 규모별 논에 대한 면적과 통일화된 통계자료를 발표하게 된다면 해소될 수 있을 것으로 판단된다. 또한, 통계적인 자료의 처리는 사회의 변화에 따른 논 면적 감소 등 일반적인 경향에 대한 추정이므로 개간이나 간척 등 농업토목 사업을 통한 논 면적의 증가요소는 별도로 구별하여 산정하여야 할 것으로 판단된다.

제8장

개발지역추천모델

KONGJU NATIONAL UNIVERSITY

제8장 개발지역추천모델

본 교재에서는 김홍연(2012) 등이 연구한 '토지적성평가 결과를 활용한 개발지역추천모델 개발'을 재정리하여 본 과정을 설명하고자 한다.

1. 서론

우리나라는 국토의 면적이 좁고 산지가 많아 한정된 토지자원을 효율적으로 활용할 필요가 있다. 토지이용계획은 토지자원을 합리적으로 이용하기 위한 활동으로 공간구조를 결정짓는 근간이 된다. 국토종합계획이나 도시기본계획과 같은 장기계획에서는 물론 신도시개발계획이나 지구단위계획에 이르기까지 거의 모든 공간계획에서 토지이용계획을 수립하고 있다(임은선 등, 2009).

정부는 1990년대 말부터 국토의 난개발방지를 위한 종합대책을 마련하였으며, 도시와 비도시지역으로 이원화되었던 국토이용체계를 일원화한 「국토의 계획 및 이용에 관한 법률」(이하 '국토계획법')을 제정하였고, 도시와 준농림지역을 계획 · 생산 · 보전관리지역으로 세분화하여 관리함으로써 계획적인 개발이 되도록 제도화하였다. 이러한 관리지역의 세분화를 위한 국토관리계획의 수립 및 각종 계획사업 결정과정의 기초 자료로서 해당 토지의 개발에 대한 적정성을 평가하는 토지적성평가 제도가 도입 · 운영되고 있다(최문수와 여홍구, 2006).

토지적성평가는 토지의 토양, 입지, 활용가능성 등을 고려하여 개발적성과 농업적성 및 보전적성을 평가하고, 그 결과에 따라 토지용도를 분류하는 것을 말한다. 또한, 이를 활용하여 적절한 토지이용계획을 수립할 수 있다는 측면에서 지속가능한 개발과 계획 후 개발이라는 국토이용체계의 확립에 매우 의미 있는 제도로 평가받고 있다(최문수, 2008).

지방자치단체는 현재 계획관리지역을 중심으로 지역개발사업을 진행하고 있으며, 이때 국토해양부의 토지적성평가 내용을 기초로 구체적인 대상지역을 선정한다. 평가결과 자체가 법적 강제성을 띠고 있지는 않지만 정부와 관련 전문가가 개발가치를 산정하여 공정성을 확보할 수 있고 향후 개발지역 지정에 따른 특혜 시비 등에서도 자유로워 일반적으로 평가 결과를 따른다. 그러나 개발대상부지 내에 농업 및 보전등급의 필지가 존재하더라도 개발이 진행되는 사례가 발생하고 있다. 이는 관리지역세분화를 하였음에도 불구하고, 필지별 면적과 개발 면적이 일치하지 않아 계획관리지역의 필지만으로 적지를 선정하기 어렵고, 토지매입 등 사업의 효율적인 추진을 위해 보전관리지역, 생산관리지역이 일부 포함되더라도 용도지역변경을 통해 개발을 진행할 수 있기 때문이다.

관리지역세분화를 통해 계획관리지역으로 분류된 토지는 개발이 용이하고, 개발 효용이 높은 토지라고 할 수 있어 우선적으로 개발되어야 하지만, 생산관리지역 및 보전관리지역까지도 고려하여 개발대상지역을 선정할 수 있는 객관적인 방안의 모색이 필요하다.

행위자기반모형(Agent Based Model)은 구체적인 행위자 수준에 초점을 맞추어 작은 가상세계를 구현하는 모형으로, 대상 시스템의 구성 주체들을 면밀히 관찰하여 주요한 속성과 행동규칙을 추출해 내고, 이를 기반으로 직접 상호작용을 하도록 모의하는 기법으로 경제학적 시장의 모델링이나 각종 확산 및 전염모형, 지리학적 연구문제, 언어의 진화, 사회운동, 교통연구 등에 응용 되었고(홍재원, 2011), 토지이용계획 및 분석과 관련된 연구로는 공간적으로 분포된 행위자의 운영을 기반으로 종합적인 토지이용 패턴을 분석하여, 토지이용결정에 영향을 주는 인자를 추정한 연구(고진석 등, 2009)가 있으나, 아직까지 토지 자체를 행위자로 보고 진행된 연구는 부족한 실정이다.

본 연구에서는 토지적성평가를 바탕으로 토지간의 상호작용을 통해 개발지역을 추천하기 위하여, 단일 지번의 토지를 행위자로 설정하고, 주변토지와 상호작용을 하는 행위자기반모형을 개발하여, 예산군 3개리를 대상으로 지역특성을 분석하고, 토지적성평가 결과를 요약하며, 일정규모의 개발대상지역이 필요한 경우 개발지역을 선정하여 모형의 적용성을 파악하고자 한다.

2. 이론적 고찰

2.1. 토지적성평가의 도입배경

90년대부터 완화된 우리나라 토지이용규제는 주택건설 등의 토지공급에는 기여한 바가 컸지만 보존가치가 높은 지역이 훼손되거나 기반시설이 부족한 상태에서 개발이 이루어져 난개발의 부작용이 발생하였다. 이와 같은 국토를 둘러싼 환경변화는 기존 국토관리체계의 실효성에 대한 비판과 함께 급기야는 국토의 계획적 관리를 위한 계획시스템의 필요성이 제기되었다. 이에 따라 난개발방지와 환경 친화적 국토이용체계를 구축하기 위하여 국토계획법이 제정되었다(엄정희, 2003).

국토계획법은 국토의 난개발을 방지하고 국토이용체계를 환경 친화적으로 개편하기 위하여 기존의 국토이용관리법과 도시계획법을 통합한 법률로서, 2000년 5월 30일 발표된 「난개발방지종합대책」의 일환으로 추진된 것이다. 동법률의 시행으로 종래 다소 느슨했던 토지이용제도가 선계획 · 후개발 및 지속가능한 개발의 원칙에 따라 미래세대를 고려한 엄격한 토지이용체계의 전환을 예고하고 있다(황한철, 2012).

국토계획법에서는 용도지역의 개편을 통해 종래 국토 난개발의 온상지였던 준도시지역과 준농림지역을 관리지역으로 통합하고, 이를 다시 토지이용 특성에 따라 계획관리지역, 생산관리지역, 보전관리지역 등 3개 용도로 세분하여 계획적 관리의 기본 틀을 마련, 이에 따라 지금까지 도시지역에 국한하여 시행하던 현행 도시계획이 전 국토에 걸쳐 도시계획수준으로 시행되고 제2종 지구단위계획과 기반시설연동제, 개발행위허가제 등이 새로운 도시 · 농촌계획 업무로 부상하게 되었다(황한철, 2012).

이와 같이 준농림지역을 중심으로 한 난개발 문제를 해소하고자 계획체계를 일원화하고, 용도지역의 개편 및 친환경적 · 계획적 개발을 유도하기 위하여 제2종 지구단위계획제도 · 기반시설연동제를 도입하였고, 개발행위허가제를 비도시지역까지 확대하는 제반 토지이용계획의 개편이 이루어지는 가운데, 도시관리계획의 객관적인 기초자료를 제공하기 위하여 도입된 것이 토지적성평가 제도이다.

2.2. 토지적성평가의 개념

토지적성평가는 전국토의 "환경 친화적이고 지속가능한 개발"을 보장하고 개발과 보전이 조화되는 "선계획·후개발의 국토관리체계"를 구축하기 위하여 각종 토지이용계획이나 주요시설의 설치에 관한 계획을 입안하고자 하는 경우에 사용되며, 토지의 환경 생태적·물리적·공간적 특성을 종합적으로 고려하여 개별 토지가 갖는 환경적·사회적 가치를 과학적으로 평가함으로써 보전할 토지와 개발 가능한 토지를 체계적으로 판단할 수 있도록 계획을 입안하는 단계에서 실시하는 기초조사이다(국토해양부, 2009).

토지적성평가는 관리지역을 보전관리지역·생산관리지역 및 계획관리지역으로 세분하는 등 용도지역이나 용도지구를 지정 또는 변경하는 경우, 일정한 지역·지구 안에서 도시계획시설을 설치하기 위한 계획을 입안하고자 하는 경우, 도시개발사업 및 정비 사업에 관한 계획 또는 지구단위 계획을 수립하는 경우에 이를 실시한다(국토해양부, 2009).

2.3. 토지적성평가의 구분

토지적성평가는 절차상 평가체계Ⅰ과 평가체계Ⅱ로 구분되며, 평가체계Ⅰ은 관리지역을 보전관리지역, 생산관리지역, 계획관리지역으로 세분화하는데 필요한 자료를 제공하기 위하여 실시한다. 평가체계Ⅱ는 용도지역·용도지구를 지정하거나 변경하기 위한 계획을 입안하는 경우, 도시계획시설을 설치·정비 또는 개량하기 위한 계획을 입안하는 경우, 도시개발사업 또는 정비 사업에 관한 계획을 입안하는 경우, 지구단위계획구역을 지정·변경하거나 지구단위계획을 입안하는 경우에 적용한다. 평가체계Ⅰ은 개발, 농업, 보전적성 값을 산정하고 이를 종합해서 필지별 적성 값을 구하여 5등급으로 분류하며, 평가체계Ⅱ는 개발적성 값만을 산정하여 적성 값의 크기에 따라 3개 등급으로 구분하여 개발과 보전의 판단기준으로 사용한다.

2.4. 토지적성평가 지표

평가대상 토지가 가지고 있는 인문·사회·환경적 현황을 적절히 파악할 수 있도록 해당 토지에 대하여 물리적 특성·토지이용특성 및 공간적 입지특성을 평가하기 위하여 사용할 수 있는 지표는 표 8.1과 같다.

표 8.1 토지적성평가 평가지표군

평가특성	평 가 지 표 군	
물리적 특성	경사도, 표고	
지역특성	개발성 지 표	도시용지비율, 용도전용비율, 도시용지 인접비율, 지가수준
	보전성 지 표	농업진흥지역비율, 전·답·과수원 면적비율, 경지정리면적비율, 생태자연도 상위등급비율, 공적규제지역면적비율, 농지자연도 상위등급비율, 임상도 상위등급비율, 보전산지비율
공 간 적 입지특성	개발성 지 표	기개발지와의 거리, 공공편익시설과의 거리, 도로와의 거리
	보전성 지 표	경지정리지역과의 거리, 공적규제지역과의 거리, 하천·호소·농업용 저수지와의 거리, 해안선과의 거리

물리적 특성 분석을 위한 지표로는 경사도, 표고 등이 있으며, 지역특성 지표로는 도시용지비율, 용도전용비율, 도시용지 인접비율, 농업진흥지역비율, 경지정리면적비율, 공적규제지역면적비율, 보전산지비율 등이 있다. 공간적 입지특성 지표로는 기개발지와의 거리, 공공편익시설과의 거리, 경지정리지역과의 거리, 하천·호소·농업용 저수지와의 거리 등이 표준지표로 활용하며, 이를 이용하여 평가를 실시한다.

기초자료의 미비 및 지역특성상 평가지표를 사용하는 것이 곤란하거나 그 평가지표를 사용하는 것이 비합리적이라고 판단되는 경우, 도시계획위원회의 자문을 거쳐 표 8.1의 평가지표군에서 입안지역 특성을 고려한 대체지표를 선정하여 평가 할 수 있다(이화은, 2010).

2.5. 토지적성평가 관련연구

토지적성평가와 관련된 연구는 2003년 이후 토지적성평가가 본격적으로 시행되면서 초기 토지적성평가기법을 중심으로 이루어지던 연구에서 벗어나 실제 적용에서 나타나는 실질적인 차원에서의 문제점을 분석하고 보완하는 연구가 진행되고 있다.

채미옥과 지대식(2001)의 국토의 효율적 관리를 위한 토지적성평가에 관한 연구에서 적성평가의 개념과 기본 틀을 정립하는 단계의 내용을 시작으로 토지적성평가에 대한 많은 논문과 학술지가 발표되었다. 이후 관리지역 세분화와 같이 광범위한 지역을 대상으로 하는 적성평가의 방법과 기준을 제시하였으며(채미옥, 2002), 국내 토지적성평가의 발전을 위한 개선방향을 모색한 논문(장현웅과 이명훈, 2002), 토지적성평가의 지침과 주요내용을 검토하여 지침에 사용되는 지표 선정 시 행위제한과 관계성 검토를 강조하고 합리적인 지역특성 반영의 기준을 마련한 논문(엄정희, 2003), 외국의 토지적성평가 사례를 조사·분석한 논문(오용준, 2003), 지역특성을 반영한 토지적성평가 지표를 제시한 논문(황희연과 오용준, 2005), 토지적성평가가 시행된 이후 제도적 측면에서부터 실증적 연구에 걸쳐 토지적성평가 지표의 개선방안을 제시한 논문(김인현 등, 2009) 등으로 크게 나눌 수 있다. 그러나 이들 연구의 대부분은 토지적성평가를 위한 기초자료, 평가지표, 적성등급부여에 대한 문제점 등을 단순히 제시하거나 제도의 개선안을 위주로 다루어지고 있으며, 적성평가의 결과에 대한 활용 및 개선방안에 대한 연구는 아직 부족한 실정이다. 이에 본 연구에서는 토지적성평가를 활용하기 위한 방법으로 평가결과의 토지등급을 고려한 개발지역을 추천하고자 하였다.

토지적성평가결과에 관련된 연구로는 진주시 토지적성평가시스템을 구축하고 각 필지별로 토지적성을 평가·분석함으로써, 향후 토지적성평가 결과의 활용방안에 대해 제시한 연구(유환희 등, 2004)와 전라남도 지역의 교외지역을 대상으로 사례연구를 통하여 토지적성평가를 실시하고, 그 결과를 바탕으로 GIS의 측면에서 토지적성평가제도의 효율성과 실행성을 강화시킬 수 있는 방법론을 모색한 연구(김항집, 2005)를 들 수 있다.

3. 연구 내용 및 방법

3.1. 대상지역 현황

본 연구의 대상지역은 예산군 대흥면 교촌리, 삽교읍 효림리, 응봉면 주령리, 총 3개 지역이며, 예산군은 충남도청이전신도시 사업이 시행되고 있는 지역으로써 도청신도시이전 지역과 그 주변지역의 균형발전 및 연계성을 위하여 주변지역 및 예산군 전역에 균형발전을 위한 개발수요가 늘어나고 있고, 본 연구의 대상지로 선정된 대흥면 교촌리의 경우 주변에 슬로시티 대흥, 예당저수지 수변개발사업 등이 시행 및 시행예정 중에 있으며, 삽교읍 효림리와 응봉면 주령리는 예산군 일반산업단지조성 등의 개발 사업이 시행 예정인 지역으로 3개 지역 모두 개발수요가 많을 것으로 예상되어 대상지로 선정하여 분석을 실시하였다.

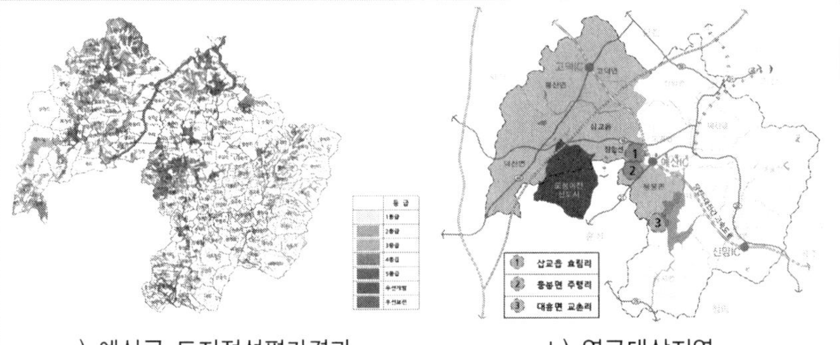

a) 예산군 토지적성평가결과 b) 연구대상지역

그림 8.1 예산군 토지적성평가결과 및 연구대상지역

3.2. 연구방법

본 연구에서는 주변토지와 상호작용하는 행위자기반모형을 개발하기 위하여, 대규모 행위자 상호간의 거리와 영향을 매트릭스 형태로 손쉽게 처리할 수 있는 Microsoft Excel 2010 VBA를 이용하였으며, 입력에 필요한 자료를 작성하기 위하여 ArcGIS Arcmap 9.3 프로그램을 이용하여 필지별 평가등급, 면적, 필지별 거리 등 대상지역의 공간적 자료를 추출하여 본 모델에 적용하였다.

4. 개발지역추천모델의 개발

본 모델은 전처리과정(Pre-Processing), 분석과정(Analysis), 후처리과정(Post-Processing)으로 이루어져 있다. 전처리과정으로는 데이터 입력, 제약조건 설정에 해당하며, 분석과정은 개발가능지수산정, 개발가능지수 평가과정으로 구분되어 지며, 후처리과정으로는 확장할 토지결정, 최대 확장효용평가, 최대 확장효용토지결정, 끝으로 저장까지 해당한다.

전처리과정의 데이터입력과정은 토지적성평가를 통해 추출된 각 필지별 등급, 면적, 거리 매트릭스 등을 말하며, 제약조건은 대상지역의 전체 필지 중 개발지역추천으로 어느 정도의 면적이 필요한지 입력하는 필요면적과 시뮬레이션을 하는 과정을 몇 회로 할 것인지 입력하는 반복횟수를 제약조건으로 설정한다.

분석과정에서는 주변토지이용을 고려한 개발지역을 추천하기 위해 필지별로 대상지 내의 모든 토지등급을 고려한 개발가능지수를 선정하였다. 개발가능지수를 구하는 식은 두 가지 방법을 생각하였으나 그림 8.2와 같은 문제점이 발생하였다. a)의 경우 면적을 고려하지 않고 필지별 거리와 등급만으로 개발가능지수를 산정하였을 때 필지간 거리가 짧은 토지가 우선적으로 개발가능지수가 높게 나타나 면적이 작은 필지들이 개발지역으로 선정되는 문제점이 나타났다. b)의 경우 필지별 거리와 등급, 면적을 고려하였을 시에는 면적이 큰 토지가 개발가능지수가 높게 나타나 개발지역으로서의 이용 가능성은 높으나, 제 1등급과 제 2등급이 면적이 클 경우 개발가능지수가 높아져 개발지역으로 선정되는 문제점이 나타났다.

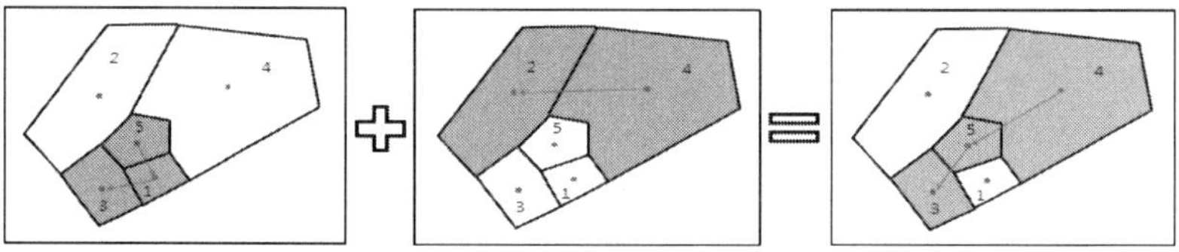

a) 방법 1의 문제점　　b) 방법 2의 문제점　　c) 문제점 보완

그림 8.2 개발지역추천모델의 개발가능지수 산정

따라서 본 연구에서는 이러한 문제점들을 보완하기 위한 방법으로 제1등급과 제2등급인 농업적성, 보전적성의 필지가 개발지역으로 추천되지 않도록 하기 위하여 b)의 계산방법에서 필지별 등급에 제곱을 하여 c)와 같이 문제점을 보완하여 개발가능지수를 산정하였다. 최종적으로 개발가능지수 S_i를 구하는 방법은 식(1)과 같이 나타낼 수 있다.

$$S_i = \sum_{1}^{n} \frac{G_j^2 \times A_j}{(D+1)_{ij}} \tag{1}$$

여기서, G: 등급, A: 면적(㎡), D: 거리 매트릭스(m),
i: 계산되는 지역, j: 고려되는 지역

위에서 설명하였듯이 Grade는 각 필지별 등급으로 제1등급, 제2등급, 제3등급, 제4등급 및 제5등급으로 구분되며, 제1등급과 제2등급은 농업적성과 보전적성의 토지이고, 제3등급, 제4등급 및 제5등급은 개발적성의 토지로서 제1등급과 제2등급의 토지를 피하기 위해 등급에 제곱을 하였으며, Area는 필지별 면적으로 개발지역을 선정함에 있어 면적이 작은 토지보다 큰 토지가 개발지역으로서 적합하다고 판단하여 식에 포함하였고, 마지막으로 거리 매트릭스는 각 필지간의 거리를 행렬로 나타내준 값이다. 이러한 방법으로 모든 토지에 대하여 개발가능지수를 산정한 후에는 개발가능지수를 평가한다.

후처리 과정에서는 먼저 개발가능 토지를 선정하여 확장할 토지를 결정해준다. 확장할 토지는 1로 표현을 해주고, 나머지 토지는 0으로 표현된다. 다음으로 확장할 토지가 결정이 되면, 그 토지를 제외하고 주변토지로 확장을 하게 되며, 이때 모든 토지에 대해 실행을 하며, 확장이 이루어지는 토지는 1로 그렇지 않은 토지는 0으로 구분되어 0으로 구분된 토지에 대해서는 제약조건으로 주어진 반복횟수에 맞게 반복하여 분석을 실시하게 된다. 또한 1로 표현된 토지에 대해서는 확장이 일어날 때 마다 저장을 하며, 저장된 토지를 제외 하고 다시 분석이 실시되며, 저장을 할 때 마다 면적을 합산하여, 제약조건으로 주어진 필요면적을 충족시킬 수 있는 개발 지역을 선정해 준다. 본 연구의 모델 흐름도를 그림으로 표현하면 다음 그림 8.3와 같이 표현 할 수 있다.

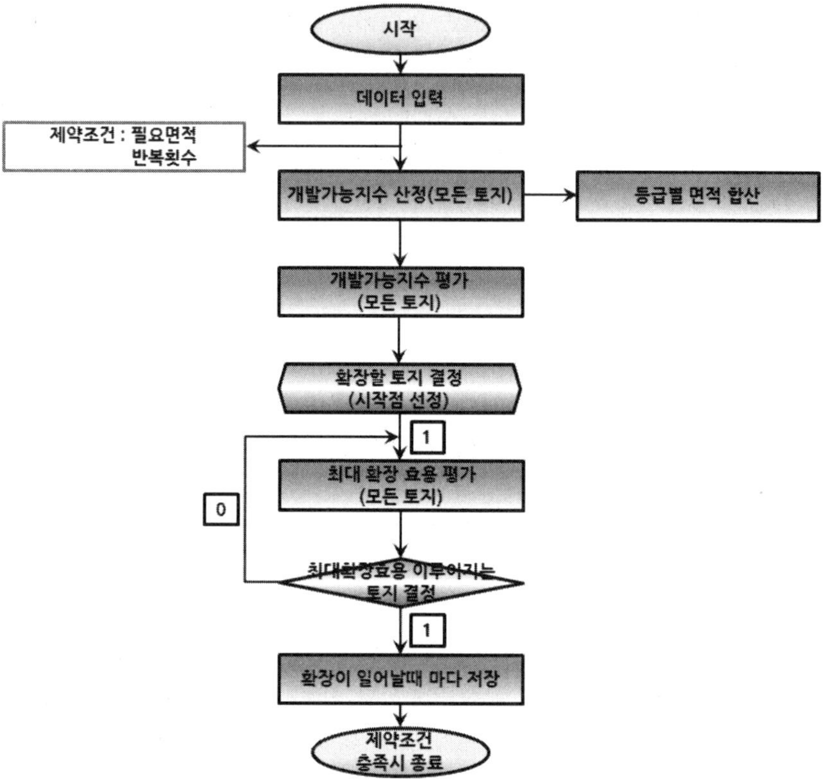

그림 8.3 모델의 흐름도

5. 주요 결과

5.1. 지역별 자료 추출

5.1.1. 대흥면 교촌리

대흥면 교촌리는 예당저수지가 존재하고, 대흥 슬로시티 등의 사업이 시행되고 있는 지역으로 전체 면적은 3,795,837㎡로 분석 대상지역 중 가장 큰 면적을 차지하지만, 예당저수지가 차지하고 있는 면적이 많아 토지적성평가가 시행된 필지의 면적은 적게 나타났다. 대상지역의 토지적성평가 자료를 추출한 결과, 전체 506필지로 면적은 1,097,924㎡를 차지하였으며, 이중 우선개발필지는 97필지로 면적은 67,808㎡, 우선보전필지는 137필지로 면적은 280,157㎡를 차지하였다. 우선개발필지와 우선보전필지를 제외한 분석 대상면적은 749,959㎡로 제 1등급 58,582㎡, 제 2등급 119,659㎡, 제 3등급 537,905㎡, 제4등급 33,813㎡로 제 5등급은 존재하지 않았다. 분석 대상 필지 수는 272필지이며, 등급별 필지 수는 제 1등급이 54필지로 10.7%에 해당하였으며, 제 2등급은 34필지로 6.7%, 제 3등급은 183필지로 36.2%, 제 4등급은 1필지로 0.2%를 차지하였다. 대상지역의 토지적성평가 결과 자료를 추출한 결과는 표 8.2와 같다.

표 8.2 대흥면 교촌리 토지적성평가 자료 추출 결과

분 류		필지 수	비 율	면적(㎡)
1등급		54	10.7%	58,582
2등급		34	6.7%	119,659
3등급		183	36.2%	537,905
4등급		1	0.2%	33,813
5등급		0	0.0%	-
우선개발		97	19.2%	67,808
우선보전		137	27.1%	280,157
합 계	1~5등급	272	53.7%	749,959
	전 체	506	100%	1,097,924

5.1.2. 삽교읍 효림리

삽교읍 효림리는 평지가 대부분을 차지하고 있는 지역으로서 예산일반산업단지가 조성 예정중이며, 전체 면적은 2,264,888㎡를 차지하고 있다. 대상지역의 토지적성평가 자료를 추출한 결과, 전체 987필지로 면적은 1,562,608㎡를 차지하였으며, 이중 우선개발필지는 219필지로 면적은 236,084㎡, 우선보전필지는 21필지로 면적은 13,512㎡를 차지하였다. 우선개발필지와 우선보전필지를 제외한 분석 대상면적은 1,313,012㎡로서 제3등급 1,033,670㎡, 제4등급 279,342㎡로 제1등급 및 제2등급, 제5등급은 존재하지 않았다. 분석 대상 필지 수는 747필지를 추출하였으며, 제 3등급이

573필지로 58.1%, 제 4등급이 174필지로 17.6%에 해당하였다. 대상지역의 토지적성평가 결과 자료를 추출한 결과는 표 8.3과 같다.

표 8.3 삽교읍 효림리 토지적성평가 자료 추출 결과

분류		필지 수	비율	면적(㎡)
1등급		0	0.0%	-
2등급		0	0.0%	-
3등급		573	58.1%	1,033,670
4등급		174	17.6%	279,342
5등급		0	0.0%	-
우선개발		219	22.2%	236,084
우선보전		21	2.1%	13,512
합 계	1~5등급	747	75.7%	1,313,012
	전 체	987	100%	2,875,620

5.1.3. 응봉면 주령리

응봉면 주령리는 삽교읍 효림리와 비슷한 지형이며, 마찬가지로 예산일반산업단지 조성예정 중인 지역으로 전체 면적은 1,630,882㎡를 차지하고 있다. 대상지역의 토지적성평가 자료를 추출한 결과, 전체 1,003필지로 면적은 1,284,205㎡를 차지하였으며, 이중 우선개발필지는 145필지로 면적은 115,035㎡을 차지하였다. 우선개발필지를 제외한 분석 대상면적은 1,169,170㎡로 제 3등급 205,897㎡, 제4등급 680,420㎡, 제5등급 282,853㎡로 1등급 및 2등급은 존재하지 않았다. 분석 대상 필지 수는 858필지를 추출하였으며, 등급별 필지 수는 제 3등급이 143필지로 14.3%, 제4등급이 527필지로 52.5%, 제5등급이 188필지로 18.7%에 해당하였다. 대상지역의 토지적성평가 결과 자료를 추출한 결과는 표 8.4와 같다.

표 8.4 응봉면 주령리 토지적성평가 자료 추출 결과

분류		필지 수	비율	면적(㎡)
1등급		0	0.0%	-
2등급		0	0.0%	-
3등급		143	14.3%	205,897
4등급		527	52.5%	680,420
5등급		188	18.7%	282,853
우선개발		145	14.5%	115,035
우선보전		0	0.0%	-
합 계	1~5등급	858	85.5	1,169,170
	전 체	1003	100%	1,284,205

5.2. 필지별 중심점 추출

필지별 거리 매트릭스를 도출하여 필지별 인접성을 고려한 개발지역을 선정하고자 하였으며, 이를 위해 대흥면 교촌리 272필지, 삽교읍 효림리 747필지, 응봉면 주령리 858필지에 해당하는 필지별 중심점을 추출하였으며, 그림 8.4와 같이 3개 대상지역의 각 필지별 중심점이 추출된 결과를 볼 수 있다.

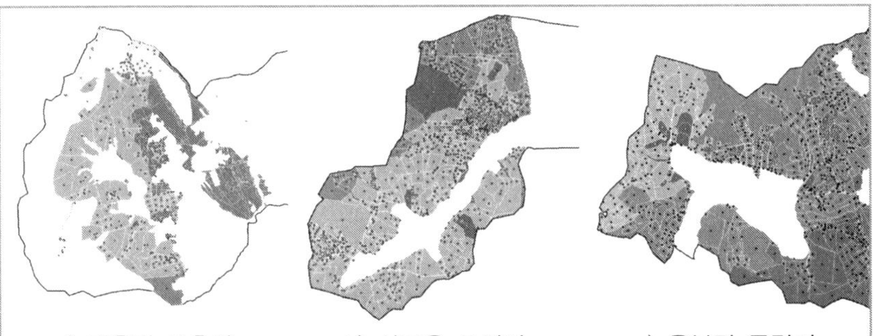

a) 대흥면 교촌리 b) 삽교읍 효림리 c) 응봉면 주령리

그림 8.4 대상지역 필지별 중심점 추출 결과

5.3. 인접성 매트릭스 도출

필지별 중심점을 이용하여, 대상지역의 필지별 거리계산을 위한 거리 매트릭스를 도출하였다. 도출한 결과는 Excel 2010 VBA를 이용하여 개발가능지수 S_i를 산정하기 위해 사용되며, 대상 지역별로 그림 8.5와 같이 대흥면 교촌리 272필지, 삽교읍 효림리 747필지, 응봉면 주령리 858필지에 대하여 각 필지간의 거리 매트릭스를 도출하였다.

UID	1	2	3	.	.	270	271	272
1	0	99	91	46	70	1097	955	1555
2	99	0	40	56	36	1117	1022	1614
3	91	40	0	45	57	1150	1038	1634
.	46	56	45	0	39	1118	995	1592
.	70	36	57	39	0	1093	988	1581
270	1097	1117	1150	1118	1093	0	568	731
271	955	1022	1038	995	988	568	0	613
272	1555	1614	1634	1592	1581	731	613	0

a) 대흥면 교촌리

ID	1	2	3	.	.	745	746	747
1	0	224	244	287	343	340	403	434
2	224	0	107	185	323	149	187	211
3	244	107	0	78	219	102	179	230
.	287	185	78	0	149	125	208	269
.	343	323	219	149	0	268	348	411
745	340	149	102	125	268	0	84	144
746	403	187	179	208	348	84	0	64
747	434	211	230	269	411	144	64	0

b) 삽교읍 효림리

ID	1	2	3	.	.	856	857	858
1	0	18	24	20	21	767	1217	852
2	18	0	38	29	27	753	1212	845
3	24	38	0	40	42	768	1205	843
.	20	29	40	0	2	782	1237	872
.	21	27	42	2	0	781	1237	872
856	767	753	768	782	781	0	698	361
857	1217	1212	1205	1237	1237	698	0	385
858	852	845	843	872	872	361	385	0

c) 응봉면 주령리

그림 8.5 3개 지역의 거리 매트릭스 도출 결과

5.4. 분석 조건 설정

제약조건 설정에서 필요면적의 경우 대흥면 교촌리는 분석 면적 749,959㎡에서 75,000㎡를, 삽교읍 효림리는 분석 면적 1,313,012㎡에서 130,000㎡를, 응봉면 주령리는 분석 면적 1,169,170㎡에서 110,000㎡를 필요면적으로 제약조건 설정을 하였으며, 개발가능 토지의 확장을 위한 반복횟수는 3개 지역 모두 2,000회로 제약조건 설정을 하였다.

표 8.5 대상지역별 분석조건 및 비율

	분석면적(㎡)	필요면적(㎡)	비 율	반복 횟수
대흥면 교촌리	749,959	75,000	10.0%	2,000
삽교읍 효림리	1,313,012	130,000	9.9%	2,000
응봉면 주령리	1,169,170	110,000	9.4%	2,000

필요면적의 경우 9%에서 10%정도의 비율로 개발가능면적을 지정하였으며, 이는 전체 분석면적에 비례하여 임의로 조건을 부여하였다. 반복횟수를 2,000회로 지정한 이유는 지역별로 분석횟수를 1,000회, 2,000회, 3,000회, 5,000회로 총 4회 실시한 결과, 3개 지역 모두 분석횟수를 2,000회로 하였을 때 필요면적에 유사한 개발지역이 추천되었으며, 2,000회 초과 시 그 이상 확장이 이루어지지 않는 것으로 판단하여 분석횟수를 2,000회로 설정하였다.

5.5. 분석 결과

첫째, 대흥면 교촌리의 토지적성평가가 완료된 506필지에 해당하는 1,097,924㎡ 면적 중 우선개발 및 우선보전필지 234필지, 347,965㎡의 면적을 제외한 나머지 등급 272필지, 749,959㎡의 면적에 대하여 Excel 2010 VBA를 이용해 75,000㎡의 필요면적을 제약조건으로 설정한 후 시뮬레이션을 한 결과, 표 8.6과 같이 4필지가 선정되었으며, 개발면적은 82,208㎡로 나타났다. 또한, 전체 분석 필지 중 개발가능지수(AdapAvg)가 가장 높은 필지는 272번 필지로 550283의 값이 산정되었으며, 이 필지를 중심으로 개발면적이 확산해 가는 결과를 볼 수 있었다. ArcGIS 9.3 프로그램을 이용해 나타낸 결과 그림 8.6과 같이 개발추천 지역이 선정되었다.

표 8.6 대흥면 교촌리 분석 결과

Agent	Serial	Size(㎡)	AdaptAvg	Grade	Select
farm101	101	16,904	167245	3	1
farm210	210	15,261	154289	3	1
farm217	217	16,230	163437	3	1
farm272	272	33,813	550283	4	1

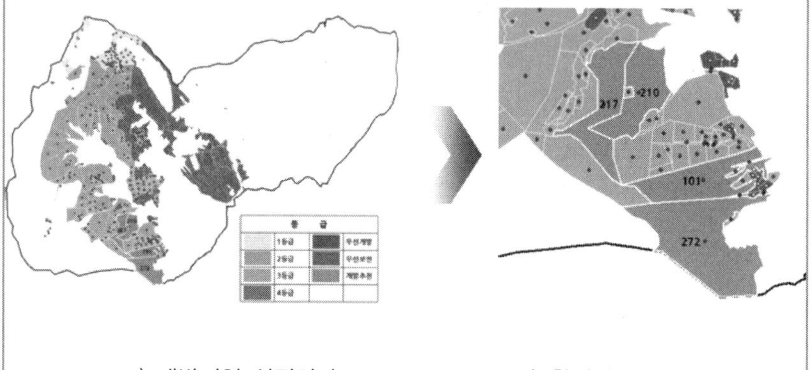

a) 개발지역 선정결과　　b) 확대된 개발선정지역

그림 8.6 대흥면 교촌리 GIS 분석 결과

둘째, 삽교읍 효림리의 토지적성평가 완료필지 987지에 해당하는 2,875,650㎡의 면적 중 우선개발 및 우선보전필지 240필지의 면적 249,596㎡를 제외한 나머지 등급 747필지, 1,313,013㎡의 면적에 대하여 130,000㎡를 필요면적으로 제약조건을 설정한 후 시뮬레이션 한 결과, 표 8.7과 같이 개발필지 5필지가 선정되었으며, 개발면적은 130,670㎡로 나타났다. 또한, 분석 필지 중 개발가능 지수가 가장 높은 필지는 553번 필지로 774972의 값이 산정되었었으며, ArcGIS 9.3 프로그램을 이용해 나타낸 결과, 그림 8.7과 같이 개발추천 지역이 선정되었다.

표 8.7 삽교읍 효림리 분석 결과

Agent	Serial	Size(㎡)	AdaptAvg	Grade	Select
farm494	494	18,390	193171	3	1
farm553	553	83,707	774972	3	1
farm672	672	5,819	121104	4	1
farm677	677	3,286	82027	4	1
farm736	736	19,468	334299	4	1

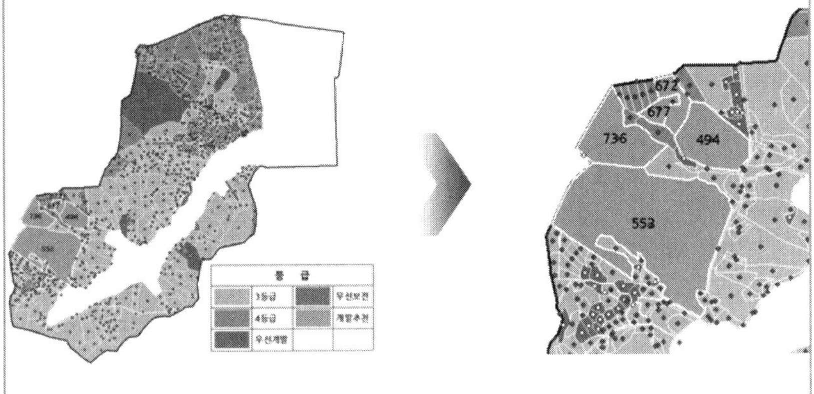

a) 개발지역 선정결과　　　　b) 확대된 개발선정지역

그림 8.7 삽교읍 효림리 GIS 분석 결과

마지막으로, 응봉면 주령리 토지적성평가가 완료된 1,003필지에 해당하는 1,284,205㎡의 면적 중 우선개발필지 145필지, 115,035㎡의 면적을 제외한 나머지 등급 858필지의 면적 1,169,170㎡에 대하여 필요면적을 110,000㎡로 설정한 후 시뮬레이션 한 결과, 표 8.8과 같이 4필지의 개발필지가 선정되었으며, 개발면적은 89,797㎡로 나타났다. 분석 필지 중 개발가능지수가 가장 높은 필지는 664번 필지로 나타났으며, 1434416의 값이 산정되었으며, ArcGIS 9.3 프로그램을 이용해 나타낸 결과, 그림 8.8과 같이 개발추천 지역이 선정되었다.

표 8.8 응봉면 주령리 분석 결과

Agent	Serial	Size(㎡)	AdaptAvg	Grade	Select
farm511	511	926	64692	4	1
farm516	516	1,089	76047	4	1
farm517	517	146	57999	4	1
farm664	664	87,636	1434416	4	1

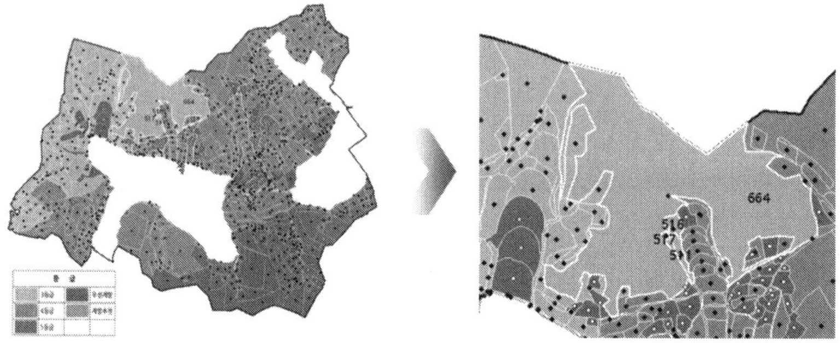

a) 개발지역 선정결과 b) 확대된 개발선정지역

그림 8.8 응봉면 주령리 GIS 분석 결과

6. 요약 및 결론

토지적성평가는 토지의 개발적성과 농업적성 및 보전적성을 평가하고, 그 결과에 따라 토지용도를 분류하는 것으로 그 결과를 활용해 적절한 토지이용계획을 수립할 수 있다는 측면에서 지속가능한 개발과 계획 후 개발이라는 국토이용체계의 확립에 매우 의미 있는 제도로 평가받고 있다.

본 연구에서는 토적적성평가를 바탕으로 토지간의 상호작용을 통한 개발지역을 추천하기 위해 주변토지와 상호작용을 하는 행위자기반모형을 개발하여 예산군 3개리를 대상으로 지역특성을 분석하고, 토지적성평가결과를 요약하며, 일정규모의 개발대상면적이 필요한 경우 개발지를 산정하여 모형의 적용성을 파악하고자 하였다.

첫째, 3개 지역을 대상으로 분석을 실시한 결과, 대흥면 교촌리 4필지, 삽교읍 효림리 5필지, 응봉면 주령리 4필지가 개발필지로 선정되었으며, 등급은 제 3등급, 제 4등급 및 제 5등급 필지로 나타났고, 개발가능지수가 가장 높게 평가된 필지를 중심으로 개발필지가 확산해 가는 결과를 볼 수 있었다.

둘째, 3개 지역 모두 개발가능지수가 높게 평가된 필지가 면적이 큰 필지로 나타났는데, 이는 개발가능지수를 산정함에 있어 필지의 면적을 포함하였기에 나타난 결과로 볼 수 있으며, 제 1등급과 제 2등급의 토지를 피하기 위해 등급에 제곱을 해준 결과, 제 1등급과 제 2등급이 존재하는 대흥면 교촌리의 분석결과에서 볼 수 있듯이 개발등급인 제 3등급, 제 4등급, 제 5등급의 필지가 개발필지로 선정된 것을 볼 수 있었다. 삽교읍 효림리와 응봉면 주령리도 개발등급으로 개발면적이 선정되었다.

셋째, 개발필지로 선정된 3개 지역의 현재 토지 활용현황을 알아본 결과는 대흥면 교촌리의 경우 4필지 모두 계획관리지역으로 조사되었으며, 삽교읍 효림리 5필지와 응봉면 주령리 4필지 역시 계획관리지역으로써 이 두 지역은 현재 예산일반산업단지가 조성 예정중인 토지로 조사되었다.

현재 개발이 아직 이루어지지 않은 전국 토지들에 대한 가치평가 작업이 시행될 예정으로, 국토해양부는 제도를 현행 관리지역뿐 아니라 농림·자연환경보전지역 등 개발이 허용되지 않는 토지까지 확대·적용한다고 한다. 이러한 미개발 토지에 대한 가치평가가 이뤄지면 현재 용도상 개발제한에 묶였어도 수요와 입지 등에 따라 향후 주거지 등이 도시개발이 진행될 가능성이 높아진다고 볼 때, 본 연구에서 제시한 개발지역추천모델은 지역계획 및 지역개발사업의 방향설정과 개발부지 선정 시 중요한 기초자료로 활용할 수 있을 것으로 판단된다. 하지만 우선개발필지 및 한정된 개발면적추천 등은 본 연구의 한계점으로 향후 이러한 문제점을 해결하기 위하여 지속적인 연구를 통해 보완해 나가야 할 것으로 사료된다.

마지막으로, 본 연구에서 사용한 행위자기반모형은 현재 자연과학 및 사회과학, 공학 분야에 걸쳐 복잡계 연구 및 응용의 주요한 방법론으로 정착 및 사용되고 있으나, 아직 국내에서는 학계의 일부 연구자들을 중심으로 제한적으로 사용되고 있는 수준이기 때문에 앞날이 불투명할 수도 있다고 하지만, 세계적인 추세를 볼 때 행위자기반모형의 발전 가능성은 밝다고 보며, 특히 갈 수 록 복잡해지는 현안에 직면하여 기존의 연구 방법론들로는 명확한 해결책 제시가 힘들어지는 상황에서 행위자기반모형은 유력한 대안으로 사용이 가능할 것으로 판단된다.

제9장

인구와 지역인구모델

제9장 인구와 지역인구모델

본 교재에서는 정남수(2006) 등이 연구한 '집단생잔모델에 변화할당효과를 고려한 농촌지역 인구모델의 개발'을 재정리하여 본 과정을 설명하고자 한다.

1. 인구의 이해

1.1. 인구

인구는 주민수 또는 인구집단을 의미하며, 인구의 증감이나 평균수명·연령별 구성 등에 의해서 그 성격을 알 수 있다.

인구조사는 원부(原簿)에 의한 간접조사와 특정시점(特定時點)에서 조사대상 전역에 걸쳐서 개인별로 조사하는 직접조사가 있다. 선진국에서는 대개 인구조사가 행하여지고 있으나 후진국에서는 인구조사를 잘 안 하는 경우도 있다. 따라서 세계의 총인구는 추정에 의한다. 인구조사를 국세조사(國勢調査)라고 할 정도로 인구수는 한 나라의 국세 전반을 파악하는 기본적인 수치가 되므로 인구의 연구는 각 방면에서 행하여지고 있다.

인구학(人口學)은 인구의 재생산과정(再生産過程)을 중심으로 인구증가문제를 취급하고 있으나 수(數)를 취급하기 때문에 통계학적인 방법을 도입하고 있다. 출생·사망 등 인구의 자연동태에 대해서는 위생학의 과제가 되어 있고, 전입(轉入)·전출(轉出) 등 인구이동의 문제는 민족학(民族學)·사회학(社會學)의 연구대상이 되고 있다.

인구를 지탱하는 생산력의 문제는 식량·노동문제와 관련해서 경제학의 주요문제가 되어 인구론의 중심과제가 되고 있다. 또 지구상의 인구분포나 도시와 농촌과의 인구배분 등은, 자연환경·사회환경과의 관련에서 인문지리학의 주요 연구대상으로 되어 있다(두산백과, 2010).

1.2. 인구이론

인구문제를 해결하기 위한 학설 중 가장 대표적인 것은 영국의 경제학자 T.R.맬서스가 《인구론(人口論)》에서 "인구는 기하급수적으로 증가하나 식량은 산술급수적으로만 증가하므로 인구의 증가는 빈곤이 따른다."고 하였다. 이에 대해서 피임에 의한 산아제한(産兒制限)으로 인구증가를 억제하는 방책을 세운 것이 신(新)맬서스주의이다.

또 K.마르크스는 《자본론(資本論)》에서 "자본주의 사회에서의 빈곤은 필연적인 것으로 인구의 다소와는 관계치 않는다"라고 하였다. 또한 오늘날의 인구론 중에는 인구의 증가경향을 순수학적(純數學的)으로 해명하려고 하는 인구론도 있다.

1.3. 인구분포

세계의 인구분포를 보면, 우선 그 분포가 고르지 못한 것을 알 수 있다. 특히 거주지역(居住地域)과 비거주지역(非居住地域)의 한계가 명백하며 거주지역은 현재 지구상의 전육지의 87%를 차지하고 있다.

거주지역의 한계는 수평적으로는 고위도지방의 한랭한계(寒冷限界), 사막의 건조한계(乾燥限界), 열대밀림에서의 열습한계(熱濕限界)가 있고 수직적으로는 고도한계(高度限界)가 있다. 거주지역은 농업지역의 확대, 자원의 개발, 비행장·군사기지의 건설 등 역사적으로 진전해 왔으며 오늘날도 역시 계속 진전하고 있다.

어느 지역의 인구분포의 소밀을 나타내는 데에는 인구밀도가 사용되고 있으나 세계에서 1㎢당의 인구가 100명을 넘는 인구밀집지는 중국 본토에서 한국·일본에 걸친 극동지역, 인도의 갠지스강(江)의 중·하류유역, 유럽의 영국·프랑스·독일·이탈리아 등의 선진공업지역, 미국 북동부의 4개지역이다.

1.4. 인구증감

인구의 증감은 출생과 사망의 차이에 의한 자연증감과 전입과 전출의 차이에 의한 사회증감의 합에 의해서 나타낸다. 이 중 주로 인구문제의 과제가 되는 것은 자연증감이다. 근대 의학의 발전과 위생사상의 보급으로 사망률은 저하되고 산아제한으로 출생률의 억제가 행하여졌으나 현 세계에서는 인구동태상으로 몇 개의 유형(類型)을 생각할 수 있다.

아시아나 아프리카의 개발도상국에서 볼 수 있는 다산다사형(多産多死型)은 출생이 제한되지 않아 영유아(嬰乳兒)· 노년층의 사망률이 높은 형이나 대체로 인구증가의 경향이 있다. 동유럽·남유럽·라틴아메리카에서 볼 수 있는 다산소사형(多産少死型)은 사망률의 저하가 뚜렷하며 가장 인구가 증가하는 형이다.

또 선진지역인 북서유럽 제국에서는 의학의 발달에 따라 노년층이 많으나 그만큼 노년층의 사망률이 높아 소산다사형(少産多死型)이 된다. 미국·캐나다 등지에서는 출생률의 저하가 뚜렷한 소산소사형(少産少死型)으로 인구는 정체 상태이다.

세계의 인구는 UN의 추계에 의하면 56억 7000명(1994)으로 기록되었다. 과거 3세기간의 세계인구의 추이(推移)를 보면 1650년 5.5억, 1750년 7.3억, 1850년 11.7억으로 처음의 2세기 동안 2배가 되고, 그후 1950년은 24.9억으로 1세기 동안 2.1배로 되어 있다.

UN의 추계에 의하면 현재의 인구증가율이 유지되면 세계의 인구는 2000년경에는 62억 5000만 명, 2050년에는 100억 명을 돌파할 것으로 예측되고 있다. 또 아시아·아프리카 등의 개발도상국에서 인구가 격증할 것이나 경제개발은 그것에 따르지 못하여 식량부족으로 심각한 인구문제가 야기될 것이 예상된다.

한국의 총인구는 1910년 1,330만 명에서 1944년 2,590만 명으로 증가하였으며, 8·15광복 직전의 남한 인구는 1,600만 명에서 1975년 3,500만 명으로 30년간 2,000만 명이나 증가하여 연간 평균 70만 명이 증가하였다.

그러나 최근의 증가수는 약 40만 명으로 저하되었고 인구증가율도 약 1.0%로 선진국의 1.0% 내외와 같고, 세계의 연평균증가율 1.9%에 비하면 낮다. 인구밀도는 1㎢당 447.3인(1994)으로 세계에서도 높은 나라의 하나가 되고 있다. 더구나 한국의 농경지는 국토의약 20 %에 불과하여 호당 경지 면적은 약 1.29ha(93)이다.

한국의 인구분포에서 첫째로 주목되는 것은 대도시로 인구가 집중되는 것이다. 특히 북한의 월남동포와 해외귀환동포의 도시 정착으로 도시인구는 팽창하여 1960년 28%, 산업화에 의한 이촌향도(離村向都)가 심했던 1970년 44%, 1975년 52%로 절반을 넘었다. 1992년의 경우 서울을 비롯한 6대 도시의 인구가 전인구의 47.4%였다. 이와 같은 대도시권에의 인구집중은 도시의 주택난·교통난을 비롯하여 최근 특히 이목을 끌고 있는 도시공해의 문제와 직접 관련되고 있다.

1996년 통계청에서 발표한 '1995년 한국 사회지표'에 의하면, 1995년 7월 1일 현재 한국의 총인구는 4,485만 1000명으로 나타났다. 특기할 만한 것은 남아선호로 인하여 셋째 아이 이후의 출산이 늘면서 인구 1천 명 당 출생률이 1990년 15.3명에서 1994년 16.5명으로 증가한 사실이다.

이와 같은 현상과 더불어 인구가 대도시로 집중하는 반면 지역격차가 생겨 농촌·산촌·어촌지대에서는 인구의 과소현상(過疏現象)이 현저하게 나타났다. 이런 점으로 미루어 대도시에의 인구집중 때문에 일어나는 과밀·과소라는 불균형은 금후에도 큰 과제가 될 것이다.

2. 인구예측

2.1. 인구예측모델의 의의

- 인구예측을 하는 이유 : 장래 도시 성장에 대비하여 각종 도시기반 시설의 확충과 도시성장의 효율적인 관리를 위함
- 인구변화의 결정요소 : 출생, 사망, 인구이동
- 요소적 방법 : 인구변화의 결정요소 고려
- 비요소적 방법 : 인구변화 요소를 고려하지 않고, 도시인구총계를 예측

2.2. 비요소적 방법에 의한 예측모델

- 직접예측모델과 간접 예측모델로 구분
- 직접 예측모델 :
  직선 모델, 지수성장모델, 수정지수성장모델, 곰페르츠모델, 로지스틱 모델
- 간접예측모델 :
  회귀 모델, 도시고용예측을 통한 예측모델, 토지이용에 기초한 예측모델
- 기타 모델 : 비교방법, 비교예측모델

2.3. 직접예측모델

①직선모델(linear model or straight-line model) : 연구대상도시의 인구가 매년, 혹은 특정 시간 단위 동안 거의 일정한 절대인구증가의 경향을 보이고 앞으로도 이러한 변화가 계속될 것이라고 가정되는 경우

$$P_{t+n} = P_t + bn$$

P_t : t 시점의 인구

b : 평균증가율

n : 시차

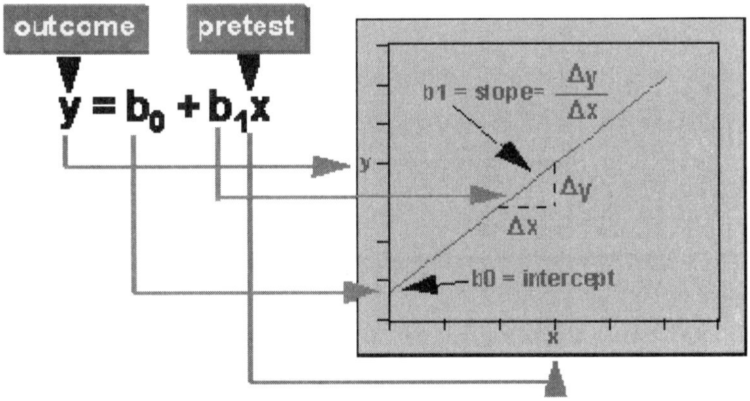

그림 9.1 직선모델

②영국의 인구학자 T. Malthus 가 주장함. “인구는 기하급수적으로 증가하는 경향이 있다.”

- 지수모델(exponential model): 기하급수적인 증가 또는 감소

$$P_{t+n} = P_t (1+r)^n$$

r: 평균증가율

- 수정지수모델(modified exponential model): 인구성장의 상한선을 설정하고 그 상한선에 접근하면 일정비율만큼 성장의 속도가 변한다고 가정

$$P_{t+n} = K - [(K - P_t) b^n]$$

K: 인구규모의 상한선

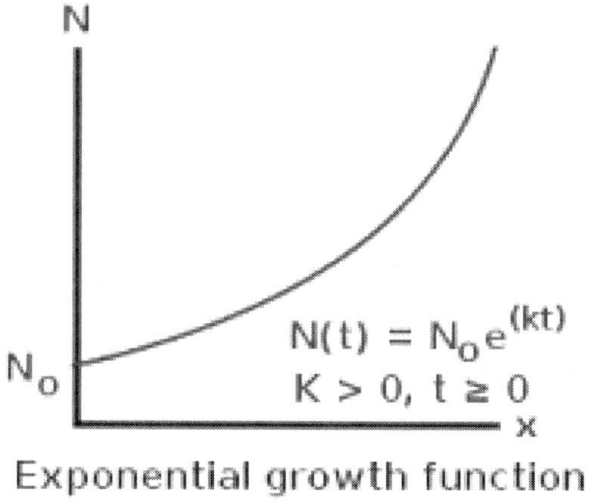

그림 9.2 수정지수모델

③수정된 지수성장모델(modified exponential growth model): 인구성장의 상한선(K)을 정해 놓고 이 상한선에 가까와질수록 인구성장률이 둔화될 것이다.

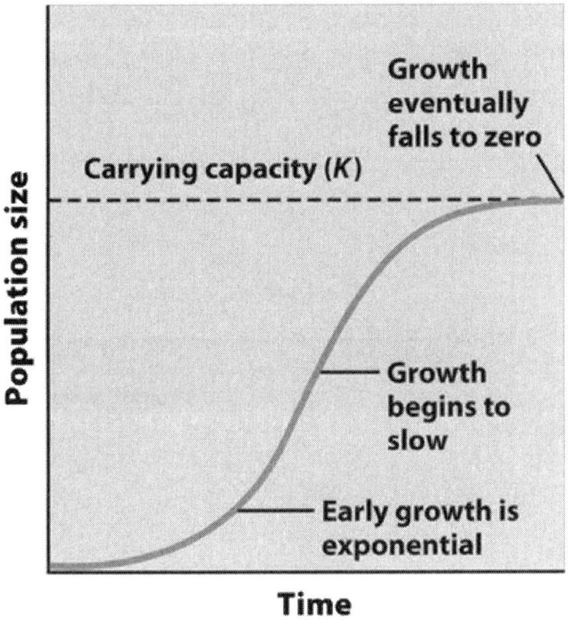

그림 9.3 수정된 지수성장모델

④곰페르츠 모델(Gompertz model): 수정된 지수성장모델과 마찬가지로 인구성장의 상한선(K)이 있을 것으로 가정한다. 하지만 곰페르츠 곡선의 모양은 S 자형 모양을 가진다.

⑤로지스틱 모델(logistic model): 앞서 살펴본 곰페르츠 모델과 거의 동일하지만 곰페르츠 곡선은 비대칭곡선이지만 로지스틱곡선은 대칭곡선이다.

- 무한년도에 수렴치(최대값) k를 갖는 추정식으로 S형태의 곡선을 나타낸다. 초기의 급격한 증가 후 점점 그 추세가 완화되는 자료치에 잘 어울린다.

$$y = \frac{k}{1 + e^{a-bx}}$$

y = 추정치

x = 경과년수

k = 극한값

a, b, c = 매개변수

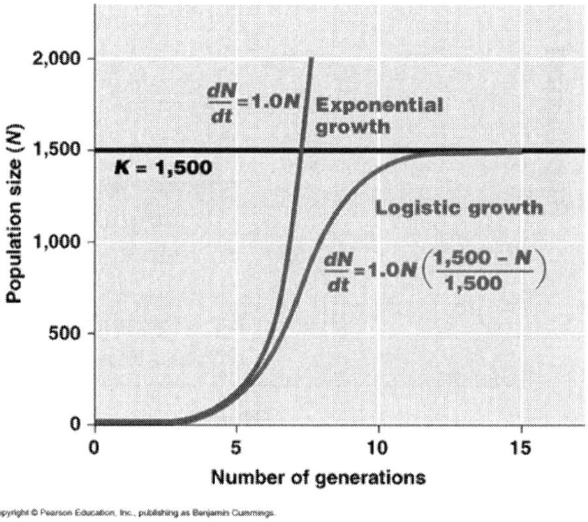

그림 9.4 로지스틱 모델

⑥사회-경제적 변수를 이용한 회귀모델 모델

- 도시 인구 규모에 영향을 미칠 것으로 가정될 수 있는 사회, 경제적 설명변수들로 도시의 인구를 예측하는 방법

  ex)사회, 경제적 설명변수=도시의 산업별 고용인구, 도시의 면적, 대학교의 학생정원등)

Y=f (X1, X2, X3, X4, ….)

단, Y = 도시인구

X1 = 도시의 제조업 고용인구

X2 = 도시의 서비스업 고용인구

X3 = 도시의 면적

X4 = 대학교의 학생정원

⑦도시고용예측을 통한 인구예측방법

- 어떤 도시의 장래 산업개발계획을 바탕으로 업종별 고용인구를 예측할 수 있고 이를 활용하여 도시의 총 인구를 예측하는 방법
- 회귀모델을 이용하는 방법
- 경제기반모델

⑧토지이용에 기초한 인구예측방법

- 장래의 도시인구를 그 도시의 인구 수용능력을 고려하여 추계하는 방법

※ 기본가정: 도시인구의 성장은 도시의 물리적 환경의 용량에 의해 직접적인 영향을 받는다.

⑨비교방법(comparative method): 어떤 지역의 미래 인구 성장에서 비슷한 추세를 앞서서 보여온 다른 지역의 역사적 추세를 기초로 예측하는 방법.

2.4. 요소적 방법에 의한 예측

- 요소모델의 개요
  - •비요소적 모델은 도시인구의 총체적 크기만 예측함 (계획의 목적상 필요한 성별, 연령별 인구구조는 예측할 수 없음)
  - •조성법이라고 불리기도 하며 어떤 도시의 두 시점간 인구변화는 자연증가와, 순인구 이동으로 구성된다고 봄

$$Pt+n=Pt+N+X$$

단, N = 인구의 자연증가

M = 순 인구이동

- 집단생잔모델(cohort-survival model)
  - 자체적으로 순인구이동이 없는 것으로 가정
  - 출생과 사망에 의해서만 변화함
  - 성별, 연령계층별 구조, 생잔율(=1-사망률), 출산율 등으로 인구의 자연증가를 예측

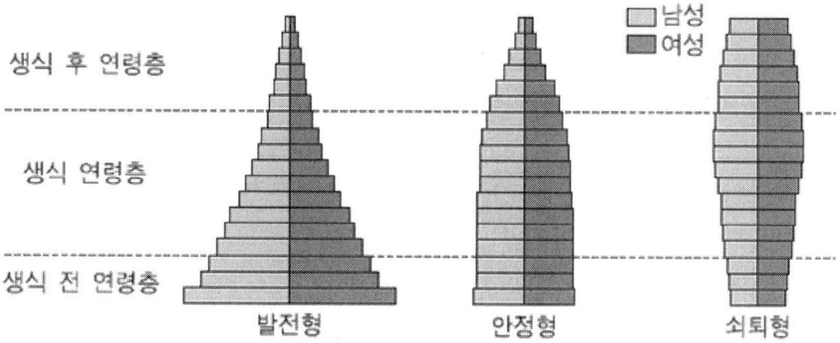

그림 9.5 연령 피라미드 유형

- 인구예측흐름도

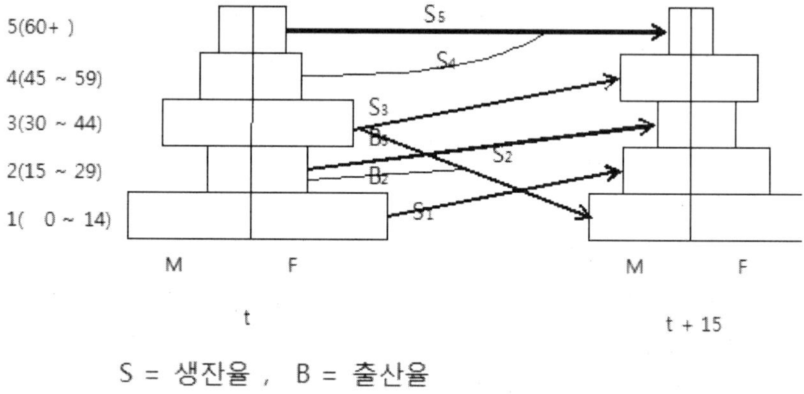

그림 9.6 인구예측흐름도

- 인구이동 모델(도시~농촌, 농촌~도시의 인구이동)
  - 인구변화의 요소(예측이 어려운 부분 중 하나임)
  - 잔여활용방법, 다중 회귀모델을 활용하는 방법
- 잔여의 활용
  - 잔여(residuals)를 활용하는 방법
- 다중회귀모델의 활용
  - 인구 이동의 요인을 경제적 압출과 흡인으로 간주
  - 인구 이동은 상대적인 경제적 기회와 이들 기회들의 접근성으로 결정됨

3. 인구예측모델의 개발

3.1. 서론

농촌마을종합개발사업은 2017년까지 농촌지역발전에 선도적 역할을 할 1,000개 소권역에 대하여 기초생활시설, 소득확충 및 농촌의 다원적 기능을 확충하는 특성화시설 설치 지원과 소권역별 농촌어메니티 자원을 발굴, 활용하여 향후 소득증대사업과 연계가 가능하도록 다양한 유형의 농촌공간정비를 목적으로 권역당 3년간 최대 70억원 수준의 지원을 하는 것으로, 2005년 현재 36개 권역이 착수되었으며 40개 권역에 대한 기본계획이 수립되어있어 있어 향후 농촌에 희망과 활력을 불어넣을 수 있는 중요한 사업으로 평가되고 있다(농촌개발국, 2004).

사업의 기본계획 작성과정은 관련전문가들이 대상지에 대한 입지여건, 자연환경, 자원현황 등 농촌마을개발에 필요한 자료를 상세히 조사하여 지역주민과의 충분한 협의를 거쳐 이루어지므로 매우 실질적인 발전방향이 도출될 것으로 판단되나 아직까지 농촌마을종합계획에 대한 충분한 경험이 축적되지 않고 관련 연구가 미진하여 조사된 자원을 평가하고 현황을 판단하는데 있어 많이 혼란이 예상된다.

특히, 정주를 기본으로 하는 계획에 있어서 계획이 시행된 이후의 인구변화에 대한 예측은 매우 중요한데 현재 사용되고 있는 인구예측모델 중 외삽법의 경우 추정식을 사용하여 인구를 예측하는 방법으로 손쉽게 이용

할 수 있다는 장점이 있으나 어떠한 추정식을 사용하는지에 따라 많은 차이를 유발하고 국가나 대도시 등과 같이 성장한계가 명확하지 않은 농촌에 적용하기 어렵다는 단점이 있다(대한국토·도시계획학회, 2000). 조성법의 경우 출생, 사망과 같은 인구의 자연증감 요소와 인구유입, 유출과 같은 인구이동요소를 고려하여 예측하는 방법으로 구조적인 예측과 예측년도의 인구구성의 특성 등을 파악할 수 있는 장점이 있으나 관련연구가 인구이동의 요인분석에 머물러 있고 인구이동의 주요 요인인 소득자료를 구득하기 어려워 현재는 잔차를 활용한 인구이동율 예측에 머물러 있어 이 부분의 오차를 내포할 수밖에 없는 한계를 가지고 있다(이성우, 2002).

본 연구의 목적은 이러한 조성법의 한계를 극복하고자 인구이동의 항목에서 직접적인 이동의 요인을 찾아 이를 회귀하는 방법 대신 고용과 같은 경제의 변화를 전국경제성장효과, 산업구조효과, 지역할당효과의 세 가지 측면으로 분할하여 파악하는 순수 경제분석 모델인 변화할당모델(윤대식과 윤성순, 1998)의 개념을 적용하여 간접적으로 유추하여 적용하는 농촌지역 인구모델을 개발하는 것이다. 또한, 개발된 모델을 충청남도 예산군 대술면의 인구자료에 적용하여 그 타당성을 검증하려 한다. 본 연구에서 농촌이라 함은 면 이하의 지역을 말한다.

3.2. 읍면단위 인구예측에서 외삽법과 조성법의 비교

외삽법은 지역 내 인구의 특성(성별, 교육수준, 출산력) 등의 변수를 고려하지 않고 과거의 인구 변화추세를 바탕으로 미래의 인구를 추계하는 방법이다. 조성법은 그림 9.7과 같이 분석하고자 하는 대상 지역의 과거 기준시점의 성별, 연령별 인구자료, 출생율, 생존율 등을 바탕으로 N 년 후의 인구를 예측하고 실제인구와의 차이에서 발생하는 잔차를 인구이동으로 파악하여 2N년 후의 인구를 예측하는 방법이다(이행우 외, 2006).

농촌지역 인구예측에 있어서 외삽법과 조성법의 차이를 알아보기 위하여 1990년과 1995년의 면지역 인구자료(통계청, http://kosis.nso.go.kr)를 바탕으로 2000년 인구를 예측하여 본 결과 표 9.1과 같이 외삽법의 경우 20%의 오차율을 나타내고 있었으나 조성법의 경우 12%의 오차율을 나타내고 있어 농촌지역 인구예측에 도입이 타당한 것으로 판단된다(단, 통계청에서 발표하는 사망률은 해당연령이 다음집단에 도달할 확률이므로 마지막 cohort는 항상 1이 되어 많은 오차를 유발하므로 본 연구에서는 이를 0.5로 가정하였다).

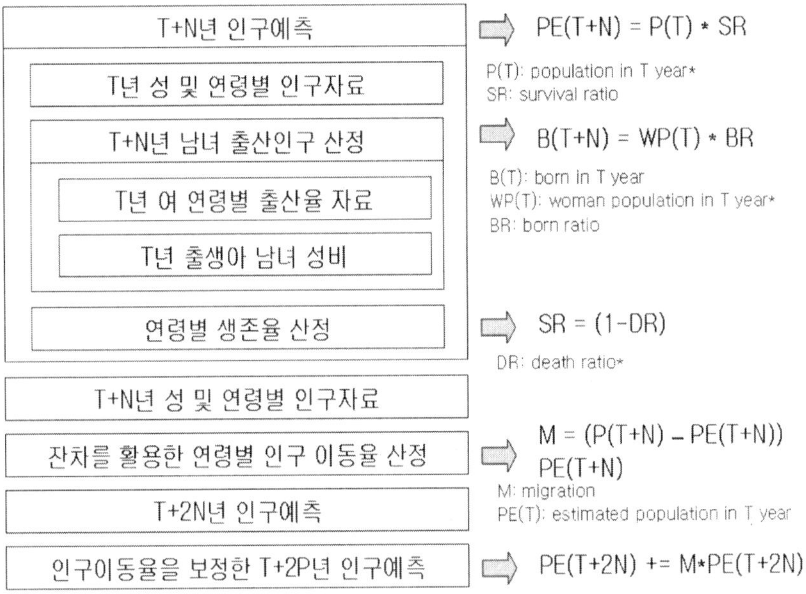

그림 9.7 조성법에 의한 인구예측 흐름도

표 9.1 외삽법과 조성법을 이용한 농촌지역 인구예측 비교

	실제인구	외삽법(선형)	조성법
면	5,600,645	4,663,678	5,008,205
오차율		-20 %	-12 %

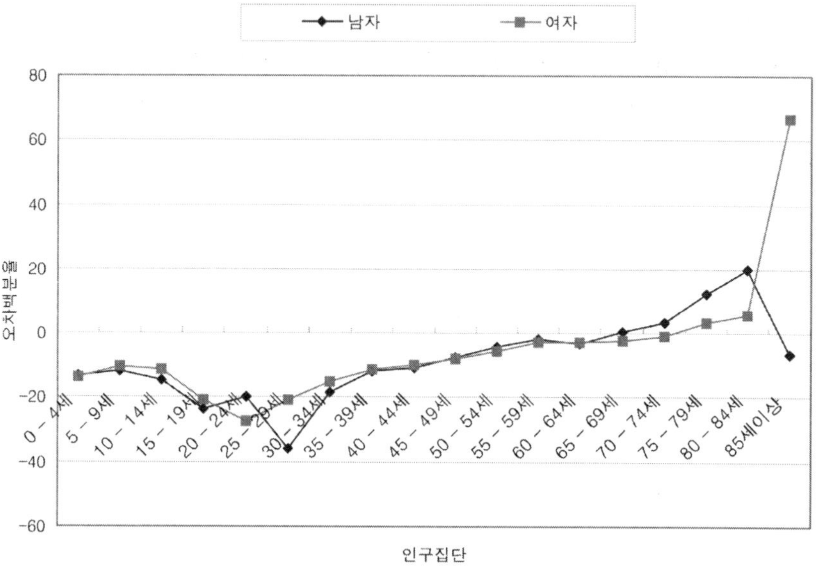

그림 9.8 농촌인구예측과 실제자료의 차이

3.3. 조성법에 의한 인구예측에서 문제점 파악

조성법에 의한 인구예측시의 문제점을 파악하기 위하여 2000년도 면지역의 연령집단별 인구자료 예측치와 실측치를 비교한 결과 그림 9.8과 같이 64세 이하에서 과소하게 추정되고 있었으며 65세 이상에서는 과도하게 추정되고 있었다. 85세 이상 인구의 경우 사망률에 대한 자료가 정확하지 않아 오차가 심하지만 전체 인구규모가 적아 큰 문제가 되지 않을 것으로 판단된다.

3.4. 변화할당효과를 적용한 농촌지역 인구예측모델의 개발

변화할당모델의 세 가지 측면을 인구에 적용해 보면 인구성장효과, 인구구조효과, 지역할당효과로 나타낼 수 있다. 이중에서 우선 인구성장효과의 경우는 이미 생존율 등의 자료로 반영되고 있으므로 무시할 수 있을 것으로 판단된다. 두 번째 인구구조효과의 경우 취학 및 경제활동인구의 도시진출이 많고, 노인인구의 유입이 늘어날 것으로 예상하였으나 모델의 추정결과는 오히려 반대로 나타나고 있는 것을 알 수 있다. 그 원인을 파악해 보기 위하여 그림 9.9와 같이 전국자료를 바탕으로 조성법을 적용해 본 결과 40세를 기점으로 읍면의 추정과 비슷한 결과를 유발하고는 있으나 오차 2%로 농촌의 오차 -12% 보다 근사한 결과를 나타내었다.

따라서 이는 농촌만의 효과로 파악할 수 있으며, 그 원인은 도농간 사망률의 차이나 취학 및 경제활동인구의 유출 감소 등으로 추정할 수 있으나, 원인을 연구하는 것은 본 연구의 범위를 벗어나는 것이다.

Jung et al.(2004)은 공간상호작용을 고려한 노인인구이동모델의 개발에서 인구이동은 사회, 경제 등 다양한 요인에 의해서 제동효과(damping effect)가 발생하므로 이를 고려해야 한다고 주장하였다. 본 연구에서는 인구구조효과를 전체 인구에 대한 cohort의 규모를 제동효과로 가정하여 이를 반영하였다. 즉, 인간은 사회적 동물이므로 또래집단의 크기가 인구이동에 영향을 미칠 것으로 간주하였으며, 이를 식으로 나타내 보면 식 (1)과 같다.

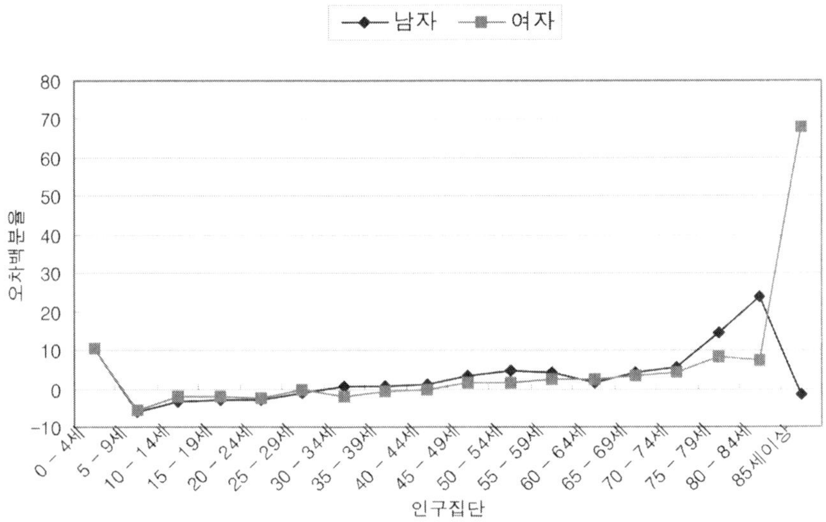

그림 9.9 전국 인구예측과 실측치의 차이

$$M = Me / (1 + b*Pr) \quad (1)$$

where, Me : 예측된 인구이동

b : 제동효과

Pr : 전체 인구 중 해당 인구집단의 비

식 (1)을 이용하여 국내전체인구를 바탕으로 한 b를 추정해 보면 그림 9.10과 같이 7%에서 최소오차를 나타냈다.

또한, 베타의 적용을 검증하기 위하여 면 이하의 농촌인구를 대상으로 전체인구에서 산출한 7%를 적용하여 본 결과 오차율 -1.06%로 기존의 모델의 오차 12%보다 약 10배 정확하게 산출하고 있는 것으로 나타나 타당성이 있는 것으로 평가된다. 따라서 향후 농촌인구를 예측할 때도 통계청에서 발표하는 연도별 연령별 인구구조를 바탕으로 감쇄항을 정의하여 간접적으로 유추하여 적용할 수 있다.

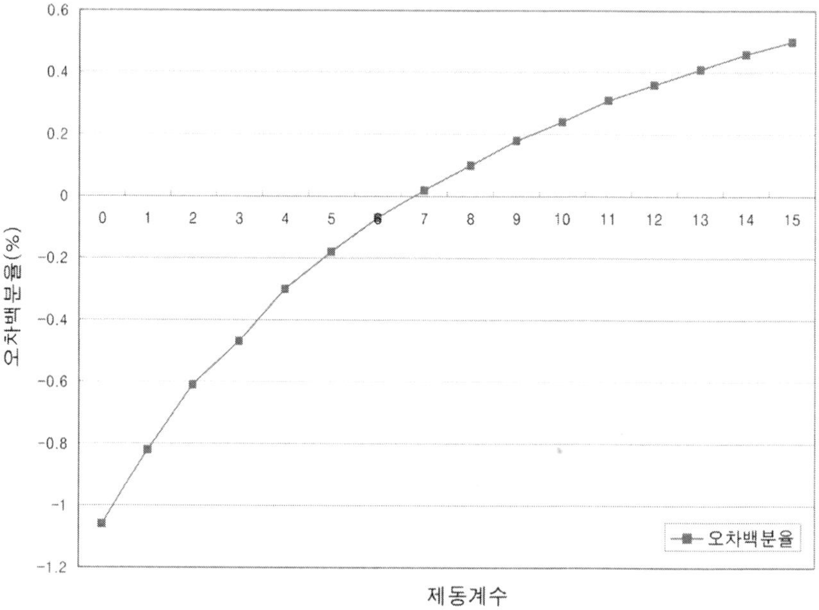

그림 9.10 제동계수의 변화에 따른 국내인구 추정의 오차율 변화

마지막으로 지역할당효과를 고려할 수 있으나, 통계청에서 발표하고 있는 추계인구의 경우 도 이하의 지역에 대한 자료구분이 되지 않아 이를 적용하기가 힘들다. 즉, 도 단위의 추계인구를 적용할 경우 이는 시와 군을 모두 포괄하는 것이므로 변별력이 없어지므로, 향후 통계청에서 시, 군 단위 또는 그 이하의 추계인구를 발표하게 되면 포함할 수 있을 것으로 판단된다.

3.5. 적용 및 비교

개발된 모델을 적용하여 추정된 농촌인구를 연령대별로 나타내보면 그림 9.11과 같이 나타났다. 타 구간의 인구는 거의 정확하게 예측되는데 반하여 15세에서 29세까지의 연령층에서는 -21%에서 +44%까지 편차가 심한 것으로 나타났다.

한이철 외 4인(2005)은 연령대별 인구이동 결정요인 분석에서 20-30대 청년층의 경우 이를 제외한 연령대와 비교하여 인구 규모가 이주에 가장 큰 영향을 미치는 것이 가장 특징이며, 대도시 인근으로 집중되는 현상이 나타나고 있다고 밝히고 있으나, 본 연구에서 이를 고려하기 위해서는 현재와 같은 통계적모델 뿐만 아니라 지리적 특성을 고려하는 공간상호작용 모델과 지역적 특성을 이용한 회귀모델을 구성해야 하는데, 이는 향후 연구가 필요할 것으로 판단된다.

개발된 모델의 실제 면 지역의 적용성을 알아보기 위하여 1990년, 1995년 자료를 바탕으로 충청남도 예산군 대술면의 인구를 예측하여 본 결과 그림 9.12와 같이 기존의 조성법에 의한 인구예측보다 실측치에 상당히 근접한 것으로 나타나고 있으나 남자인구의 경우 실제와 많은 오차를 포함하고 있는 것으로 나타났다. 이는 인구규모가 작은 지역의 경우 공장건립 등 몇몇 사안에 의해 인구유동이 심하게 나타나는 현상으로 해석할 수 있으며 따라서 소규모 농촌지역의 인구를 정확하게 예측하기 위해서는 사업시행 시 인구변동의 효과에 대한 보완연구가 필요할 것으로 판단된다.

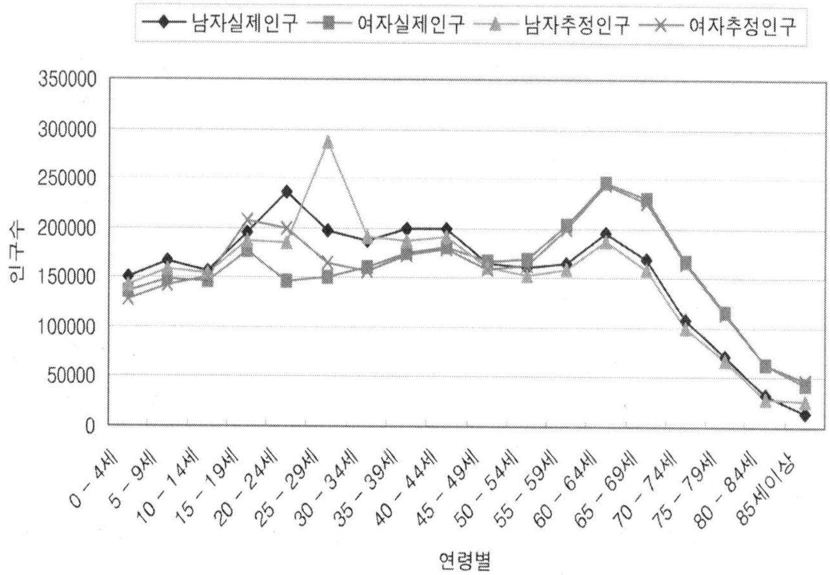

그림 9.11 개발된 모델과 실제인구의 차이

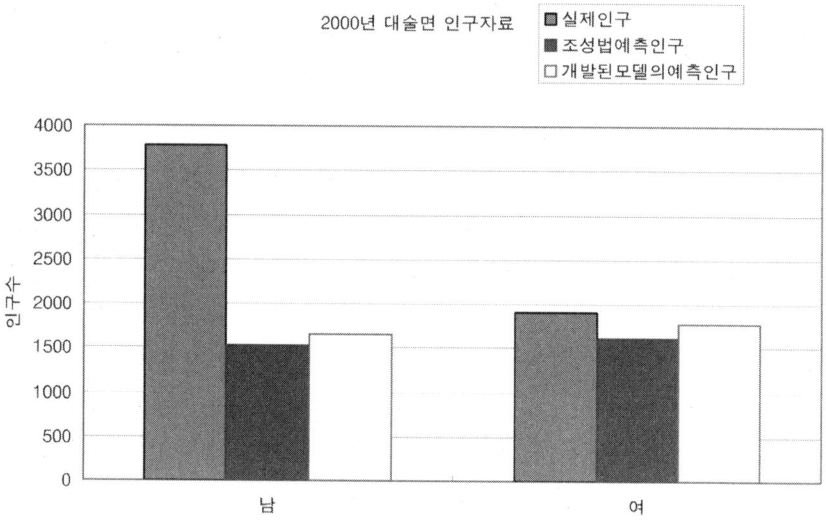

그림 9.12 2000년 대술면 인구자료 적용결과

3.6. 결 론

본 연구에서는 농촌에 적용 가능한 인구예측모델을 개발하기 위하여 기존의 조성법에 변화할당효과를 고려한 농촌인구모델을 개발하는 것을 목적으로 하였다. 먼저 외삽법과 조성법을 비교하여 본 결과 오차율이 각각 20%와 12%로 농촌지역의 경우 조성법이 보다 근접한 것으로 나타났으나, 조성법 중에서 잔차를 이용한 인구이동량 추정법을 사용하여 인구를 예측하여 본 결과 농촌지역에서 유출이 많을 것으로 판단되는 취학연령과 경제활동연령의 인구가 오히려 예측치보다 적게 유출 되는 것으로 나타났으며 이를 고려하기 위하여 기존의 조성법에 인구구조효과로 인구집단의 규모를 고려한 제동항을 추가하였다.

국내 인구자료를 바탕으로 제동계수 b를 7로 추정할 수 있었으며 이를 농촌인구에 적용하여 본 결과 오차율을 12%에서 1.06%로 줄일 수 있었다. 향후 통계청에서 발표하는 년도별 연령별 인구예측에서 감쇄계수를 추정하여 농촌인구예측에 적용할 경우 보다 정확한 인구예측이 가능할 것으로 기대된다. 그러나, 변화할당모델에서 지역할당효과의 경우 아직까지 인구통계가 도별예측에 그치고 있어 이는 향후 연구에서 고려될 수 있을 것으로 판단된다.

개발된 모델의 적용성을 파악하기 연령대별로 도시해본 결과 거의 대부분의 연령층에서 좋은 결과를 나타내고 있으나 15세에서 29세에서는 큰 차이를 나타내고 있어 향후 이 부분에 대한 보완연구가 필요한 것으로 판단된다. 충청남도 예산군 대술면에 적용하여 본 결과 기존의 조성법 보다 실측치에 상당히 근접한 것으로 나타났으나, 전체인구규모가 작은 지역의 경우 공장설립과 같은 단위사업에 의해 인구이동이 많은 영향을 받고 있어 이 부분에 대해서도 추가적인 연구가 이루어져야 할 것으로 판단된다.

4. 참고문헌

1. [네이버 지식백과] 인구[population] (두산백과,2010. 08. 01)

제10장

인구유입효과

제10장

인구유입효과

본 교재에서는 이세희(2008) 등이 연구한 '농촌마을의 농촌관광 시행에 따른 인구유입효과에 관한 연구'를 재정리 하여 본 과정을 설명하고자 한다.

1. 서론

현재 농촌은 국가의 산업구조가 고도화되어 도시로 인적, 물적 자원이 집중되면서 공동화 현상이 심화되고 있다. 농촌지역에서 도시지역으로 이동한 인구가 전체 이동인구에서 차지하는 비율은 점차 낮아지고 있으나, 농촌인구자체가 감소하고 있으며 인구구조의 고령화가 심화되고 있으므로 심각한 문제로 지적된다.(최진호, 1997) 농촌인구 감소와 고령화는 농촌수익의 대부분을 차지하는 농산업의 취약성에 기인하는 것으로 판단된다.

FTA협약에 따른 농산물 개방화로 국내 농산물은 가격경쟁력을 낮아 농가의 판매수익이 감소하고 있으며 고용창출을 유발할 수 있는 가공이나 관광 또한 대규모 기반시설을 갖춘 도시에서 이루어지기 때문이다. 농촌관광은 이러한 농산업의 수익성 감소를 극복하기 위하여 농촌에 산재하는 어메니티 자원을 활용하여 농촌을 활성화시키기 위한 대안으로 부각되고 있다.

이스라엘의 경우 2001년 통계 기준으로 평균 농가소득의 15%가 농촌관광과 관련되어 창출되고 있으며 프랑스의 경우 2000년에는 일반관광 대비 농촌관광의 시장점유율이 30% 정도로 성장하였다(오현석, 2004; 박호균, 2002). 우리나라의 경우 농촌관광의 성장세가 지속되고 본격적으로 마을단위의 다양한 정부지원 사업이 시작된 2001년부터는 국내 일반관광 성장률의 3배가 넘는 연평균 16%씩 증가할 것으로 전망되었으며 실제로 녹색농촌 체험마을의 경우 2005년부터 매년 47% 증가를 보이고 있다(농협행정통계, 2008).

그러나 농촌관광사업은 가족단위 관광객을 주민의 주택에서 거주시켜야 하며 마을주민들의 분업을 통해 프로그램을 진행하여야 하므로 관광사업의 증가에 따른 시설 및 인력 수요와 그 효과를 개량할 수 있어야 하나 이를 개량할 수 있는 도구가 없어 정책 및 사업 추진에 어려움을 겪고 있다(엄대호, 2006).

따라서 본 연구에서는 전국 녹색농촌체험마을에 대한 수집된 현황 및 소득자료를 바탕으로 관광객과 지출액 증가에 따른 인구유입효과를 분석함으로써 현행거주민수와 연관시켜 장기간의 관광목표를 설정과 마을기반시설규모설정 및 체험프로그램 계획에 활용하고자 한다.

본 연구에서 분석한 자료는 엄대호(2006)가 농촌마을의 그린투어리즘 성과지표 개발 및 수익추정을 위하여 2002년부터 2004년도까지 녹색농촌체험마을사업을 시행지역에 대한 현황조사와 방문조사 자료를 활용하였으며 분석한 효과를 적용하기 위하여 이천시의 협조를 얻어 2003년부터 2007년도까지의 부래미 마을의 인구통계자료를 이용하였다.

2. 농촌관광과 인구예측

2.1. 농촌관광

농촌관광이란 용어는 프랑스에서 관광활동이 일어나는 지역의 특성에 따라 눈 덮인 산악지역은 'White Tourism', 전원은 'Green Tourism', 해안가의 경우 'Blue Tourism'이라 부른데서 유래한다. 농촌관광은 국가별로 기관별로 표현이 약간씩 차이가 있는데 프랑스와 영국에서는 'Green Tourism', 독일에서는 'Rural Tourism', 프랑스 농업 관계기관은 'Agri Tourism', 이라고 하는 등 표현이 관계기관의 역할에 따라 다르다.(엄대호, 2006)

이경희(2004)는 농촌관광을 농촌지역에서 농촌만의 자연·문화를 바탕으로 농촌 지역주민이 농촌체험활동을 공급하는 관광활동으로 정의하였다. 또한, 지금까지 농업의 역할이 농산물 생산기능에 한정되었으나 앞으로는 농촌관광 등에 필요한 다원적 기능이 중시될 것으로 예측하였다.

박금용(2003)은 농촌관광이 농촌지역에서 이루어지더라도 도시적이고 대중적인 대규모 리조트나 숙박업소에서의 휴양, 숙박 등은 제외한 농촌마을을 기반으로 한 관광활동으로 정의하였다.

농촌관광을 농촌계획에 활용하려는 연구는 권용대(2003), 김대식(2004) 등이 농촌관광을 지역적 입지, 기반시설, 전통문화라는 다양한 관광자원을 바탕으로 소비자의 요구에 맞게 농특산물 판매, 숙박, 음식, 체험관광 등과 연결시키려는 연구가 있었으며, 엄대호 등(2006)은 전체 녹색농촌체험마을에 대해 현황조사를 실시한 결과를 토대로 투입예산, 숙박시설 및 음식시설 규모 마을방문자수, 홈페이지 예약 건수 및 방문자수 등 그린투어리즘 추진 성과에 큰 영향을 미칠 수 있는 변수들을 도출하여 그린투어리즘 수익 추정 모델을 개발한 바 있다.

농촌관광사업은 소득증대 뿐만 아니라 방문자수의 증가에 따른 정주여건 향상, 도농교류활성화에 따른 문화격차 해소, 인구유입 등 다양한 기능을 가지고 있으며 특히 농촌계획의 관점에서는 계획의 기준이 되는 인구변화에 미치는 영향이 중요하나 이제까지 연구는 농촌관광의 소득증대 효과를 바탕으로 수익 추정모델을 만드는 연구에 그치고 있다. 본 연구에서는 기존 농촌관광의 효과를 인구적인 관점에서 분석하고자 한다.

2.2. 인구예측

농촌계획에서 사업시행과 실현 시점에서의 인구는 사업의 효과를 결정하는 매우 중요한 요인으로 이를 정확하게 예측하는 것이 계획의 현실성을 높일 수 있는 방안이다. 현재 사용하고 있는 인구예측모델은 외삽법과 조성법으로 구분하며 외삽법의 경우 추정식을 사용하여 인구를 예측하는 방법으로 인구의 변화추세를 파악하기에 용이하다는 장점이 있으나 어떤 추정식을 사용하는지에 따라 많은 차이를 유발할 수 있으며 국가나 대도시 등과 같이 변화의 한계를 예측할 수 있는 지역이 아닌 농촌에 적용하기 어렵다는 단점이 있다(대한국토도시계획학회, 2000).

조성법은 출생, 사망과 같은 인구의 자연증감요소와 인구유입, 유출과 같은 인구이동 요소를 고려하여 예측하는 방법으로 구조적인 예측과 예측년도의 인구 구성의 특성 등을 파악할 수 있는 장점이 있다. 인구의 자연증감요소는 인구집단에 따른 출생과 사망특성을 반영하는 집단생잔모델이 이용되고 있으며 인구유입, 유출 등을 추정하는 인구이동모델은 연구대상

도시의 과거 인구이동의 추세를 단순히 연장시키는 방법으로부터 잔차를 활용하는 방법, 인구이동에 영향을 미치는 각종 사회경제적 변수를 모델에 포함하는 방법 등이 활용되어 왔다.

정남수 등(2006)은 농촌과 같은 소규모 지역의 경우 이를 대표할 만한 사회경제적 요인을 파악하기 어려우므로 이를 해결하고자 변화할당모델을 응용하여 인구구조를 바탕으로 인구이동량을 보정한 농촌인구모델을 개발한 바 있다. 그러나 농촌인구모델은 인구구성요소만으로 미래 인구를 추정하므로 고용창출, 소득증가 등 외부적인 효과를 고려하지 못한다는 한계를 가지고 있다.

본 연구에서는 기존의 농촌인구모델에 고용창출, 소득증가에 따른 효과를 반영할 수 있도록 농촌관광 사업의 진행에 따른 소득증대, 방문객, 인구수, 전입인구 등의 관계를 분석하여 인구유입효과를 분석하고자 한다.

3. 농촌관광에 따른 인구유입효과

3.1. 인구유입 효과 산정 과정

엄대호(2006)가 농촌마을의 그린투어리즘 성과지표 개발 및 수익추정을 위하여 76개의 녹색농촌체험마을을 대상으로 추진실태를 2005년도 기준으로 조사한 자료를 활용하여 농촌관광이 인구변화에 주요한 영향을 미칠 수 있는 마을을 선정하고 SPSS 13.0에 의해 통계분석을 실시한 후 전입인구 추정식을 개발하였다. 여기서 통계분석방법은 상관성분석, 다중회귀분석을 사용하였다(강주희, 2007).

3.2. 대상자료의 분석

엄대호(2006)는 농촌마을의 그린투어리즘 성과지표 개발 및 수익추정을 위하여 76개의 녹색농촌체험마을을 대상으로 추진실태를 조사한 바 있으며 본 연구에서는 이 자료를 인구적인 관점에서 분석하기 위하여 표 10.1과 같이 노동인구비율, 농촌관광 참여율, 마을방문자수, 그린투어리즘 수익, 인구변화, 식음시설 수용인원 등의 세부기준을 바탕으로 분석자료를 추출하였다.

표 10.1 분석자료 추출기준

항목	기준적용전(N=76)			기준	기준적용후(N=24)		
	평균	최저값	최고값		평균	최저값	최고값
노동인구비율 (16–64세 인구)	55%	0%	100%	20% ~ 80%	57%	33%	78%
농촌관광 참여율	56%	3%	100%	10% 이상	57%	19%	100%
마을 방문자수	11,955	0	130,320	100명 이상	16,169	1,070	86,575
그린투어리즘 수익	155,894	0	717,810	1,000만원 이상	191,168	19,300	638,000
인구변화	–2	–240	34	인구감소가 없는 지역	7	0	21
식음시설 수용인원	201	0	810	10명 이상	210	30	800

분석자료의 추출기준은 전체 자료 76개의 대상지 중에 노동인구의 비율이 20% ~ 80%인 지역, 농촌관광 참여율이 10%이상인 지역, 마을 방문자수가 100명 이상인 지역, 농촌관광으로 얻는 수익이 1,000만원 이상인 지역, 인구변화는 인구감소가 없는 지역의 전입인구가 1명 이상인 지역, 식음시설 수용인원은 10명 이상인 지역으로 나누어 분석자료의 추출기준을 만들었다. 이와 같은 기준을 설정한 이유는 자료가 조사자의 직접조사가 아니고 조사항목이 방대하여 인구구조가 특정집단에 치우치는 오류를 제거해야할 필요성이 있었으며 연구에서 추구하고자 하는 바가 관광사업에 따른 인구유입요인에 한정되었고, 녹색농촌체험마을이지만 관광사업이 마을에 미치는 영향이 미비한 마을을 제거할 필요성 때문이다.

이러한 기준을 통해 추출된 자료는 표 10.2와 같다. 추출된 대상지는 24개의 농촌마을이고, 사업년차별 분류에 따르면 1년차 9개 마을, 2년차 8개 마을, 3년차 7개 마을로 분류되었고, 지역별로 강원도 3개 마을, 경기도 6개 마을, 경남 3개 마을, 경북 4개 마을, 전남 1개 마을, 전북 1개 마을, 충남 3개 마을, 충북 1개 마을로 구성되었다.

표 10.2 사업년차별 및 시도별 분석자료

Variable	Classification	Frequency	Percent	Valid Percent	Name
사업년차	1	9	37.5	37.5	왕지, 탑동, 산채, 하누리, 수미, 안동댐, 상대촌, 평리, 보현리
	2	8	33.3	33.3	송정, 고두미, 한드미, 문당, 금성느티, 신론리, 주록리, 부래미
	3	7	29.2	29.2	교촌, 신대리, 가정, 미천, 상호리, 원산, 중기
	Total	24	100.0	100.0	
도	강원	3	12.5	12.5	탑통, 산채, 신대리
	경기	6	25.0	25.0	신론리, 주록리, 부래미, 미천, 상호리, 원산
	경남	3	12.5	12.5	왕지, 평리, 송정
	경북	4	16.7	16.7	안동댐, 보현리, 교촌, 중기
	전남	1	4.2	4.2	가정
	전북	1	4.2	4.2	금성느티
	충남	3	12.5	12.5	하누리, 수미, 문당
	충북	3	12.5	12.5	상대촌, 고두미, 한드미
	Total	24	100.0	100.0	

3.3. 농촌관광의 직접효과

농촌관광의 사업비가 투입되므로 해서 생기는 수익이 직접적인 연관성이 있는지를 알아보기 위해 사업비와 그린투어리즘 수익간의 상관분석을 실시하였다. 상관분석 결과 76개 원자료를 대상으로 했을 때의 상관계수 0.169보다 상관계수 0.629로 높게 나타나 추출기준이 적합하게 선정되었으며 대상마을자료가 농촌관광의 효과를 추정하는데 사용이 가능할 것으로 판단되었다.

3.4. 농촌관광에 따른 인구유입효과

여러 가지 변수들 간의 관계를 알아보기에 앞서 기존의 변수들로는 사업연차와 사업비 및 수익을 함께 알아보기 위해 하나의 변수를 가공하였다. 그 변수는 다음 식과 같이 산출하였다.

$$I_b = E_e \times E_a \times I_m \quad (1)$$

여기서, Ib : 연차별 사업에 따른 수익

Ee : 사업비

Ea : 사업년차

Im : 소득액

이렇게 가공한 변수와 함께 상관 분석을 실시하였다. 상관분석은 독립변수들간의 다중공선성 여부를 파악하기 위하여 실시하며 유사한 변수들간의 상관성이 높은 경우(보통 r값이 0.7이상)는 회귀분석에서 추정된 계수가 통계적 의미를 갖지 못하기 때문에 사전에 다중공선성이 발생할 변수들을 제거하여야 한다(정충영, 최이규, 2004).

마을방문자수는 종속변수인 전입인구를 제외하고는 상관성이 높은 변수가 없었으며, 노동인구 비율은 노동인구와 상관성이 높았고, 인구수는 노동인구, 연차별 사업에 따른 수익 등과 상관성이 높았으며, 노동인구는 연차별 사업에 따른 수익과 상관성이 높았다. 이중에서 인구수와 노동인구, 노동인구와 노동인구비율 등이 다중공산성을 발생시킬 우려가 있으므로 본 연구에서는 마을방문자수, 노동인구비율, 인구수, 연차별사업에 따른 수익을 독립변수로 설정하였다.

3.5. 다중선형회기분석을 통한 전입인구 추정식 개발

정상분포에서 통계치의 비교를 하기 위하여 표준점수를 알아야 한다. 표준점수란 평균을 0, 표준편차를 1로 환산하여 서로의 값을 비교하기 용이하게 만든 것으로 각 변수의 개별 값을 비교하기 위해서는 점수를 표준점수로 환산하고 이를 기본으로 정상분포에서 살펴보아야 할 것이다. 표준점수(Standard score)는 기호로 Z라고 표시하고 Z점수라고 부른다(강주희, 2007).

독립변수로 설정된 마을방문자수, 노동인구비율, 인구수, 연차별사업에 따른 수익 등을 Z점수로 환산하여 다중회귀분석을 실시한 결과 표 10.4와 같이 R2값이 0.650으로 나타났으나 사업비수익과 인구수가 각각 유의확률 0.175, 0.095로 유의수준 5% 하에서 유의하지 않게 나타나 변수선택법을 사용하여 변수를 제거하여야 한다.

표 10.3 각각의 변수들간의 상관관계 분석

	Pearson Correlation					
	마을 방문자수	노동인구 비율	인구수	노동인구	전입인구	연차별 사업에 따른 수익
마을 방문자수	1	-	-	-	-	-
노동인구 비율	0.074	1	-	-	-	-
인구수	-0.245	0.238	1	-	-	-
노동인구	-0.148	0.624**	0.891**	1	-	-
전입인구	0.437*	0.517**	0.421*	0.571**	1	-
연차별 사업에 따른 수익	0.052	0.046	0.543**	0.489*	0.450*	1

*. Correlation is significant at the 0.05 level (2-tailed).
**. Correlation is significant at the 0.01 level (2-tailed).

표 10.4 전입인구에 대한 다중선형회귀분석 결과

Model		Unstandardized Coefficients B	Unstandardized Coefficients Std. Error	Standardized Coefficients Beta	t	Sig.
1.000	(Constant)	13.000	1.818		7.152	0.000
	Zscore(노동인구비율)	5.417	1.950	0.396	2.778	0.012
	Zscore(사업비수익)	3.228	2.293	0.236	1.407	0.175
	Zscore(마을방문지수)	6.464	1.996	0.473	3.239	0.004
	Zscore(인구수)	4.296	2.448	0.314	1.755	0.095

〈Summary〉

Model	R	R Square	Adjusted R Square	Std. Error of the Estimate
1	0.806(a)	0.650	0.576	8.904

a. Predictors: (Constant), Zscore(마을방문자수), Zscore(연차별 사업에 따른 수익), Zscore(노동인구비율), Zscore(인구수)

회귀모델에 포함되어야 할 변수를 선택하는 방법들로는 전진선택법(forward selection method), 후진선택법(backward elimination method), 단계선택법(stepwise selection method) 등이 있으며 본 연구에서는 각각을 수행해 본 결과 모두 동일하게 설명변수 인구수를 제외할 것을 제안하였다.

분석결과 유의 수준 5% 하에서 상수항, 노동인구비율, 사업에 따른 수익, 마을방문자수 등이 모두 전입인구와 관계가 있으며 R2값이 0.593으로 도출된 식이 유의하였고, 구해진 계수들이 모두 양수 값을 나타냄으로써 인자를 도출하는 과정에서 분석하였던 개별 관계들과 부합하는 것으로 판단된다. 따라서 효과는 식 2와 같이 제안할 수 있다.

표 10.5 인구수를 제외한 전입인구에 대한 다중선형회귀분석 결과

Model		Unstandardized Coefficients		Standardized Coefficients	t	Sig.
		B	Std. Error	Beta		
1.000	(Constant)	13.000	1.910		6.807	0.000
	Zscore(노동인구비율)	6.426	1.958	0.470	3.282	0.004
	Zscore(연차별 사업에 따른 수익)	5.580	1.955	0.408	2.854	0.010
	Zscore(마을방문자수)	5.213	1.959	0.381	2.662	0.015

〈Summary〉

Model	R	R Square	Adjusted R Square	Std. Error of the Estimate
1	0.770(a)	0.593	0.532	9.356

a. Predictors: (Constant), Zscore(마을방문자수), Zscore(연차별 사업에 따른 수익), Zscore(노동인구비율)

$$T_p = 6.426\,W_{pz} + 5.58 I_{bz} + 5.213\,V_z + 13 \qquad (2)$$

여기서, Tp : 전입인구(명)

Wpz : 노동인구비율(Z-score)

Ibz : 연차별 사업에 따른 수익(Z-score)

Vz : 마을방문자수(Z-score)

3.6. 적용 및 고찰

개발된 식의 실제 농촌마을의 적용성을 알아보기 위해 조사된 자료 중 부래미 마을을 대상으로 식에 포함되지 않은 2007년도 인구를 예측하였다. 먼저 농촌관광의 유입효과를 고려하지 않은 부래미 마을의 인구예측을 위해 경기도 이천시 율면 석산권역 4개리에 대한 인구통계자료를 이용하여 기존 농촌인구모델에 적용하였다.(정남수, 2006) 석산권역은 석산1리, 석산2리,

석산3리, 오성1리로 구분할 수 있다. 각 행정리의 인구자료는 이천시 통계연보를 이용하였으며 각 행정리의 세대수와 성별인구 자료를 추가하여 2003년부터 2007년까지 통계자료를 종합하였다. 연령별 인구수는 0세~14세, 15세~29세, 30세~39세, 40세~49세, 50세~64세, 64세 이상으로 구분하였다.

인구예측은 집단생잔모델에 변화할당효과를 적용하여 인구예측을 하는 방법(정남수 외, 2006)을 이용하였다. 이 모델에서 필요한 요소는 인구자료, 출생인구자료, 생존율자료이다.

모델을 적용하여 인구예측을 하기 위해서는 각 연령단위별 남, 녀 성별로 구분되어야 하지만 종합한 인구자료에서 총 인구의 자료는 남, 녀 성별로 구분되어 있지만 연령별 인구수는 성별로 구분되어있지 않기 때문에 전체 인구의 남, 녀 비율로 연령별 인구수의 남, 여 인구수를 정하였다.

2003년의 인구자료로부터 결정된 기반생존인구와 기존의 2005년 자료를 이용하여 인구 이동율과 이동 인구를 결정하였으며, 인구이동을 제한하는 제동효과를 적용하여 예측한 2007년의 인구는 332명, 실제 2007년의 자료는 356명으로 7.23% 정도 인구가 과소하게 예측되었으며, 이천시 부래미 마을이 2005년에서 2007년까지 특별한 산업체의 증가가 없는 점으로 미루어 이는 농촌관광에 따른 효과로 파악할 수 있다.

본 연구에서 개발된 농촌관광사업에 따른 인구유입효과를 반영하기 위하여 식 (2)에 이천시의 기준자료인 2003년도 사업비 66,700천원, 2005년도 방문객수 29,660명, 그린투어리즘수익 493,468천원, 노동인구비율 43%를 적용하여 유입인구 21명이 계산되었으며, 그림10.1과 같이 기존 인구예측 모델을 통한 오차율 7.23%에서 농촌관광에 따른 인구유입효과를 고려하여 실제인구와 비교했을 경우 오차율이 0.95%로 기존 모델의 오차보다 줄어 정확하게 산출하고 있는 것으로 나타나 농촌관광에 따른 유입효과를 고려할 수 있는 식으로 적합하다고 판단된다.

표 10.6 경기도 이천시 부래미 마을 인구 현황

연도	세대	성 별 인 구			연령별 인구수						
		소계	남	여	소계	0-14세	15-29	30-39	40-49	50-64	65이상
2003	153	396	200	196	396	53	70	40	70	64	99
2004	151	379	189	190	379	47	65	34	69	60	104
2005	148	359	184	175	359	36	55	36	67	61	104
2006	150	355	183	172	355	35	54	38	63	64	101
2007	154	356	183	173	356	27	66	30	75	64	94

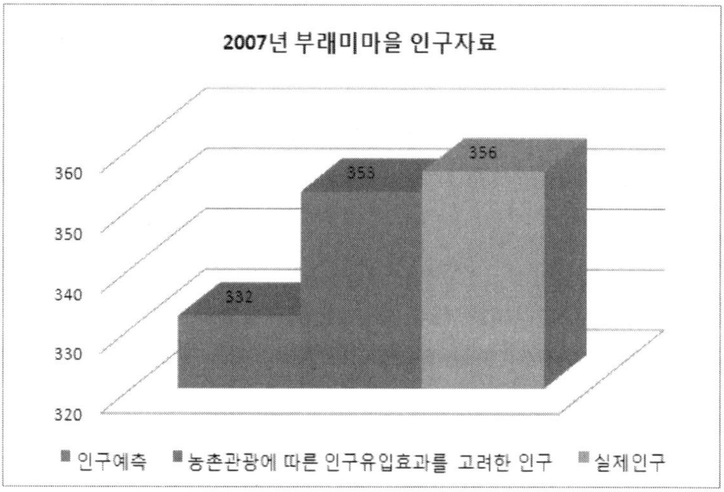

그림 10.1 실제 인구분포와 예측한 인구분포들 간의 차이.

4. 결 론

현재까지 인구예측은 통계자료 조작에 따른 단순 인구예측 수준을 벗어나지 못하고 있으며 단일사업이 발생시킬 수 있는 인구변화가 큰 의미를 갖지 못하는 도 차원에서의 장기예측은 통계조사 자료를 활용한 장기인구예측이 가능하나 전체 인구규모가 적은 읍, 면 이하에서는 장기인구예측이 불가능한 것이 현실이다.

본 연구에서는 농촌과 같은 소규모 지역개발 사업의 효과를 계량화하고 이러한 효과와 인구이동과의 연관관계를 파악하려 하였다. 이를 위해 지역개발 사업 중 농촌관광사업에 따른 인구이동효과를 분석하기 위하여 농촌관광의 효과가 반영될 수 있는 마을기준을 설정하였으며 전국 녹색농촌체험마을 76개 중 설정된 기준에 부합하는 마을 24개를 조사하여 분석하였다.

그 결과 전입인구를 노동인구비율과 연차별 사업에 따른 수익, 마을방문자수로 결정할 수 있는 식을 개발하였다. 개발된 식의 정확도와 적용성을 검증하기 위하여 경기도 이천시 부래미 마을의 연도별, 연령별 인구통계자료를 수집하여 기존의 모델과 관광사업에 따른 인구유입효과를 고려한 모델을 비교하였으며 그 결과 기존의 모델에서 7.23%의 오차율을 0.95%까지 줄일 수 있었다.

현재 연구된 내용은 녹색농촌체험마을의 농촌관광 사업비만을 대상으로 농촌관광의 효과가 극대화할 수 있는 마을을 대상으로 분석되어 그 적용의 한계가 있으며, 인구모델 구성에 필요한 자료를 수작업을 통하여 연구자가 직접 계산하여 일반적으로 적용되기엔 어려움이 있다. 향후 장기간에 걸쳐 다양한 사업과 마을상황에 대한 인구유입효과를 계량해 내고, 통계자료의 입력만으로 자동으로 계산될 수 있는 시뮬레이션모델이 개발된다면 현장에 보급되어 농촌의 인구변화를 손쉽게 예측할 수 있을 것으로 기대된다.

제11장

사과농가소득추정모델

제11장 사과농가소득추정모델

본 교재에서는 윤준상(2007) 등이 연구한 '기후변화에 대비한 예산군 사과농가의 수익결정 요인의 분석'을 재정리 하였다.

1. 서론

급격한 산업화에 의해 인적, 물적 자원의 도시집중이 심화되면서 도농간의 격차가 증가하였고, 농촌의 인구유출이 심화되면서 국토의 대부분을 차지하는 농촌지역의 정주여건이 악화되었다. 최근 중장년세대를 중심으로 농촌으로의 회귀의지가 56.1%(농어업농어촌특별대책위원회, 2005)에 이르고 각종 귀농학교가 활성화 되는 등 소득기반 및 인프라구축 등 적절한 여건이 마련된다면 도시집중으로 인해 발생한 삶의질 악화, 국토의 황폐화 등을 해결할 수 있을 것으로 기대된다.

전원마을조성사업 등 이러한 수요에 부합한 농촌활성화 대책이 추진되고 있으나, 대부분의 사업이 주택분양사업에 그치고 있으며 도시와 같은 다양한 여가활용이나 소득활동의 기회가 적어 아직까지 농촌으로의 이주가 생업으로 연결되는 정착으로 이어지지 못하고 있는 실정이며, 이는 단기간의 노동이나 투자로 수익을 올리기 힘든 농업의 구조적 문제에 기인한다(임상봉, 2007). 최근 급격히 증가하고 있는 이상기후나 환경재해 등은 이러한 농업생산이나 소득에서의 예측가능성을 더욱 감소시키고 있어 이주한 도시민의 농산업 접근의 의지를 약화시키고 있다. 따라서 농업부분에서 기후변화에 대비하기 위해서는 생산면적이나 시설투자에 의한 수익의 예측이 가능한 모델개발이 절실하다.

농촌진흥청에서 발표한 농축산물 소득자료에 따르면 사과 등 과수농업은 수익률이 65%를 상회하고 있으며, 매년 안정적인 증가세를 나타내고 있어(농촌진흥청, 2007) 신규로 농업에 진입하는 사람들에게 좋은 선택작목이 되고 있다. 그러나 농촌이주 초기에는 재배기술, 경영기술, 자금 등의 문제로 (강대구 등, 2006) 진입 이후에 경영실패에 이르는 경우가 많다. 따라서 충분한 경험을 쌓기 전이라도 규모, 기자재 등 자산의 변화에 따른 수익변동을 추정해 볼 수 있다면 보다 합리적인 의사결정으로 안정적인 농가가 증가할 것으로 예상된다. 특히, 사과는 재배기술과 유통 합리화에 의하여 85%가 생과로 유통되고 있으며 해외의 대체제가 유통되기 어려운 시장조건으로 가격을 공급하는 생산자 위주로 파악할 수 있다. 따라서 사과생산농가의 조건과 수입과의 관계를 비교한다면 매년 변화하는 시장가격을 고려하지 않고서도 수입추정이 가능할 것으로 판단된다.

예산군은 1923년 최초로 사과를 재배하기 시작하였으며 2005년 말 현재 예산군의 사과재배 면적은 1,627ha로 충남도내 사과 재배 면적의 79%를 점유하고 있다. 본 연구에서는 예산군의 사과재배 농가를 대상으로 설문조사를 실시하고 이를 분석하여 사과농가의 수익결정요인을 분석하려 한다.

본 연구에서 사용한 자료는 2006년도 예산군의 주요 사과 생산단지인 삽교읍, 오가면, 신암면, 응봉면, 고덕면에서 현재 사과 재배를 하고 있는 1,000평 이상의 농가를 조사 대상으로 선정하여 이중 100농가를 대상으로 영농환경, 재배기술, 경영실태 등을 조사하였으며, 개발된 모델의 손쉬운 적용을 위하여 모델개발에서 보편적으로 사용되는 선형모델(이승우, 2006)을 가정하였다.

2. 자료의 분석

본 연구에서 조사된 자료는 표11.1과 같다. 재배자의 평균연령은 약 56세로 나타났으며 70세 이상까지 경영이 가능한 것으로 파악되었다. 평균 재배경력은 약 24년으로 조사되었으며 신규진입농가도 상당 수 있는 것으로 나타났다. 재배면적은 3,306㎡ (1,000평)에서 66,116㎡ (20,000평) 까지 나타났으며, 생산량은 6톤에서 100톤까지 였으며 평균 32톤으로 나타났다. 수입은 최소 1,000만원에서 최대 1억5천까지 였으며 평균적으로 약 4,500만원으로 나타났다.(여기서 수입은 경영비를 제외한 소득을 말함) 이 이외에도 평균적인 인건비지출은 약 700만원, 년인부는 177일 정도 사용하였으며 일일노동시간은 평균 8시간으로 조사되었다.

표 11.1 Descriptive statistics of surveyed data

Items	N	Minimum	Maximum	Average	SD
Age	102	33	73	55.5	8.5
Cultivation year	102	3	48	24.1	9.6
Area (㎡)	102	3306	66116	17505	9797
Production (ton)	102	6	100	32.0	20.5
Income (만원)	102	1000	15000	4573.5	3223.7
Labor cost (만원)	102	0	5000	724.1	873.1
Labor days per year	102	1	1500	176.6	208.6
Working hours per day	102	2	14	7.9	2.604

2.1. 연령 및 재배경력

연령과 재배경력과의 관계를 알아보기 위하여 교차분석을 통한 카이제곱검정을 실시하였다. 카이제곱검정이란 두 범주형 변수에 서로 상관이 있는지 독립인지를 판단하는 통계적 검정방법이다. (원태연, 2001)

표 11.2 Relation of age and cultivation year

		Cultivation year					Total
		10년미만	10-20년	20-30년	30-40년	40-50년	
Age	30대	1	1	0	0	0	2
	40대	5	14	9	1	0	29
	50대	2	10	25	8	0	45
	60대	2	3	5	12	0	22
	70대	1	1	1	0	1	4
Total		11	29	40	21	1	102

분석결과 표에서 알 수 있듯이 연령의 증가에 따라 재배년수가 증가하는 것을 알 수 있으나 기대빈도가 5개 미만인 셀의 수가 68%로 검정결과를 신뢰할 수 없었다. 따라서 분석을 연령 50대이하와 이상, 재배년수 30년이상과 이하로 한정하여 실시한 결과 Pearson 카이제곱통계량 8.858로 유의확률 0.002로 유의수준 0.05 하에서 계층간 차이가 있는 것으로 나타났다. 따라서 조사하고자 하는 예산지역의 사과농가는 신규로 진입하는 농가가 아닌 오랜 경험을 축적한 농가로 분석에 의미가 있는 것으로 판단된다.

2.2. 재배면적과 단위 면적별 생산량

사과와 같은 과수농사는 묘목, 재식간격, 토양개량, 수확 및 출하 등 생산량에 영향을 미칠 수 있는 다양한 요인이 있으므로 경작면적에 따라 이들을 운영하는 방법이 달라질 것이며, 결과적으로 단위 면적별 생산량에는 차이가 날 것으로 판단하였다. 그 차이를 알아보기 위하여 경작면적을 9,917㎡(3,000평)이하 9917㎡에서 19,834.8㎡(6,000평), 19,834.8㎡ 이상으로 구분하여 Kruskal-Wallis의 일원배치 분산분석을 실시하였다. 구간의 구분은 경작면적에 대한 조사결과 그림 11.1과 같이 대부분 3,000평에서 6,000평 사이에 몰려있어 이를 기준으로 각 구간의 도수가 일정하도록 구분하였다.

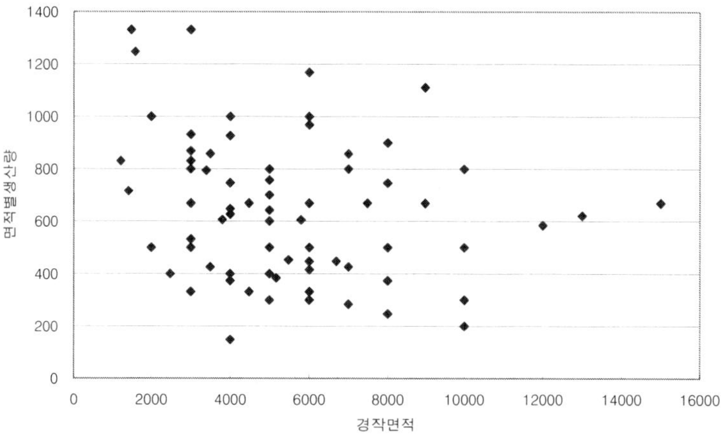

그림 11.1 Scatter diagram of cultivation area and production per area

독립인 두 집단의 평균의 차이를 비교할 때 모집단의 가정이 만족된다면 T-점정을 사용해야 한다. 그러나 모집단의 가정이 만족되지 않는다면 T-점정 대신에 비모수적 방법인 Mann-Whitney검정을 사용해야 한다. 재배면적 자료를 이용하여 정규분포로 도시해보면 Kolmogorov-Smirnov, Anderson-Darling, Chi-Squared 등 세가지 검정에서 적합하지 않는 것으로 나와서 Mann-Whitney 방법을 사용하였다. 모수검정에서 T-검정이 분산분석으로 일반화될 수 있듯이 비모수검정에서 Mann-Whitney검정은 Kruskal-Wallis검정으로 일반화 될 수 있다. (원태연, 2001)

표 11.3 Differences of production per area by cultivation area

Cultivation area	N	Production per unit area (kg/㎡)
9,917㎡ 이상	29	19.4
9,917㎡-19,834.8㎡	49	14.3
19,834.8㎡ 이상	24	13.8
총계	102	

분석결과는 표 11.3과 같이 면적이 증가함에 따라 단위 면적별 생산량이 줄어들고 있음을 알 수 있었고 통계분석 결과 또한 카이제곱통계량 7.225로 유의확률 0.027로 유의수준 0.05 하에서 면적계층에 따라 단위면적별 생산량의 차이가 있는 것으로 나타났다.

2.3. 노동시간 및 인건비 지출

효용최적화 이론에 따라 과수농가의 경영자는 일일노동시간에 따라 인건비 지출을 조정할 것으로 판단하였다.(Fishburn, 1970) 자료의 기술적 분석에서 평균노동시간은 7.9시간이므로 8시간 이하와 초과로 구분하여 분석을 실시하였다.

표 11.4 Differences of labor cost by work hour per day

Working hours per day	N	Labor cost (만원)
8시간 이하	60	520
8시간 초과	42	1,002
Total	102	

분석결과 8시간 이하의 경우보다 8시간을 초과하여 노동하는 집단에서 인건비 지출이 많은 것으로 나타났으며 카이제곱통계량 9.270로 유의확률 0.002로 유의수준 5% 하에서 노동시간이 다름에 따라 인건비 지출액이 다름을 알 수 있었다. 이는 인건비지출이 최소한의 필요에 의한 것이 아니라 경영상의 수익을 극대화하기 위한 것으로 해석될 수 있으며, 표 11.4에 나타난 결과와 같이 노동시간과 인건비 지출은 정의 관계에 있음을 알 수 있다.

3. 수익 결정 요인의 분석

3.1. 상관분석

수익추정모델을 개발하기 위하여 조사된 자료 중에서 연령, 재배경력, 면적, 생산량, 인건비, 노동시간, 시설수 등 연관이 있을 것으로 추정되는 인자들과의 상관분석을 실시하였다.

표 11.5 Correlations of income and factors

Correlations	Income	Age	Cultivation year	Area	Production	Labor cost	Working hours	Number of facilities
Income	1.00	-0.19	0.05	0.64	0.70	0.57	0.21	-0.16
Age	-0.19	1.00	0.45	-0.04	0.02	0.02	0.22	0.14
Cultivation year	0.05	0.45	1.00	0.27	0.20	0.15	0.05	0.02
Area	0.64	-0.04	0.27	1.00	0.77	0.63	0.27	-0.33
Production	0.70	0.02	0.20	0.77	1.00	0.59	0.21	-0.21
Labor cost	0.57	0.02	0.15	0.63	0.59	1.00	0.25	-0.24
Working hours	0.21	0.22	0.05	0.27	0.21	0.25	1.00	-0.18
Number of facilities	-0.16	0.14	0.02	-0.33	-0.21	-0.24	-0.18	1.00

여기서, 상관계수가 높은 항목을 음영으로 처리함.

그 결과 음영으로 표시된 것과 같이 면적, 생산량, 인건비가 상관성이 높게 나타났으나, 면적과 생산량의 상관성이 높아 다중공선성의 우려가 있었다. 면적과 생산량과의 관계가 높은 것은 당연한 결과이지만 생산량과 면적은 모두 수익추정에 필수적인 요소로 판단되어 둘 중 하나를 제외시키기가 어렵다. 앞의 통계적 분석에서 면적에 따른 단위면적당 생산량은 차이가 있는 것으로 나타났으므로 생산량을 단위면적당 생산량으로 대체한다면 생산량이 가지는 면적과의 상관성을 없애면서 동시에 생산량을 고려할 수 있을 것으로 판단된다.

3.2. 다중선형회귀분석

앞에서 정의된 재배면적, 단위면적당생산량, 인건비 등을 이용하여 수입을 다중선형회귀분석한 결과는 표 11.6과 같다.

표 11.6 Linear multi regression results of income

독립변수	B	표준오차	Beta	t	p	다중공선성	
						Tolerance	VIF
(상수)	-2240.66	818.60		-2.74	0.01		
면적	0.22**	0.10	0.59	7.19	0.00	0.544	1.838
인건비	0.92*	0.33	0.23	2.82	0.01	0.571	1.751
단위면적당생산량	12.24**	0.89	0.29	4.15	0.00	0.900	1.111

모형	R	R 제곱	수정된 R 제곱	추정 값 표준오차	더빈-왓슨
1	0.758	0.575	0.562	2121.237	1.998

〈분산분석〉

모형		제곱합	자유도	평균제곱	F	p
1	회귀분석**	578343342	3	192781114	43	0.000
	잔차	427466557	95	4499648		
	합	1005809899	98			

여기서, *: P〈.05, **: P 〈.01

분석결과 유의수준 5% 하에서 상수항, 면적, 인건비, 면적당생산량이 모두 유의함을 알 수 있으며 각 변인별 분산팽창요인(VIF)으로 보아 다중공선성은 우려할 정도가 아니여서, 추정된 회귀식을 적용할 수 있음을 알 수 있다. 또한, 구해진 계수들이 모두 양수값을 나타냄으로써 인자를 도출하는 과정에서 분석하였던 개별관계들과 부합하는 것으로 판단된다. 따라서 모델은 식 1과 같이 제안할 수 있다.

$$I = 0.22A + 0.92C + 12.24P - 2240 \qquad (1)$$

여기서, I : Income (만원)

A : Cultivation area(㎡)

C : Labor cost (만원)

P : Production per unit area (kg/㎡)

이를 적용하여 추정수입과 실제수입과의 관계를 도시한 결과는 그림 11.2과 같다.

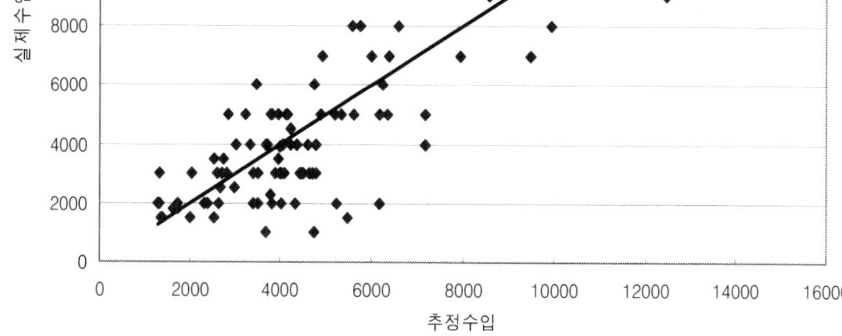

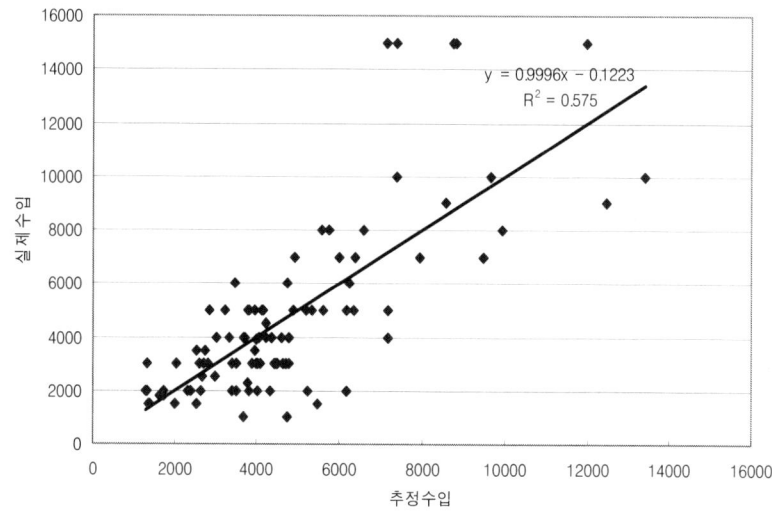

그림 11.2 Scatter diagram of estimated income and real income

도시한 결과에서 알 수 있듯이 R2 = 0.58 평균 오차율 18% 로 모델에서 제안된 계수는 신규진입농가의 기대수익이나 기존 농가의 수익향상을 예측해 보는데 활용될 수 있을 것으로 판단된다.

4. 결론

최근 귀농에 대한 요구가 늘고 있으나, 영농규모, 기자재구입 등 토지, 자본, 인력의 투여에 대한 기대수익을 예측해 볼 수 없어 영세한 투자로 많은 어려움을 겪거나 과도한 투자로 투자비를 회수하지 못하는 위험성을 내포하고 있다. 본 연구에서는 예산군의 사과재배 농가를 대상으로 설문조사를 실시하고 이를 분석하여 사과농가의 수익 결정 요인을 분석하였다. 그 결과 면적, 면적별생산량, 인건비 등 수익과 상관성이 높은 세가지 요인을 도출할 수 있었으며 이를 이용한 다중선형회귀분석 결과 R2 = 0.58로 개략적인 수익추정이 가능하였다. 본 연구에서 제안된 방식은 향후 농업부분의 지역별, 품종에 따른 수익추정함수로 발전할 수 있을 것으로 기대되며 이와 같은 방식으로 농업 각 분야의 수익결정요인이 분석될 경우 신규농가의 진입이나 기존농가의 투자계획 수립이 용이해 질 것으로 예상된다.

제12장

혼합전략을 활용한 저수지정비모델

제12장 혼합전략을 활용한 저수지정비모델

본 교재에서는 김시운(2008) 등이 연구한 '수혜 인원을 고려한 농업용 저수지 최적 정비 모델 개발'을 재정리 하여 본 과정을 설명하고자 한다.

1. 서론

우리나라 농업용저수지는 전국에 19,966개소가 존재하며, 여기에서 농업용수의 약 60%를 공급하고 있다(김진택, 2005). 농업용저수지는 농업용수 공급이라는 본래의 기능 이외에도 치수기능, 저수기능, 수자원 함양기능, 친수기능, 환경보전기능, 관광자원으로서의 기능 및 다양한 생물종의 확보 기능 등 인간생활과 밀접한 관련이 있는 다양한 기능을 가지고 있다(천만복, 2001).

따라서 이들의 기능을 최대로 발휘 할 수 있도록 종합적으로 정비하여 효율적으로 활용할 수 있게 한다면 지금까지 농업용수원으로서의 단순한 기능 뿐 만 아니라 농촌 어메니티의 향상, 그린투어리즘의 활성화, 농촌과 도시민의 삶의 질 향상 등에 큰 역할을 담당하는 중요한 자원으로 변모할 것이다.

그러나 현재 농업용저수지는 대부분 구조적 취약성을 나타내고 있어 안전을 위한 철저한 정비가 이루어져야 하며 수질관리, 퇴적물관리, 생태계관리 등과 같은 유지관리가 항상 이루어져야 한다(최원, 2008). 이와 같은 저수지의 정비 및 유지관리를 위해서는 많은 비용이 요구되고 있으나 현재의 유지관리 비용은 이를 충당하기에 부족한 실정이다.

또한 농업용저수지는 농민, 지역주민, 도시민 등과 같은 그 이용 주체에 따라 이해관계가 다르며 저수지의 규모나 특성, 지리적 위치에 따라 이수, 치수, 친수, 환경보전, 관광 등의 여러 가지 이용 방안 중 어떠한 기능에 중점을 두어야 할지도 달라진다(장병관, 2008). 따라서 정비방안 수립 비용의

한계와 같은 제약조건이 있고, 저수지의 규모, 특성 및 위치와 같은 고려해야 할 요소와 이용 주체에 따른 요구 조건이 다양하기 때문에 이 요소들을 모두 충족시킬 수 있는 최적의 정비 방안을 과학적으로 도출해 내는 방법을 개발할 필요가 있으며 이와 같은 업무를 수행할 수 있는 모델의 개발이 요구된다.

본 연구는 복합적인 제약조건과 여러 가지 고려 요인 및 농촌 어메니티 향상과 같은 다양한 요구조건을 충족하는 농업용저수지의 최적 정비 방안 수립을 위한 모델을 개발하기 위하여 농업용 저수지 정비 방안 및 영역을 설정하며, 저수지를 대상으로 제한된 경비로 최적의 정비방안을 도출하는 최적 정비모델을 개발하고 개발된 모델을 한국농촌공사 예산지사에서 관리하는 저수지에 적용하여 최적정비방안을 도출한다. 그리고 모델에 의한 결과와 기존의 방법에 의한 정비방안을 비교 검토하여 개발된 모델의 적용가능성을 확인하고자 한다.

2. 최적 정비 모델의 개발

2.1. 모델의 구성

농업용 저수지의 최적 정비 방안을 수립할 수 있는 모델 개발을 위한 연구의 방법은 다음과 같다. 농업용저수지의 최적정비모델을 개발하기 위하여 농업용 저수지의 시스템분석을 통해 농업용저수지의 효용함수와 제약조건을 유도하여 최적식을 정식화하였으며, 개발된 모델의 적용을 위하여 한국농촌공사 예산지사에서 관리하는 2개 저수지에 대한 안전진단결과, 수혜인원 등을 조사하였으며 모델수행 결과의 검증을 위하여 충남 예산의 여래미지에 대하여 개보수 내역과 사업비 등을 조사하여 비교하였다.

농업용 저수지의 다원적 기능으로는 농업용수를 공급하는 이수기능, 홍수조절을 위한 치수기능, 아름다운 경관형성과 휴식공간을 제공하는 친수기능, 동·식물 보호 및 생물다양성 확보 등의 환경보전기능, 관광 자원적 기능 등으로 분류 할 수 있으며, 본 연구에서는 이 중에서 이수기능, 치수기능, 친수기능을 위주로 주요 시설을 정리하였다.

2.2. 농업용 저수지의 기능특성과 수혜자

농업용저수지는 농업용수공급 이외에 치수기능, 친수기능, 수질보전, 생태계 보전, 관광공간제공, 공익적 기능이 있다. 각 기능에 대한 수익자를 표 12.1과 같이 결정할 수 있다. 즉, 이수기능은 물을 이용하는 농민에게 유용하며, 수익이 발생되는 시간은 저수지의 방류일로 볼 수 있다. 치수기능은 하류부 거주민의 침수방지와 재해예방에 도움을 주며 수익이 발생하는 시간은 홍수기로 볼 수 있다. 친수기능은 가까운 곳에 거주하는 주민에게 이익이 되고 수익시간은 방문일수로 볼 수 있다. 본 연구에서는 이러한 각각의 기능을 동일한 차원에서 다루기 위하여 수혜인원과 수혜일수를 곱한 수혜인일이란 개념을 정의하였다.

표 12.1 Benefit people of agricultural reservoir by function

Function	Beneficiary	Beneficiary days per year
water use	farmer	farmer numbers × water supply days
flood control	resident	resident numbers × flood days
water friendly	neighborhood	neighborhood numbers × visiting days

2.3. 목적함수

목적함수는 저수지 시설 개보수와 친수시설 설치를 통해 수혜인일을 최대화하는 것으로, 사용자의 요구를 반영한 최적식은 (1)과 같이 결정하였다.

$$Max.(UP + DP + FP) \qquad (1)$$

where, UP : water use days

DP : flood control days

FP : water friendly days

이수수혜인일은 시설별 개보수 물량과 시설물이 이수에서 차지하는 가중치를 곱함으로써 구할 수 있고 식 (2)와 같이 결정하였다. 치수수혜인원은 식 (3)과 같이 시설별 개보수 물량과 시설물이 치수에서 차지하는 가중치를 곱함으로써 구할 수 있고 친수수혜인원은 친수시설 물량과 친수시설의 일일수용인원과 체류시간에 365일을 곱함으로써 구할 수 있으며 이는 식 (4)로 나타낼 수 있다.

본 연구에서는 체류시간이 1시간 이상이면 1인이 1일 방문하는 것으로 가정하여 그 단위를 '인일'로 하였다.

$$UP = \sum F_i \times PUP \times M_i / TM_s \quad (2)$$

where, F_i : structure weighting

PUP : potential water use days,

M_i : repair amount

TM_i : total amount

$$DP = \sum S_i \times PDP \times M_i / TM_s \quad (3)$$

where, S_i : structure weighting

PDP : potential flood control days

$$FP = \sum BPD_i \times T_i \times 365 \times M_i \quad (4)$$

where, BPD_i : occupancy of water friendly facility

T_i : visiting time

2.4. 제약조건

수혜 인원을 고려한 최적 정비 모델에서 제약조건의 내용은 다음과 같다. 사업비는 주어진 조건 이내에서 집행해야 하며, 저수지의 물을 이용하는 농민과 하류부 주민, 주변주민의 수와 현재의 수혜정도에 따라 사업의 효용이 결정되며, 현재의 수혜 정도는 저수지의 노후화정도, 친수시설 정도에 따라 결정된다는 것이고, 친수시설설치에 따른 친수수혜인원의 증가는 저수지의 잠재친수인원 이내에서만 발생한다는 것이다. 최적식의 적용을 위한 저수지의 부위별 상한제약조건은 저수지의 사양에 따라 결정될 수 있다. 해당년도의 개보수 공사비에 대한 제약조건은 식 (5)와 같이 결정하였다. 초기 공사비에 대한 5%를 년간 유지보수비율로 가정하였으며, 인플레이션과 물가상승률을 고려해서 7%의 이자율을 사용하였다. 또한, 식 (6)과 같이 총 공사비는 개별공사비의 단순 합으로 가정하였다.

$$TMC < (I \times MR) \times (IR)^{nyear - cyear} \tag{5}$$

where, TMC : total repair cost

I : initial construction cost

nyear : present year

cyear : construction year

MR : repair ratio

IR : interest ratio

$$TMC = \sum M_i \times C_i, \tag{6}$$

where, C_i : unit repair cost

저수지 개보수 및 친수시설 설치에 따른 효용의 한계를 잠재이수수혜인일, 잠재치수수혜인일, 잠재친수수혜인일로 정의하고, 식 (7), (8), (9)와 같이 농업용수를 이용하는 농민수와 치수기능을 활용하는 하류부 주민수, 친수기능을 활용하는 주변주민수를 이용한 총수혜인일에서 저수지 기능저하에 따른 감소를 고려하였다.

$$PUP < TUP - CUP \tag{7}$$

where, PUP : potential water use days

TUP : total water use days

CUP : current water use days

$$PDP < TDP - CDP \tag{8}$$

where, PDP : potential flood control days

TDP : total flood control days

CDP : present flood control days

$$PFP < TFP - CFP \tag{9}$$

where, PFP : potential water friendly days

TFP : total water friendly days

CFP : present water friendly days

현재수혜인원은 식 (10), 식 (11)와 같이 안전진단 결과를 토대로 저수지 부위별 노후화 정도와 부위별 기능, 안전의 가중치를 고려하여 현재수혜인일을 결정할 수 도 있다.

$$CUP = \sum TUP \times F_i \times D_i \tag{10}$$

where, D_i : deterioration degree

$$CDP = \sum TDP \times S_i \times D_i \tag{11}$$

또한, 현재의 친수수혜인일은 식 (12)과 같이 저수지의 친수시설과 시설별 수용인원, 체류시간 등을 고려하여 계산하였다.

$$CDP = \sum BPD_i \times T_i \times 365 \times M_i \tag{12}$$

그러나, 아직까지 농업용저수지에 친수시설이 많지 않은 상황에서 그대로 적용할 수 없다. 따라서 본 연구에서는 설문조사에서 저수지 활용시설이 조성된 곳이 32.9%인 점을 감안하여 저수지별 친수수혜인일의 3분의 1을 현재 수혜 인 일으로 가정하였다.

따라서, 저수지 최적정비 모델을 표 12.2와 같이 정식화 하였다.

표 12.2 Optimum equipment model of agricultural reservoir

function object	$Max.(\sum_{i=1}^{n} PUP \times F_i \times \frac{M_i}{TM_i} + \sum_{i=1}^{n} PDP \times S_i \times \frac{M_i}{TM_i} + \sum_{i=n+1}^{m} BPD_i \times T_i \times 365 \times M_i)$
Constraints	① $TMC = \sum M_i \times C_i,\ TMC < \sum_{cyear=n-5}^{nyear} (I \times MR) \times (IR)^{nyear-cyear}$ ② $PUP < TUP - \cup,\ PDP < TDP - CDP,\ PFP < TFP - CFP$ ③ $CUP = \sum TUP \times F_i \times D_i,\ CDP = \sum TDP \times S_i \times D_i,\ CFP = \frac{TFP}{3}$ ④ $\sum_{i=n+1}^{m} BPD \times T_i \times 365 \times M_i \le PFP$

3. 모델의 적용

3.1. 개발된 모델의 적용

개발된 모델의 적용을 위하여 한곡농촌공사 예산지사의 주요 저수지 중 근래에 정밀안전진단을 실시하여 개보수 사업을 시행하였거나 시행중에 있으면서, 투자에 비하여 지역조건이 양호하여 친수기능이 현저하게 나타날 수 있는 지역을 선정하였다. 본 연구에서는 이 저수지 중에서 용봉지에 대하여 최적화를 실행해 보았으며, 여래미지를 대상으로 하여 기존의 방법과 비교하여 판단하였다. 해당저수지의 주요현황은 표 12.3과 같으며, 선정된 두 저수지의 안전진단결과는 표 12.4와 같다.

표 12.3 General characteristics of target reservoir

Name	Location	Permission area (ha)	Irragation area (ha)	Basin area (ha)	Surface area (ha)
Yongbong	Dun-ri, Deoksan-myeon Yesan-gun	95.8	93.6	420.0	16.1
Yuraimi	Yeoraemi-ri, Sinyang-myeon, Yesan-gun	163.0	138.3	380.0	14.0

표 12.4 Safe diagnosis result

Name	year	Dam crest	Upstream slope	Downstream slope	Spillway crest	Outlet channel	Stilling basin	Operating flatform	Intake tower	Conduit	Total grade
Yongbong	2002	C	C	C	C	C	C	C	C	C	C
Yuraimi	2001	D	D	D	C	D	D	C	D	D	D

수혜인원을 바탕으로 최적정비방안을 수립하기 위해서는 현재 저수지별로 존재하는 수혜인원을 조사하여야 하며, 이를 위해 통계자료를 바탕으로 이수수혜인원의 경우 조합원수, 치수수혜인원의 경우 침수 시 예상가구수, 친수수혜인원의 경우 주변가옥수를 바탕으로 가구별 평균인원 3명을 가정하여 계산하였다. 저수지별 수혜인원 조사결과는 표 12.5와 같다.

표 12.5 Surveying data of beneficiary

Name	Farmers	Residents	Neighborhoods
Yongbong	991	182	300
Yuraimi	208	416	21

3.2. 농업용 저수지 개보수사업

농업용저수지 개보수 사업의 목적은 노후로 인한 기능 저하 또는 현행설계 기준으로 개정되기 이전에 설치되어 홍수배제능력이 부족한 수리시설의 본래 기능을 회복시키고, 노후화되어 농촌경관을 저해하고 있는 시설을 주변경관과 조화로운 시설로 리모델링하며, 수리시설 안전진단 및 재해예방계측 시스템을 설치함으로써, 조기에 수리시설의 안전 및 유지관리 상태를 파악하여 재해 사전 예방 및 시설물의 효용성을 증진하는 것이다.

농업용 저수지의 수리 시설물의 종류에는 제당 제체 숭상, 제당 상류, 하류사면 보호공, 여수토, 취수시설 등이 있는데 이 수리 시설물들에 대한 개보수사업 단가표를 정리하면 표 12.6과 같다.

표 12.6 Equipment unit cost of each facility

Facility name	Unit	Cost(1,000 Won)
Dam crest	m	5,000
Upstream slope	㎡	1,200
Downstream slope	㎡	2,000
Spillways crest	m	10,000
Outlet channel	m	10,000
Stilling basin	each	90,000
Operating platform	each	20,000
Outlet tower	each	300,000
Conduit	m	3,000

비용은 개보수 시설설치비용으로 파악할 수 있다. 이를 위하여 이준구(2004)는 농업용저수지에 들어갈 수 있는 시설을 단위, 이수가중치, 치수가중치로 표 12.7과 같이 정리하였다.

표 12.7 Weighting value of each facility for usage and preventing flood disaster

Facility name	Water use weighting	Flood control weighting
Dam crest	0	0.0948
Upstream slope	0.09	0.0632
Downstream slope	0.16	0.632
Spillways crest	0.1222	0.1386
Outlet channel	0.0754	0.0504
Stilling basin	0.0624	0.021
Operating platform	0.0588	0
Outlet tower	0.2597	0
Conduit	0.1715	0

친수시설의 경우 저수지와 독립적으로 설치가 가능하며 설치단위, 일일 수혜인원, 체류시간 및 개략적인 설치단가 등을 표 12.8과 같이 결정하였다.

표 12.8 General characteristics friendly water for facilities

Name	Unit	Beneficiary person per year	Visiting time (hour)	Unit cost (1,000 won)
Pavallion	each	80	0.5	20,000
Bird observatory	each	40	0.2	6,000
Water service	each	7	0.2	1,000
Toilet	㎡	200	0.2	25,000
Bench	each	3	0.2	500
Access road	m	10	0.1	500
Bike road	m	3	0.2	500
Esplanade	m	3	0.2	500
Stone embank.	m	2	0.2	400
Sports park	each	150	0.5	40,000
Parking area	㎡	8	0.2	1,200
Environment area	㎡	0.5	0.1	100
Areation facility	each	15	0.2	2,000

3.3. 최적해의 도출 및 기존 방법과의 비교

본 연구에서 개발한 농업용저수지 최적정비모델에 입력할 저수지중 용봉지와 여래미지의 자료는 표 12.9와 같고 용봉지의 자료를 입력하여 최적화를 수행한 결과는 표 12.10과 같다.

표 12.9 Input data of developed model

Name	Construction Year	Cost (million won)	Serface area (ha)	Embankment Length (m)	Spillway Length (m)	Outlet length (m)	Conduit (m)
Yongbong	1978	349	16.1	148	34	34	39
Yuraimi	1990	3,310	14	184	21	76	100

표 12.10 Optimum maintenance model simulation result

Item	Origin	First	Second
Dam crest	0	3	0
Upstream slope	0	1	32
Downstream slope	0	4	4
Spillways crest	0	0	0
Oputlet channel	0	1	1
Stilling basin	0	0	0
Operating platform	0	1	1
Outlet tower	0	1	1
Conduit	0	39	39
Pavallion	0	0	1
Bird observatory	0	0	1
Water service	0	1	2
Toilet	0	1	2
Bench	0	1	2
Access road	0	5	7
Bike road	0	71	0
Esplanade	0	109	86
Stone embank.	0	3	0
Sports park	0	0	0

Item	Origin	First	Second
Parking area	0	3	4
Environment area	0	7	0
Areation facility	0	1	1

First Trial
Result: Solver found an integer solution within tolerance. All constraints are satisfied.
Engine: Standard GRG Nonlinear, Solution Time: 24 Seconds, Iterations: 15
Subproblems: 32, Incumbent Solutions: 1

Second Trial
Result: Solver found an integer solution within tolerance. All constraints are satisfied.
Engine: Standard GRG Nonlinear, Solution Time: 22 Seconds, Iterations: 5
Subproblems: 28, Incumbent Solutions: 0

개발된 모델을 비교할 저수지는 한국농촌공사 예산지사에서 관리하는 여래미지로 선정하였다. 여래미지는 충청남도 예산군 신양면 여래미리에 위치하여 있으며 1990년에 설치하였고, 유역면적 370ha에 총저수량 133.6ha-m, 유효저수량 1,242천m^3, 관개면적 138.3ha를 가지고 있다.

여래미지에 최적정비방안을 수행한 결과를 기존의 결과와 동일한 수준에서 비교하기 위해 개보수 공사비를 기존에 사용한 공사비로 한정하였다. 그 결과는 표 12.11와 같이 동일한 개보수 공사비로 수혜인원이 3배 이상 증가되었음을 알 수 있었다.

표 12.11 Comparison of results

Facility name	Data		Model	
	Cost (1,000 won)	Beneficiary days	Cost (1,000 won)	Beneficiary days
Dam crest	759,534	1,677	0	0
Upstream slope	5,829	37	3,600	23
Downstream slope	65,009	1,299	846,000	16,911
Spillways crest	195,305	516	0	0
Outlet channel	244,629	860	0	0
Stilling basin	0	0	90,000	1,767
Intake tower	299,950	3,620	620,000	10,343
Water friendly facility	0	0	10,500	5,110
Total	1,570,256	8,009	1,560,600	34,154

4. 결 론

본 연구는 수리시설물의 정비방안을 수립하기 위한 최적화 모델을 개발하였다. 농업용저수지가 필요로 하는 다양한 요구들과 기능을 분석하여 농업용저수지 정비 방안 및 최적정비모델에 필요한 변수를 결정하였으며, 저수지를 대상으로 제한된 경비로 최적의 정비방안을 도출하는 최적정비모델을 개발하였다. 한국농촌공사 예산지사에서 관리하는 저수지에 적용하여 얻은 결과를 기존의 정비방안과 비교 검토하여 개발된 모델의 타당성을 확인하였다.

또한 농업용저수지의 특성을 반영한 최적식을 도출하기 위하여 현재의 경제적 이익을 기반으로 한 타당성 평가방식에서 수혜인원을 기반으로 한 타당성 평가방법을 제안하였고 목적함수는 저수지 주변 주민들의 연간 수혜인일이고 제약조건은 저수지 특성, 공사비, 시설물 개보수 및 설치 한계 등으로 하는 최적식을 도출하여 모델을 개발하였다. 개발된 농업용저수지의 최적정비모델을 적용하기 위하여 여래미지와 용봉지에 대하여 기존의 개보수 방안과 비교하였으며, 그 결과 기존의 공사비를 제약조건으로 하여 시뮬레이션을 수행하였을 때는 농촌 어메니티 측면에서 수혜인일이 3배 이상 증대되었다. 또한, 공사비에 대한 제약조건을 없애고 친수수혜인일을 최대화 하는 것으로 시뮬레이션을 수행한 결과 총 공사비의 23%를 증대시켜 친수시설을 설치하였을 때 최대의 효과를 얻는 것으로 나타났다. 즉, 기존의 이수, 치수 측면 뿐만 아니라 친수를 고려하여 정비방안을 수립할 경우 농업용저수지는 지역자원으로서의 가치가 충분한 것으로 판단된다.

제13장

네트워크 모델

제13장 네트워크 모델

본 교재에서는 이인복(2012) 등이 연구한 '고병원성 조류인플루엔자(HPAI)의 유입 및 전파확산경로 예측을 위한 가금 산업의 유통 감시 네트워크 시스템 개발에 관한 연구'를 재정리 하여 본 과정을 설명하고자 한다.

1. 네트워크

네트워크는 임의의 정점(node)과 그 정점들을 연결하는 선(edge)의 조합을 의미한다. 수학의 '그래프'(Graph)라고도 불리는 네트워크 구조의 시스템은 현재 다양한 곳에서 확인할 수 있다. 인터넷, World Wide Web, 지인들의 사회적 네트워크, 사회 구성원들의 또 다른 연결, 공동체내의 조직 네트워크, 기업들의 산업 연계 네트워크, 신경계 네트워크, 먹이 사슬, 인체 혈관 분포, 우편 지역 체계, 논문들의 인용체계 등 다양한 사례가 네트워크 구조를 가지고 있으며 연구 대상이 되고 있다.

수학적 그래프 이론에서 시작된 네트워크 연구는 현대 수학에서도 큰 역할을 담당하고 있다. 1735년 발표된 오일러의 괴니히스베르크 다리 문제 해답 유도 과정에서 네트워크 이론이 처음 적용된 이후로 수많은 연구가 진행되어 그래프 이론, 네트워크 이론의 기반을 다지고 있다.

네트워크 이론은 사회 과학 분야에서도 방대하게 연구되고 있는 주제이다. 인간을 대상으로 실시하는 설문 조사와 다른 피험자들과의 상호 관계에 관한 조사는 전형적인 사회 과학 네트워크 연구의 방식이다. 피험자의 설문에 대한 대답을 통해서 각 개인을 정점(node)으로 개인들의 관계는 정점들을 연결하는 선(edge)으로 추상화시켜 네트워크를 구성할 수 있다. 일반적인 사회적 네트워크 연구는 네트워크 구조내의 수많은 정점 중 다른 정점들에게 가장 많은 영향을 줄 수 있는 정점을 찾는 문제인 중심성(Centrality) 연구와 각 정점들의 다른 정점과의 연결 정도를 측정하는 연결도(connectivity)에 관한 연구가 대다수를 차지한다.

최근 네트워크 연구는 소규모 단일 네트워크의 정점과 선의 해석에 관심을 두는 것에서 벗어나 통계적 분석을 통한 대규모 통합 네트워크의 구조를 파악하는 방식으로 방향이 바뀌고 있다. 그 새로운 접근의 변화는 컴퓨터와 통신 네트워크의 발달로 예전보다 양적으로 방대한 자료를 수집하고 분석할 수 있는 기회의 향상에 기인한다. 예전 연구의 대상이 소규모 정점들과 단일 속성을 가진 선으로 구성된 네트워크 구조였다면 현재는 대규모 정점들과 다양한 속성을 가진 선들로 이어진 네트워크 구조가 분석대상이 되고 있다. 이런 규모의 변화는 분석 방식의 변화를 유도했다. 이전의 소규모 단일 네트워크에서 제기되었던 많은 문제는 보다 큰 네트워크에서는 더 이상 유용하지 않을 수 있다. 기존의 단일 네트워크에서 연결성을 확인하기위해 가장 결정적인 한 정점을 찾았다면 대규모 네트워크 구조도에서는 한 정점이 전체 네트워크에 가지는 영향도가 그리 크지 않기 때문에 한 정점은 중요한 요소가 될 수 없다. 이제는 네트워크의 연결성을 확인하기 위해서 한 개의 정점이 아닌 네트워크 구조 내 몇 % 이상의 정점들을 모두 주시해야할 필요가 있다. 그리고 소규모 단일 네트워크에서는 네트워크 구조가 던지는 문제를 실제 정점과 선을 눈으로 직접 구분하여 해결하는 것이 가능했지만 최근 다양한 단일 네트워크가 통합된 대규모 복합 네트워크와 같은 구조에서는 컴퓨터의 도움이 없이 구조를 작성할 수 없을 뿐만 아니라 직접 눈으로 네트워크 구조를 확인하고 이해하는 것은 불가능하다. 통합 네트워크 시스템의 해석은 컴퓨터 툴을 이용해서 진행되어야 한다.

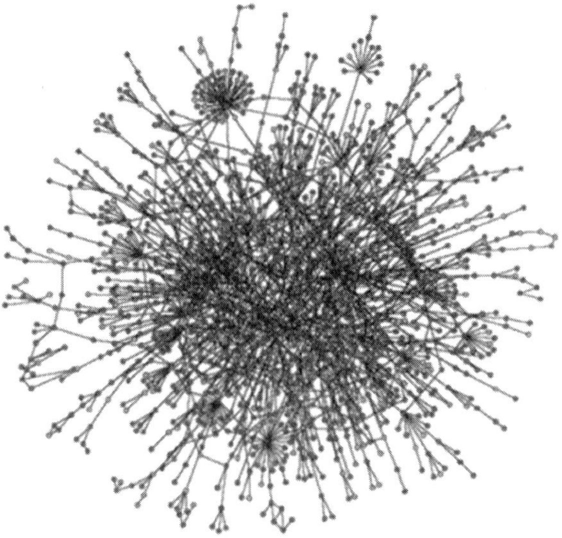

그림 13.1 웹 네트워크

최근 활발하게 이루어지는 네트워크의 주된 연구 방향은 크게 세 가지로 구분할 수 있다. 첫 번째는 네트워크 구조의 특성을 찾는 것으로 정점간 거리, 선들의 분포 등과 같이 네트워크 구조를 확인하고 이해할 수 있는 지표를 측정하거나 그 측정 방식을 연구하는 주제이다. 두 번째는 다양한 사례를 대상으로 네트워크 모델을 구성하고 적용하는 것이다. 세 번째는 네트워크 모델의 구조적 특징과 반복되는 규칙을 확인하여 추후 정점들과 선의 변화를 이해하고 당면한 과제를 해결하는 것이다. 인터넷의 트래픽 집중과 웹 검색 엔진의 수행 문제에 네트워크 이론을 적용시켜 중요 허브 부분의 집중적인 투자와 관리를 통해서 개선시키는 예제 등이 세 번째 분야에 포함된다. 네트워크의 해석 지표와 모델링과 같은 처음 두 연구 분야는 많은 발전을 거듭해오고 있으나 네트워크 이론을 이용한 시스템의 예측 분야는 고려해야 할 요인들이 많기 때문에 모델의 정확성을 향상시키기 위해서 연구의 양적 질적 발전이 끊임없이 진행되어야하는 분야이다.

최근 네트워크 분야에 대한 관심이 급증하면서 관련 연구가 끊임없이 진행되고 있다. 네트워크의 특성상 다양한 학문 분야에서 각기 다른 주제와 접근

방식으로 연구되고 있으며 양적 질적 발전을 거듭하고 있다. 하지만 그 중에서도 실제 사회(real world)에서 실현되고 있는 네트워크 구조의 특징을 관찰하고 그것을 추상화시켜 모델링하려는 연구가 주를 이루고 있다. 그래서 네트워크에 적용될 자료를 검토하는 작업은 일반적인 네트워크 연구의 시작이 될 수 있다. 또한 다른 분야에 적용된 네트워크 모델과 동시에 자료를 비교 검토하는 작업을 통해서 자신의 연구 분야에 부족한 부분을 보완할 수 있다. 본 연구에서는 네트워크 관련 사례를 사회적 네트워크, 정보계 네트워크, 과학적 네트워크, 생물학적 네트워크로 구분하여 검토할 것이다.

2. 네트워크 관련 사례 연구

2.1. 사회적 네트워크

사회적 네트워크는 사람과 그룹 그리고 그들간의 상호작용, 관계의 조합이다. 상호작용과 관계는 인간적 친밀함이 될 수도 있으며, 기업들의 동업일 수도 있고 상호간의 교혼관계가 될 수도 있다. 사회과학에서 실세계 네트워크 연구는 오랜 연구 속에서 상당히 많은 연구가 진행되어왔다.

Moreno는 1920년과 1930년대 작은 그룹에서 교우 관계를 통한 네트워크 구조도를 구성했으며 1936년 남부 소도시의 여성들의 모임을 대상으로 한 Davies의 연구도 유사한 방식으로 진행되었다. 1930년대 후반 시카고의 공장 노동자들을 대상으로 친분 관계를 조사하여 네트워크를 구성한 연구도 그 당시 이루어졌다. Rapport는 네트워크의 각 정점이 가지는 선의 수 분포에 대한 연구를 캠퍼스 학생들의 교우관계를 대상으로 처음으로 시도하였다.[6] 최근에는 기업의 통합과 이성간 성관계 구조도에 관한 연구도 진행되고 있다.

초기 사회 과학 분야의 중요한 네트워크 연구 중 하나는 Milgram의 'small-world' 실험이다. 밀그램은 미국내 임의의 두 사람 간의 '거리'(distance)를 알아내고자 했다. 즉, 무작위로 선택된 두 개인 사이를 연결하기 위해서 그들 사이에 얼마나 많은 지인이 필요한가 하는 것이 그의 실험을 유발시킨 질문이었다. 무작위로 선정된 사람들에게 다시 편지를 보내서 미국 사회의 사회적 연결에 관한 연구에 참여해달라고 시작하는 이 실험은

160개의 편지 중 42개의 편지가 목표인물에게 성공적으로 도달했고 2단계가 거친 편지가 있는 반면에 11단계를 거친 편지도 있었다. 미국 전역의 거주민을 대상으로 한 실험에서 5.5명의 평균 단계는 예상 밖으로 작은 수였으며 두 정점을 연결하는 경로가 존재한다는 사실은 네트워크 구조의 중요한 부분을 시사해주었고 그 이후 관련 연구가 활발히 진행될 수 있었다.

일반적으로 사회적 네트워크 연구는 자료의 크기가 작고 부정확하다는 약점을 가지고 있다. 기발했던 밀그램의 실험과는 달리 대부분의 실험은 피험자를 대상으로 설문지를 통한 조사로 자료 수집이 이루어진다. 그런 방법의 경우 연구자의 많은 노동력이 필요하며 수집할 수 있는 자료를 통해 구성할 네트워크의 크기는 한계가 있을 수밖에 없다. 그리고 설문을 통한 조사에서 피험자의 주관이 개입될 수 있기 때문에 자료의 정확도 역시 연구 진행에 문제가 될 수 있다. 예를 들어서 구성원 간의 친밀도에 대한 조사의 경우에도 구성원 상호간 상이한 대답이 나올 수 있기 때문에 본 접근 방법의 경우 제어할 수 없는 오차가 존재할 수밖에 없다.

이런 문제들 때문에 많은 조사자들은 사회적 네트워크 자료의 정확성을 보완하기 위해 다른 방법을 이용하기도 했다. 직접적인 설문조사를 배제하고 피험자의 주관성이 개입되지 않도록 같은 그룹에 있으면 기본적인 관계가 형성된다는 가정 하에 네트워크를 구성할 수 있다. 웹상의 영화 정보를 통해서 같은 영화에서 작업을 할 경우 두 배우간의 연계가 있다는 가정으로 네트워크를 구성하여 통계적인 특성을 확인하는 연구 사례와 같은 작품을 진행한 작가와 감독, 웹페이지, 신문 기사에서 같이 언급된 사람들 간의 네트워크 구성을 한 연구 사례는 사회 과학 네트워크에서 정확도를 보정하기 위한 시도였다.

유사한 방법으로 통신 기록이 남아있는 두 사람간의 관계를 이용한 연구도 있다. 우편을 이용한 편지와 소포의 전달 기록, 전화로 연결된 사람 간의 자료를 통해 네트워크를 구성하기도 했다. 이외에 이메일을 이용한 네트워크, 메신저 시스템을 이용한 네트워크 등 두 사람간의 연결성이 기록된 자료를 이용해 정확도가 높은 네트워크를 구성하고자 했다.

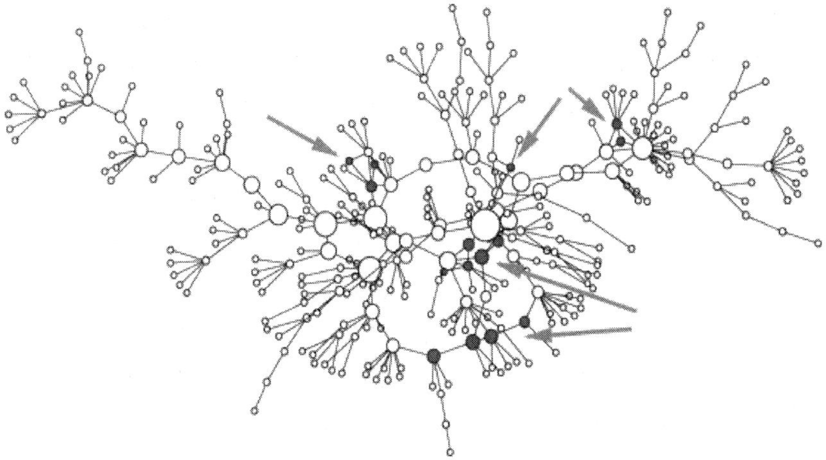

그림 13.2 성관계 접촉 네트워크

2.2. 정보계 네트워크

정보계 네트워크(information network)의 대표적인 예제는 학술 논문들 사이에 인용 네트워크 구조다. 일반적인 학술 논문은 연관된 주제에 관해서 예전에 연구했던 논문들을 언급한다. 인용 네트워크에서는 각각의 학술 논문이 정점이 되고 A 학술 논문이 B 학술 논문을 언급했을 경우 A와 B를 이어주는 연결선을 이용해 네트워크를 구성한다. 이를 통해서 각 논문, 정보 저장소가 가지고 있는 다른 정보들과의 구조도를 확인할 수 있다. 인용 네트워크는 시간적으로 앞선 논문이 언급되기 때문에 비순환적 구조를 가질 수 밖에 없으며 시간의 제약조건에 따라서 방향성을 가진다. 인용 네트워크는 방대한 양의 과학 연구를 정확한 데이터에 기초해서 유용하게 활용할 수 있는 점에서 큰 장점을 가지고 있다.

다른 중요한 정보계 네트워크의 예제는 수많은 정보를 담고 있는 웹페이지의 네트워크인 World Wide Web 이다. 각 웹페이지는 하나 이상의 다른 페이지의 연결을 가지고 있으며 인터넷을 통해서 정돈되어 있다. 인용 네트워크와 달리 웹 네트워크는 순환적이다. 일방적인 연결없이 방향성이 없는, 양방향의 선으로 연결되어 있다. 1990년대 처음 웹 네트워크가 연구의 대상이 되면서 웹페이지의 연결선 분포, 웹 네트워크내 최대 거리 등 다양한 연구가 끊임없이 이어졌다.

이밖에 학술 인용 네트워크와 유사한 미국 특허권 인용 네트워크와 온라인 영어 사전 사이트의 구조 분석과 같은 예제가 있다. 특정 단어를 검색할 경우 연관된 다른 단어 검색이 수반되는 경우가 많고 그 단어들의 관계를 이용해서 언어 구조 네트워크를 구성할 수 있다.

선호도 네트워크는 책, 영화 등에 대한 대중들의 평가를 기준으로 네트워크 구조를 구성하는 것이다. EashMovie 자료는 영화에 대한 대중들의 호불호로 네트워크를 작성했고 관객들과 제작자 등 영화 관계자들에게 합리적인 정보를 주고 있다.

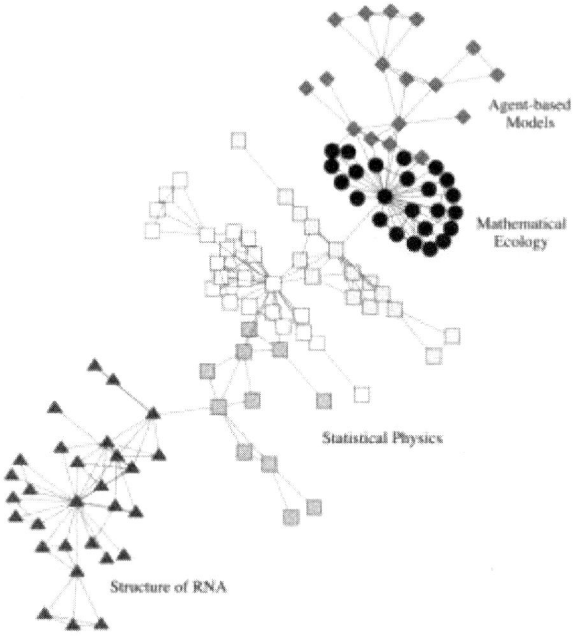

그림 13.3 과학 연구 작업 네트워크

2.3. 과학적 네트워크

과학적 네트워크는 상품과 자원의 효율적인 분배를 위해 연구되는 분야다. 전기의 경우 시간과 지역에 따른 자원의 소비 편차가 크기 때문에 안정적인 공급을 위한 적절한 배분이 필요하다. 도시내 효율적인 이동을 위한 항공 노선과 도로망 철로 노선의 분배에 대한 연구도 이 분야에 해당되는 것으로 각 지역의 접근성 분석을 시작으로 연구가 수행되고 실제 정책에 적용되고 있다.

과학적 네트워크가 연구되는 다른 분야는 컴퓨터들의 물리적인 연결인 인터넷이다. 컴퓨터가 처리할 수 있는 정보의 양이 증가하며 인터넷에 접근하는 컴퓨터의 수가 기하급수적으로 증가하는 상황에서 데이터의 흐름을 안정적으로 통제하기 위한 서버의 구조 결정을 위한 작업에도 네트워크 이론이 이용되고 있다.

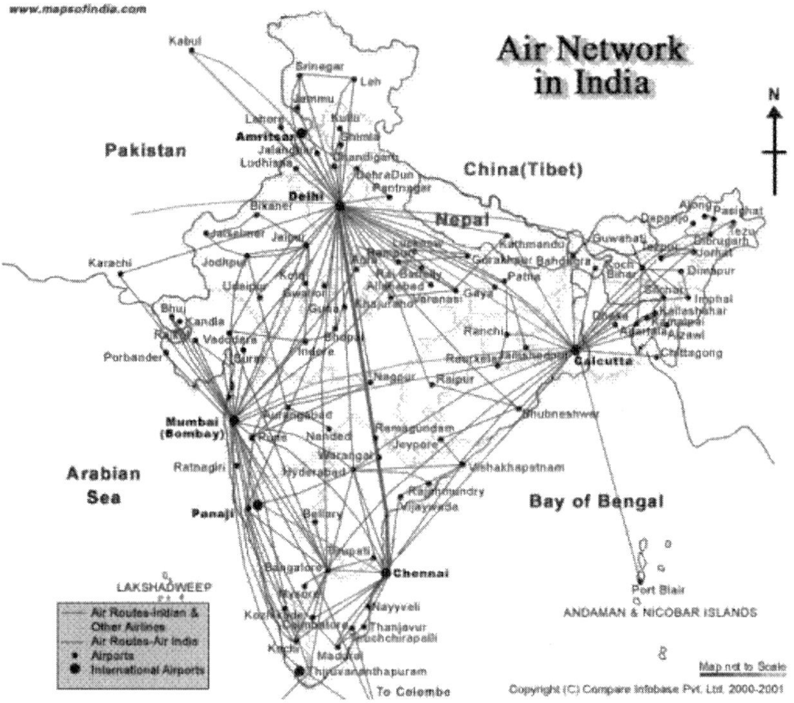

그림 13.4 항공 노선도

2.4. 생물학적 네트워크

많은 생물 체계는 네트워크 구조로 구성되어있다. 가장 기본적인 생물학적 네트워크는 혈관 네트워크다. 혈관을 통해서 다양한 장기들이 연결되어 있고 다양한 정보, 물질 등을 주고받으며 자극에 따라서 순차적으로 반응을 일으킨다. 혈관 네트워크를 통한 단백질의 화학적 이동에 관해서 네트워크 이론을 이용해 다룬 연구도 진행되었다.

생물학적 네트워크의 또 다른 예제는 먹이 사슬이다. 먹이 사슬 네트워크의 한 정점은 생태계의 종을 의미하고 다른 종과의 연결선은 먹이 구조로 이어진다. 완벽한 먹이 사슬 네트워크의 구성은 많은 시간이 필요한 작업이다. 하지만 최근에 많은 데이터가 축적되면서 정확도가 높은 먹이 사슬 네트워크가 구축되고 있다.

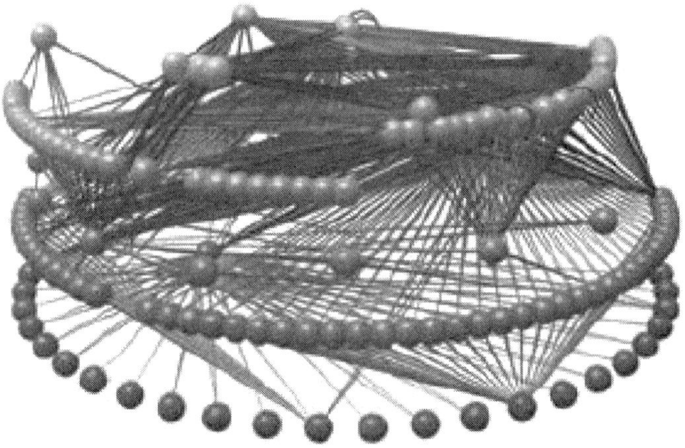

그림 13.5 먹이 사슬 네트워크

3. 질병 확산 연구

네트워크 연구의 주된 목적중 하나는 질병, 루머, 컴퓨터 바이러스 등의 확산 메커니즘을 이해하기 위한 것이다. 확산 메커니즘의 분석은 대상의 경로를 추적할 수 있으며 연결선의 제어와 정점들의 그룹화를 통해서 대상의 확산을 통제할 수 있다. 예를 들어 성관계 네트워크 연구는 성전염병 확산을 제어할 수 있는 대책을 강구할 수 있었으며 이메일 네트워크 연구는 컴퓨터 바이러스 확산의 기작을 이해할 수 있다.

3.1. SIR 모델

네트워크 연구에서 가장 간단한 질병 확산 모델은 SIR 모델이다. 1920년대 Lowel과 Wade에 의해서 개발된 모델로 전염병을 경험하지 않은 상태인 감염가능(Susceptible) 상태, 전염병에 접촉되어 다른 개체에도 전염시킬 수 있는 병균을 가진 감염(Infective) 상태, 전염병에서 회복되어 면역이 생겨서 다시는 감염에 걸리지 않는 회복(Recovered) 상태로 대상을 3단계로 구분한다. 정해진 시스템 내에서 시간을 변수로 대상들의 상태 변화를 관찰하는 방식으로 연구가 진행된다. 수식 (16)의 β는 감염율, γ는 회복율을 나타내고 이 변수를 기본으로 다양한 사례에 적용시켜볼 수 있으며 다양한 정점들과 연결선의 속성을 이용해서 네트워크 구조를 이해하려는 연구가 진행되었다.

$$\frac{ds}{dt} = -\beta is, \qquad \frac{di}{dt} = \beta is - \gamma i, \qquad \frac{dr}{dt} = \gamma i \tag{16}$$

질병 확산 모델은 실험 대상들의 접촉 상황을 확인할 수 있는 자료의 양과 질이 충분하지 않으며 기본적인 모델 구성과 그에 따른 질병 추적에 어려움을 가질 수밖에 없으나 정확도를 보완하기 위한 여러 연구가 진행되고 있는 상항이다. 자료 수급의 어려움 때문에 합리적인 대책 마련에 앞서 기본적인 질병 확산을 통제하기 위하여 발생 지역 일정 거리를 통제하는 방법인 'Ring Vaccination'을 이용하기도 한다.

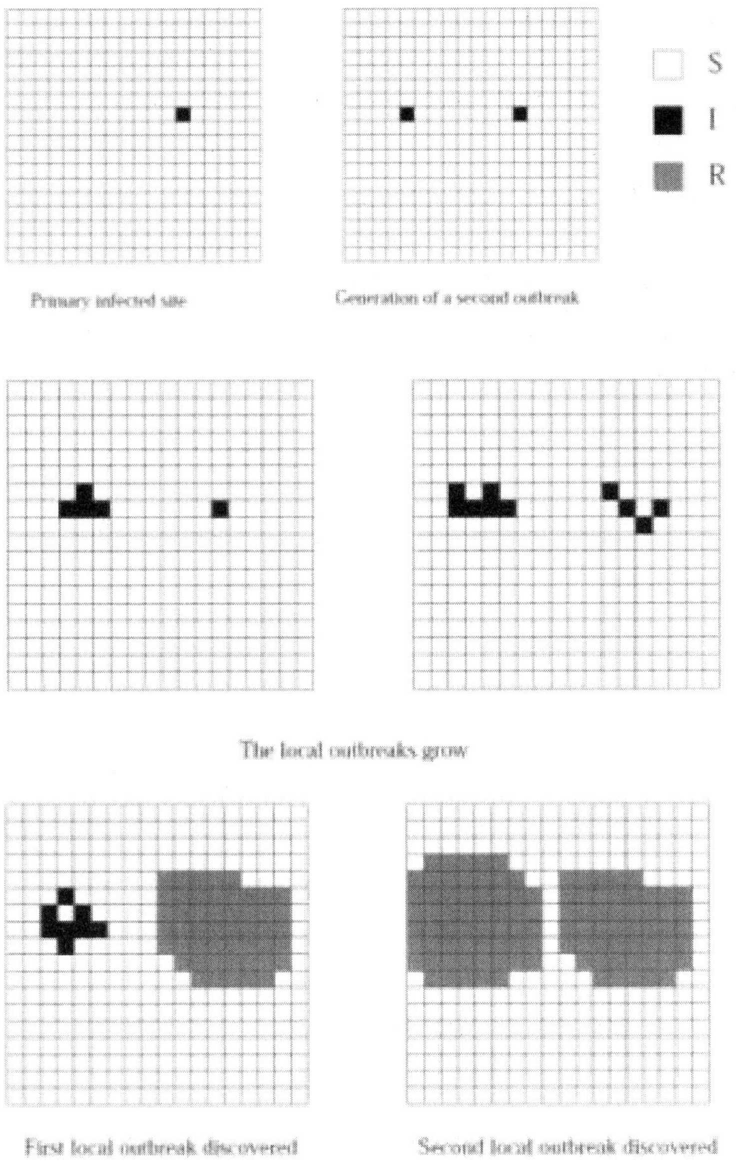

그림 13.6 Ring Vaccination

3.2. SIS 모델

모든 질병이 감염대상에 대해서 회복 단계를 거쳐 면역 체계를 가지는 것은 아니다. 유행성 질병의 경우 다양한 변이 때문에 이전 질병 발생과 관계없이 다시 감염되기도 하는 경우가 많다. 컴퓨터 바이러스 감염 역시 유사한 형태로 변형되어 다시 감염된다. SIR 모델과는 달리 SIS 모델은 면역 체계가 생기지 않는 대상들의 질병 추적을 위한 모델이다. 감염율과 감염시간, 회복율을 변수로 두는 것은 비슷하지만 수식 (17)와 같이 회복 후 면역 단계를 제외한 2단계로 구분된다. 일반적으로 SIR 모델과는 달리 시스템의 정체 상태, 더 이상의 질병 감염자가 나오지 않는 상태에 이르는 시기가 늦어진다.

$$\frac{ds}{dt} = -\beta is + \gamma i, \qquad \frac{di}{dt} = \beta is - \gamma i \tag{17}$$

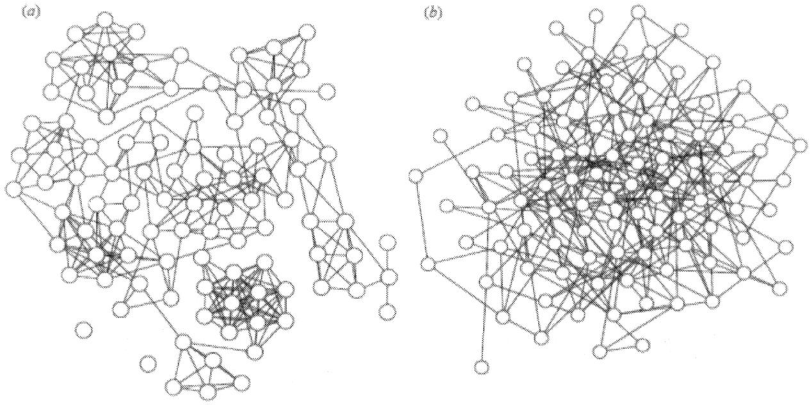

그림 13.7 SIS모델을 적용한 100개의정점의 변화[48]

4. 조류독감 확산의 모의

4.1. 연구의 방향

수많은 구성요소와 구성요소간의 복합적이고 다양한 연계로 이루어진 네트워크에서는 연역적 해석을 통한 추론이 어려운 문제가 빈번하게 발생한다. 따라서 시간이 지날수록 복잡성이 커지는 네트워크 세계에서 시스템적 이해를 통한 문제 해결에 대한 관심은 점차 커져가고 있다. 복잡계 네트워크 연구는 이해하기 힘든 복잡성 문제에 대한 구체적인 이론적 틀을 마련하기 위하여, 복잡한 현상을 상호 연결된 절점들의 집합으로 추상화시켜 공통된 질서를 탐구하는 이론적 체계이다. 앞에서 살펴본 바와 같이 최근 다양한 분야의 이해하기 힘든 문제에 대한 이론적 공백을 해결하기 위해서 네트워크 및 복잡계 연구가 유용하게 활용되며 진행되고 있다.

특히 확산 예측은 네트워크의 동적 프로세스를 설명하는 주된 주제로 끊임없이 연구되고 있다. 복잡계 네트워크 연구에서는 확산의 대상을 절점, 확산 경로가 될 수 있는 대상간의 연계요인을 연결선으로 추상화시켜 네트워크 분석을 통해 확산 경로를 추적하거나 차단한다. 절점과 절점간의 연결선으로 복잡하게 얽힌 시스템의 일부에서 확산이 시작되면 단계에 따라 영향을 받는 절점이 기하급수적으로 증가하고 확산 속도도 커지는 양상을 보인다. 확산의 주체가 전염병일 경우 예측할 수 없는 확산의 방향과 빠른 속도는 막대한 물적, 인적 피해를 야기한다.

고병원성 조류인플루엔자(HPAI: Highly Pathogenic Avian Influenza)의 국내 발병 사례는 2008년 김제 지역 농가에서 최초 발생한 이후 7일 만에 지리적으로 근접한 18곳의 농가에서 양성 반응을 보였으며 43일간 전국적으로 확대되어 총 42개의 농가에서 동일한 발생 양상이 확인되어 총 6000억이 넘는 경제적 피해가 발생했다. HPAI는 다양한 변이 때문에 근본적인 예방 백신을 이용한 확산 경로 차단이 불가능하며 잠복기를 가지고 있어 확산 경로를 가시적으로 확인하고 조치를 취하는데 시간이 소요된다. 그리고 가금류 농가가 집단화, 대형화되고 있는 상황에서 현재 방역 대책과 같이 발병 후 확산 요인의 분석 없이 해당 농가의 일정 반경 내 근린 농가를 완전

폐쇄하는 대책은 막대한 피해를 수반할 수밖에 없다. 따라서 HPAI의 확산 경로가 될 수 있는 요소를 분석하고 확산 속도를 늦춰 피해를 최소화할 수 있는 지점에 관리를 집중시키는 효율적인 방역 대책이 필요하다.

네트워크를 이용한 전염병 확산 모델은 격자망을 배경으로 확산 대상 개체의 이동 방향을 절점간 연결된 선으로 이동 방향이 제한되는 선 확산 모델과 8방향으로 가정하는 공간 확산 모델로 구분한다. 선 확산 모델은 정적 네트워크 연구에서 시스템 내 절점간의 연결성을 바탕으로 확산을 예측, 분석한다. 반면에 공간 확산 모델은 개체의 이동성이 활발하고 자유도가 높은 특성을 가지는 시스템에 적용되며 전염병이 발병한 개체의 이동이 가능한 영역을 전면 차단하는 방식으로 확산을 방지한다. 시스템 내에서 개체간의 직접적인 관계를 통해서만 전염이 되는 AIDS의 확산이나 웹 네트워크에서 링크를 통해서 전달되는 컴퓨터 바이러스의 확산을 모사하는 연구에서 이용되었다.

본 연구에서 분석하고자 하는 2008년도 HPAI 유행은 대상 농가들의 가금 산업을 통해 연결된 농가들의 교류를 이용한 선 확산 모델과 농가 주변의 야생조수류의 영향을 통해 타 농가에게 감염을 일으킬 수 있는 요인까지 고려한 공간 확산 모델을 이용해서 모의할 것이다.

선 확산 모델에서 이전 네트워크 확산 연구가 개체간의 직접적 이동을 연결선으로 구성하였다면 본 연구에서는 절점은 단위 농가로써 기존 발병 후 역학조사의 대상 단위이며 기초 자료가 축적된 농가로 지정하되 농가의 직접적인 이동이 아닌 가금관련업체의 방문을 근거로 HPAI 확산 네트워크를 구성하였다. 그리고 네트워크의 중심성 지표를 분석하여 확산 피해를 줄일 수 있는 확산 위험도가 높은 주요 절점을 선정하고 선정된 절점에 대한 집중 방역 관리를 통해 예측되는 방제 효과를 모의하였다.

4.2. 질병 확산 네트워크 구성

농장과 농장간의 연결 요인별로 단일 네트워크를 구성할 수 있다. 공통적인 가축사료를 이용하는 농장들은 가축사료 관련 차량의 출입이 존재하기 때문에 연결성을 확인할 수 있고 가축사료에 대한 단일 네트워크를 구성할 수 있다. 가축사료 관련 출입 차량이 HPAI 질병 확산의 주된 매개체라면 각 농장간 연결성을 이용해 최초 발생 지점에서 HPAI 질병을 추적할 수 있으며 확산 중요 농장, 각 농장간 연결도가 높은 지점을 확인하여 발병 이전에 우선적으로 관리해야하는 지점을 선정하여 관리할 수 있다. 4가지 주요 요인들중 농장 관계자 출입은 농장들간 연계성이 크지 않기 때문에 4장의 HPAI 질병 확산 통합 네트워크에 포함시키고 단일 네트워크는 3가지 주요 요인만을 이용해서 구성했다.

표 13.1 출현 빈도수가 5번 이상인 단어의 속성

객체 종류	Object 관련 단어	속성 관련 단어
조류 관련	토종닭, 오리, 가금류, 닭, 노계, 산란계, 육계, 오골계, 육용오리, 종계, 청동오리, 감염원	번식, 잠복감염, 백신접종과정, 품종
시설 관련	발생농장, 재래시장, 오염지역, 발생지역, 인근, 농장, 식당, 시장, 사육시설, 양계장, 도계장, 오리도축장, 판매장, 하치장, 모란시장, 도축장, 출입과정, 부화장, 공장, 위탁농장, 창고, 감염농장, 계류장, 사료공장, 하역업체, 유통회사	오염원, 철새, 처리과정, 소독, 겨울철새, 월동조류, 방역조치, 여름철새
차량 관련(이동)	차량, 출하차량, 방문차, 사료차량, 운반차량	사료, 출하, 유통, 구입과정, 동물약품, 판매과정, 반입, 출하과정, 사료원료, 수거, 운반, 유통과정, 유통망, 계란판매, 계분, 계분처리, 공급과정, 방문과정, 계분처리과정, 운송, 원거리, 이동경로, 유통경로, 유통구조, 도로
사람 관련(이동)	중간상인, 상인, 중개인, 유통업자, 농장주, 축주, 외국인, 수의사, 구매자	접촉, 왕래, 출입, 계란수거, 방문
기타	HPAI, 유입, 전파, 살처분, 감염, 우회경로, 축산물, 특성, 접촉과정, AI, 병원체, 보유	

4.2.1. 선 확산 요소

주요 가금질병 발생시 외국의 역학적 특성 분석결과 항목은 다음과 같은 과정을 수행한다. 미국의 National Animal Health Monitoring System (NAHMS)에서 관련 전국 가금 농가를 대상으로 수행한 위생 및 관리 조사 연구 실시 항목은 일반관리 항목과 가축위생, 사람위생, 가금이동, 폐사체, 분변 등을 구분해서 조사하고 있다.

표 13.2 산란계를 대상으로 Salmonella enterica enteritidis의 가금질병 관련 위험요소 확인을 위한 설문지에 포함된 항목별 농장 조사대상

항목	조사내용
일반관리	사육수수, 품종, 계사, 동물접촉 등
가축위생	수의서비스, 약물, 예방접종
사람위생	옷, 신발, 손세척, 방문자
가금이동	입식, 판매, 기타가금농장과의 접촉, 새 운송
폐사체,분변	폐사체, 분변 처리
축주특성	사육목적, 사육경력, 고용관계,계열사

영국 양계산업에서 조사한 위험요소와 북미 가금 전문가를 대상으로 실시한 조사에서 위험요소는 다음과 같다.

표 13.3 영국 양계산업 구조상의 확인된 위험요소

구조	위험요소
◦Primary breeding sector ◦Pedigree → GGP → GP ◦Production sector ◦PS (Rearing farm → Production farm) → Hatchery → abattoir	◦백신팀 ◦새의 이동관련 차량, containers, 상차팀 ◦종란 수집 관련 차량, 기구, 포장재료, 근무자 ◦파란 수집 관련 차량, 기구, 포장재료, 근무자 ◦주말 근무자 ◦과생산 수탉 처리 ◦숫탉 부족 시 추가 구입 ◦부화란, 1일령 운반차량 및 container ◦Biosecurity 절차를 지키지 않는 운전자 ◦부화되지 않은 란, 오염된 포장재료
◦Free rang, organic	◦위와 상동 ◦급수
◦Feedmill	◦사료차량, 사료원료 보관 불량
◦Abattoir	◦출하인력 및 차량

표 13.4 북미 가금 전문가 72명을 대상으로 실시한 설문조사에서 확인된 위생 관련 고 위험 요소

사람관련	위치 및 교통관련	동물과의 접촉
◦농장직원이 가금사육 ◦농장직원 가족이 다른 가금과의 접촉이 있음 ◦축주 또는 직원이 기타 가금농장 방문 ◦직원이 애완조류 키움	◦사육밀도가 높음 ◦400m 내에 backyard flock 이 있다 ◦여러 농장이 폐사체 공동 처리장 사용 ◦지역내 rendering 차량이 농장에서 농장으로 이동	◦다양한 일령의 가금이 동일 사육사에 있음 ◦다양한 일령의 가금이 동일 농장에 있음 ◦낮에 쥐가 있음 ◦계사에 야생조류 유입 ◦동일농장에 여러 종의 가금사육 ◦출하 후 가금 잔류 ◦계사에 애완동물 출입

국내 HPAI 역학 조사는 최초 발생 이후부터 발생농장과 양성농장 등 역학적 관련 농장들을 대상으로 농장 일반상황, 사육두수, 종사자, 고용상황, 과거질병 발생상황, 백신접종, 소독상황 등과 차량 이동 같은 유통상황(조류 입식 및 출하 현황, 종란판매현황, 분뇨처리자, 약품, 사료, 왕겨)등에 이르는 모든 역학상황을 총 6단계에 걸쳐서 판단 기록한다. 또한 전세계 야생조류, 발생 농장과 철새도래지의 연관성 등 국내 유입경로를 파악하기 위해 광역적으로 HPAI 질병을 추적, 확인 조사되었다. 그리고 수차례 확인 점검을 통해서 역학조사 내용을 보완하고 자료의 신뢰성을 제고하였으므로 네트워크 연구를 위한 자료가 충분하지 않은 상황에서 전문가를 대동한 철저한 역학조사 내용은 농장간의 연계를 확인할 수 있는 요소를 확인하는데 있어서 현재 접근할 수 있는 가장 신뢰도 높은 자료가 될 수 있다. 다음 표는 역학 조사를 통해서 확인 가능한 모든 농장간 연계 요인을 확산 주체에 따라서 구분한 것이다. 농장간의 연결성을 확인할 수 있는 다음 후보 군들 가운데 추후 농장별 조사를 통해서 확인할 수 있는 자료는 차량 이동, 사람 이동, 야생조수류 활동 반경, 공기 이동의 요인들이다. 이들 요인들을 이용해서 농장과 농장의 연결성이 확인되는 네트워크를 구성할 수 있을 것으로 판단된다. 이는 선 확산 모델 이후의 공간 확산 모델을 통해서 야생 조수류의 이동을 모의할 수 있을 것으로 판단된다.

표 13.5 농장간 연결 요인

확산 주체	요인	측정 방법
야생 조수류	철새 이동 쥐, 고양이 이동 야생 오리 이동	야생 조수류의 하루 이동 반경을 기준으로 공간 확산 모델에 적용
차량 이동	출하 차량 가축사료 차량 동물약품 차량 계분처리 차량	동일 업체를 이용하는 농가들의 연계 가능, 선 확산 모델에 적용
사람 이동	수의사 방문 농장주 방문 유통업자 방문 농장근로자 방문 인공수정사 방문	동일 업체를 이용하거나 농장주간의 왕래가 잦은 농가들의 연계 가능 선 확산 모델에 적용
기타	공기 유동	농가들의 영향을 파악한 연계 가능 선, 공간 확산 모델에 적용 가능

4.2.2. 선 확산 모델 구성

표 13.6 39개 대상 농가

번호	접수일자	시도	시군구	읍면	동리	품종	비고
O-1	08/4/1	전북	김제시	용지면	용암리 27-4	산란	발생
O-2	08/4/9	전북	김제시	용지면	신정리 200-36	산란	발생
O-3	08/4/9	전북	김제시	용지면	용수리 668-14	산란	발생
O-4	08/4/9	전북	김제시	용지면	용수리 546	산란	발생
O-5	08/4/9	전북	김제시	용지면	용수리 283	산란	발생
O-6	08/4/9	전북	김제시	용지면	신정리 1-179	산란	발생
O-7	08/4/16	전북	김제시	용지면	붕의리 산40-4	산란	발생
O-8	08/4/16	전북	김제시	백구면	영상리 487	종계	발생
P-1	08/4/9	전북	김제시	용지면	용수리 563-13	산란	양성
P-2	08/4/9	전북	김제시	용지면	장신리 346-78	산란	양성
P-3	08/4/9	전북	김제시	용지면	신정리 52-9	산란	양성
P-4	08/4/9	전북	김제시	용지면	신정리 140-51	산란	양성
P-5	08/4/5	전북	김제시	용지면	신정리 492	육용	양성
E-1	08/4/10	전북	김제시	용지면	용수리 668-5	산란	예방적
E-2	08/4/10	전북	김제시	용지면	용수리 283-2	산란	예방적

번호	접수일자	시도	시군구	읍면	동리	품종	비고
E-3	08/4/11	전북	김제시	용지면	신정리 200-37	산란	예방적
E-4	08/4/12	전북	김제시	용지면	용수리 563-91	산란	예방적
E-5	08/4/12	전북	김제시	용지면	용수리 668-139	산란	예방적
E-6	08/4/16	전북	김제시	용지면	용수리 668-106	산란	예방적
E-7	08/4/16	전북	김제시	용지면	용수리 564	산란	예방적
E-8	08/4/16	전북	김제시	용지면	신정리 1-169	산란	예방적
E-9	08/4/16	전북	김제시	용지면	용수리 563-141	산란	예방적
E-10	08/4/16	전북	김제시	용지면	신정리 52-15	산란	예방적
E-11	08/4/16	전북	김제시	용지면	신정리 147-4	산란	예방적
E-12	08/4/19	전북	김제시	용지면	장신리 350-95	산란	예방적
E-13	08/4/19	전북	김제시	용지면	장신리 666-14	산란	예방적
E-14	08/4/19	전북	김제시	용지면	송산리 312	산란	예방적
E-15	08/4/19	전북	김제시	용지면	신정리 370-36	산란	예방적
E-16	08/4/19	전북	김제시	용지면	장신리 346-53	산란	예방적
E-17	08/4/19	전북	김제시	용지면	신정리 128-6	산란	예방적
E-18	08/4/19	전북	김제시	용지면	신정리 1-105	산란	예방적
E-19	08/4/19	전북	김제시	용지면	용수리 666-11	산란	예방적
E-20	08/4/19	전북	김제시	용지면	신정리 84	산란	예방적
E-21	08/4/19	전북	김제시	용지면	용수리 668-156	산란	예방적
E-22	08/4/20	전북	김제시	용지면	신정리 1-135	산란	예방적
E-23	08/4/20	전북	김제시	용지면	장신리 350-44	산란	예방적
E-24	08/4/20	전북	김제시	용지면	신정리 1-173	산란	예방적
E-25	08/4/20	전북	김제시	용지면	장신리 42	산란	예방적
E-26	08/4/20	전북	김제시	용지면	장신리 504-20	산란	예방적

국내 총 세 번의 HPAI 유행과 비교해서 '08년 HPAI 유행의 경우 이전 두 발생 시기와 비교해서 감염건수가 많고 관련 농장에 대한 역학조사 내용도 양적으로 다양하기 때문에 통계적 조사를 수행하는데 있어서 결과의 신뢰성을 높일 수 있는 사례가 될 수 있는 장점을 가진다. 그리고 전북 김제 지역에서 첫 발생된 이후 5월 12일까지 전국 11개 시·도 19개 시·군·구로 단기간에 전국적으로 확산하는 등 '03/'04년, '06/'07년과는 다른 양상을 보였다. 단기간에 집중된 '08년 HPAI 유행은 질병 확산 가능 요인을 선정할 경우 집중된 조사를 통해 중요 요인 선별 작업의 정확도를 높일 수 있으며 다른 권역을 통한 전국적 확산의 특성을 보였으므로 권역간의 연결고리를

통해서 추적할 수 있는 등 다른 두 발생 시기와 비교해서 모델의 정확도를 높일 수 있는 유리한 면이 있다. 따라서 본 연구에서는 '08년 HPAI 질병 유행을 기본 자료로 하되 최초 발병 지역이자 가금 농가 밀집 지역인 전라북도 김제시의 발생농가 8곳, 양성농가 5곳, 예방농가 26곳 등 총 39개 농가를 대상으로 연구를 수행, 검증할 것이다.

본 장에서는 효과적인 HPAI 질병 확산 네트워크 구성을 위해 추상화 할 최적의 대상을 선정하고 기본 자료 분석을 통해서 질병 확산의 매개체가 될 수 있는 다양한 요인을 비교·분석하여 선정된 주요 요인을 이용해서 단일 네트워크(Homogeneous Network)를 구성하고자 한다. 가금산업의 특성상 지리적으로 고립되어 있으며 농가간 직접적인 통행요인이 거의 없으며 자료를 통한 확인이 힘들다. 단, 전문 관리 업체의 농가 출입이 주기적으로 일어나며 동일 업체를 이용하는 농가들은 공통적인 확산 요인을 가진다고 가정할 수 있다.

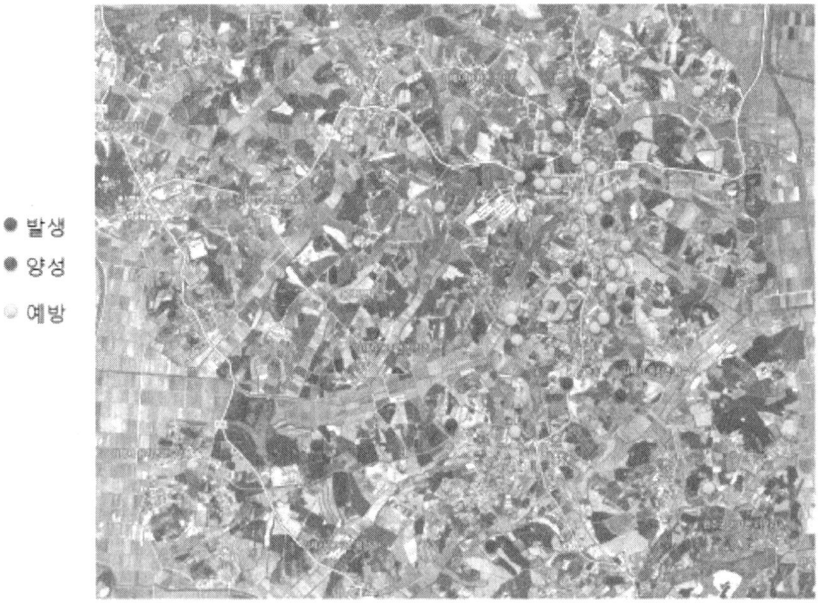

그림 13.8 39개 대상 농가

농가들은 면역력이 약한 가금류를 대상으로 하기 때문에 주기적인 동물 약품 업체의 관리가 필요하며 가축 사료 업체의 전용 차량 출입이 빈번하다. 동물 약품 업체 관계자와 사료 업체 차량은 농장간 HPAI 병원균 전달의 매개체 역할을 할 수 있다. '08년 HPAI 최초 발병지역이며 총 39개의 농가가 역학조사를 수행하였으며 그 중 8농가가 양성반응을 보인 전라북도 김제시 용지면의 농가를 대상으로 이용하는 업체 분석을 통해서 동물 약품, 가축 사료에 대한 단일 네트워크를 각각 구성할 수 있다. 동일 업체를 이용하는 농가들은 완전 네트워크(Complete Network)를 구성하며 두 군데 이상 업체의 관리를 받는 농가들 때문에 완전 네트워크 간의 연결선을 가질 수 있고 39개의 농가는 닫힌 네트워크로 구성된다.

HPAI 질병 확산에 미치는 각 요인들의 영향도는 독립적이다. 가축사료 관리자를 통해서 옮겨지는 바이러스와 동물약품 관리자를 통해서 옮겨지는 바이러스는 서로 연관성이 없다. 각각의 요인을 통해서 바이러스가 전이되는 과정, 속도 등은 유사할 수도 있지만 요인들간 영향도는 무관하다. 따라서 네트워크 구성할 경우 연결선의 속성은 한 가지 요인일 수밖에 없다. 복합적인 요소들에 대한 총체적인 질병 추적을 수행하기 위해서는 각각의 요소들에 대한 단일 네트워크를 통합해서 해석하는 과정이 필요하다.

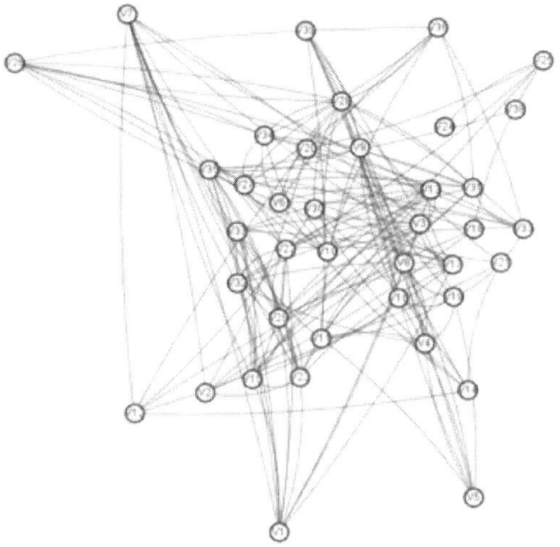

그림 13.9 동물약품 네트워크

위상이 동일한 단일 네트워크를 통합하면 통합 HPAI 확산 네트워크를 구성할 수 있을 것으로 판단된다. 전파 매개체에 따른 요인들의 전염률과 전염시간 등에 대한 자료 분석을 통해서 단일 네트워크의 연결선에 가중치를 부여할 수 있고 같은 위상을 가진 요인들을 이용한다면 상이한 링크를 가진 통합 네트워크를 구성할 수 있다. 뿐만 아니라 가중치에 따른 중심성 지수 산출을 통해서 해당 지역의 주요 지점을 선정할 수 있고 발생 전 우선 관리 대상 지역, 발생 후 질병 경로 추적을 통해서 체계적인 방역대책을 수립할 수 있다.

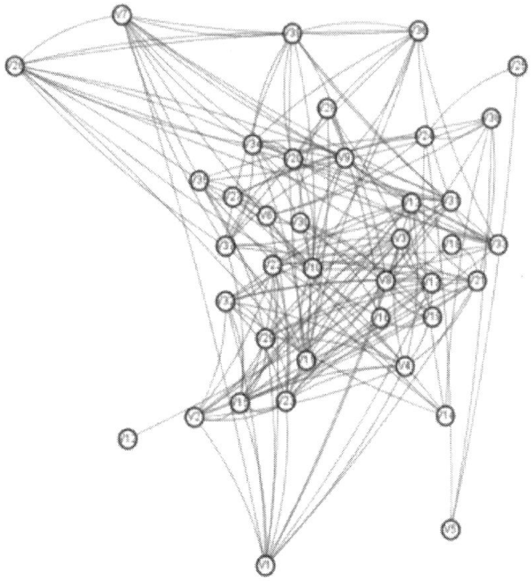

그림 13.10 가축사료 네트워크

4.2.3. 연구 대상 지역 요인 분석

연구 대상 지역의 역학자료의 농가 출입 상황을 분석해보면 감염 매개체를 크게 계분처리, 동물약품, 가축사료. 입출하차량, 축주방문, 청결도, 야생조수류 등의 총 7개 요인으로 구분할 수 있다. 여기서 청결도와 야생조수류의 영향은 실제 농가내 감염도에 미치는 확률이 미미하므로 제외하고 총 5가지의 큰 요인으로 구분하면 감염도는 각 요인의 영향도에 따라서 다음과 같이 선형식으로 나타낼 수 있다.

$$R = a_1X_1 + a_2X_2 + a_3X_3 + a_4X_4 + a_5X_5 \tag{20}$$

앞선 방법들을 이용해서 역학조사가 수행된 98개 농가를 대상으로 농가간의 감염위험도, 영향도를 조사하면 표 13.7과 같다. 감염농가와 같은 업체를 이용하고 있으면 연관도 1, 그렇지 않으면 연관도 0의 조건을 5가지 요인에 대하여 값을 주고 선형회귀분석을 수행하였다.

표 13.7 농가간 감염위험도

영향요인	영향도
계분처리	0.048
입출하	0.444
동물약품	0.052
가축사료	0.121
축주방문	0.359

R^2는 0.625가 나왔으며 사례별 표준화 잔차의 경우 절대값이 2를 넘는 것이 없으므로 적합한 결과를 얻을 수 있었다. 추정된 위험계수를 바탕으로 39 by 39 행렬을 구성할 수 있으며 이는 다음과 같다. 축산 관련 차량의 경우 방문 빈도에 따라 영향도의 차이가 있음을 확인할 수 있다. 입출하 차량의 경우 농가 방문 빈도가 가장 높으므로 감염 영향도도 가장 큰 값을 보였으며 계분처리와 동물약품은 빈도가 적은만큼 상대적으로 낮은 값을 가졌다. 축주방문은 감염 이후 최초 발병 농가에 대한 항의 방문의 성격이 크기 때문에 발병시 영향도가 상대적으로 높은 값을 가진다. 가중네트워크를 이용한 중심성을 산정할 때 이 값들을 기초 자료로 이용할 수 있다.

4.3. 선 확산 네트워크 중심성 분석

4.3.1. 중심성 지수

네트워크 내의 수많은 절점 가운데 다른 절점과의 연결성이 큰 요소를 찾는 방법에 대한 연구는 도시 공간구조변화, 인터넷 웹의 중심 허브 연구 등에서 적용되었다(Annalisa, 1999; Mika, 2004). 확산 네트워크에서 상대적으로 연결성이 좋은, 중심성 지수가 높은 절점에 확산 예방 대책을 집중한다면 확산 속도를 늦추거나 확산 영향을 받는 절점의 수를 줄일 수 있다. 중심성 지수를 측정하는 방법은 여러 가지가 있으나 본 연구에서는 가장 널리 이용되는 정도 중심성(Degree), 근접 중심섬(Closeness), 매개 중심성(Betweenness) 등을 적용하였다. 정도 중심성은 가장 간단한 방법으로 연결선 수의 합을 이용한 산정 방법이며, 근접 중심성은 네트워크 내에서 지리적으로 가장 중심에 있는 절점을 구하는 방법이다.

$$(Degree\ Centrality)_i = \frac{d(n_i)}{g-1} \quad (21)$$

$$(Closeness\ Centrality)_i = (g-1)[\sum_{j=1}^{g} d(n_i, n_j)]^{-1} \quad (22)$$

식 (21)에서 g는 네트워크 내 절점간의 연결선 수이며 $d(n_i)$는 i번째 절점의 연결선 수, 식 (22)의 $d(n_i, n_j)$는 i번째 절점과 j번째 절점간의 지리적인 거리를 뜻한다. 매개 중심성은 네트워크 내의 다른 두 노드의 연결 경로에 노출되는 정도를 이용해서 연결성이 좋은 절점을 선택한다.

$$(Betweenness\ Centrality)_i = \sum_{j<k}^{g} g_{jk}(n_i)/[(g-1)(g-2)/2] \quad (23)$$

$$g_{jk}(n_i) = \begin{cases} 0 & if\ nodes\ n_i\ is\ |\ between\ n_j\ \text{and}\ n_k \\ 1 & if\ nodes\ n_i\ is\ between\ n_j\ \text{and}\ n_k \end{cases}$$

$$m = number\ of\ nodes$$

식 (23)의 g는 네트워크 내 절점간의 연결선 수를 나타내고 $g_{jk}(n_i)$은 네트워크 내 j번째 절점과 k번째 절점을 최단 거리로 연결했을 때 i번째 절점의 통과 여부를 표현한다. 매개 중심성은 절점간 최단 경로를 파악해야 하기 때문에 경로 추적에서 중추적인 역할을 하는 절점을 찾아내는데 유효하다. 세 가지 지수는 서로 보완적인 역할을 통해서 주요 절점을 선정하는데 효율적이고 신뢰성 높은 결과를 보여줄 수 있을 것으로 판단된다.

표 13.8 중심성 지수 종류

명칭	측정 방법	수식
Degree Centrality	가장 간단한 방법 연결된 링크의 합	$C(n_i) = \frac{d(n_i)}{g-1}$ Donninger, 1986
Closeness Centrality	가장 빨리 도랄할 수 있는 노드 닫힌 네트워크에서 적용	$C(n_i) = (g-1)[\sum_{j=1}^{g} d(n_i, n_j)]^{-1}$ Beauchamp, 1965
Betweenness Centrality	다른 두 노드 연결 경로에 존재 유무	$C(n_i) = \sum_{j<k} g_{jk}(n_i)/[(g-1)(g-2)/2]$ Freeman, 1980

4.3.2. 비가중네트워크(Non-weighted Network)

□ 교통망 네트워크

전라북도 김제시 용지면의 39개 역학조사 대상 농장과 15개의 교차로를 대상 정점으로 결정하고 각 정점을 연결하고 있는 교통망을 연결선으로 추상화시켜 연구를 진행하였다. 다음 스카이뷰를 이용하여 각 농장의 실제 위치와 교통망을 표시하고 중심성 지수를 이용하여 주요 확산 요충 지점을 선정했다. 그림 13.12의 녹색 노드는 교통망이 교차하는 지점이며 흰색 노드는 역학조사 대상 농장이다.

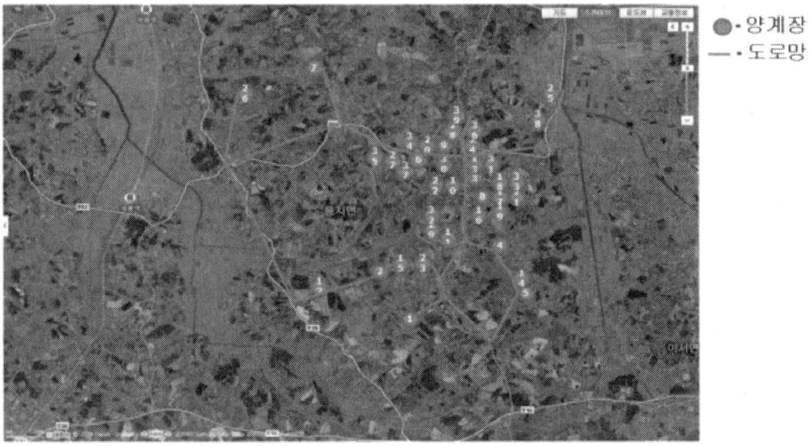

그림 13.11 다음 지도를 이용한 네트워크 구성
(http://local.daum.net/map/index.jsp)

Degree, Closeness, Betweenness 등 중심성 지수는 표 13.9와 같으며 중심성 지수가 높은 확산 주요 지점은 교통망 네트워크내에서 그림 13.13의 지점과 일치한다. 지역의 전 농장이 연결된 도로망이 만나는 지점인 교차로가 상대적으로 농장들보다 높은 중심성을 가졌다.

표 13.9 교통망 네트워크 중심성 지수

Node	Degree	Node	Betweenness	Node	Closeness
I5	0.094	I10	0.495	I11	0.239
17	0.075	I12	0.437	I10	0.237
I6	0.075	I11	0.423	I12	0.237
I...	...	I...	...	I...	...
18	0.057	23	0.119	3	0.199
2	0.038	15	0.108	13	0.195
3	0.038	12	0.106	10	0.193

Degree 지수는 연결된 링크의 수가 많은 노드를 우선적으로 선택하기 때문에 농장들이 밀집되어있는 지점과 주요 교차로 부분이 크게 나왔으며 Closeness 지수와 Betweenness 지수는 전체 네트워크 구조도에서 지리적으로 가장 접근성이 좋으며 모든 농장으로 통하는 길의 경로가 될 수 있는 지역의 중앙에 위치에 있는 지점이 높은 지수를 가지고 있었다.

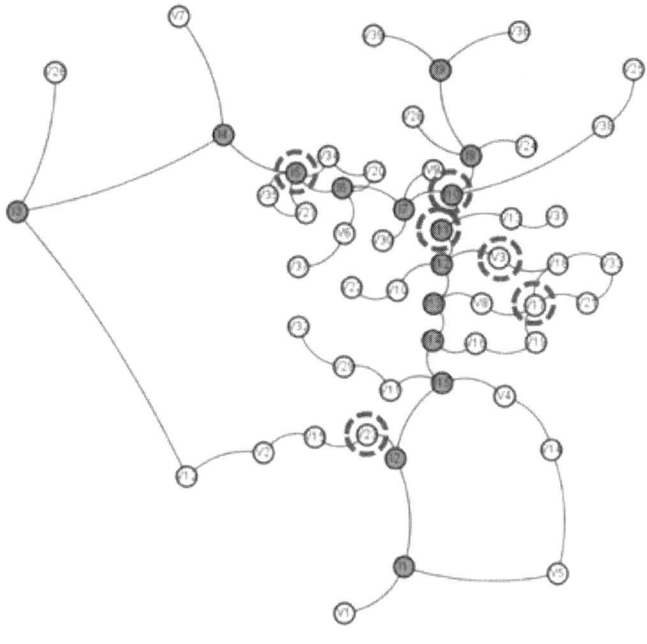

그림 13.12 교통망 네트워크와 중심성 지수

□ 동물약품 네트워크

동물약품 네트워크는 동일한 약품 회사를 이용하는 차량의 출입 흔적이 동시에 존재할 확률이 크기 때문에 농장들간 연결성이 있다고 판단하고 대상 농장을 정점, 연계를 정점간 선으로 추상화시켜 네트워크 구조도를 작성했다. 동일한 약품 회사를 이용하면 농장을 출입하는 매개체가 같을 확률이 크기 때문에 농장간 연결성을 줄 수 있다. 중심성 지수에 따른 주요 노드 지점은 그림 13.14의 붉은색 원안의 농장과 같다.

표 13.10 동물약품 네트워크 중심성지수

Node	Degree	Node	Betweenness	Node	Closeness
35	0.342	31	0.192	29	0.507
7	0.342	29	0.130	31	0.507
37	0.316	33	0.128	7	0.500
32	0.316	7	0.121	35	0.494
29	0.316	19	0.118	37	0.487
28	0.316	35	0.110	32	0.487
23	0.316	12	0.107	22	0.475

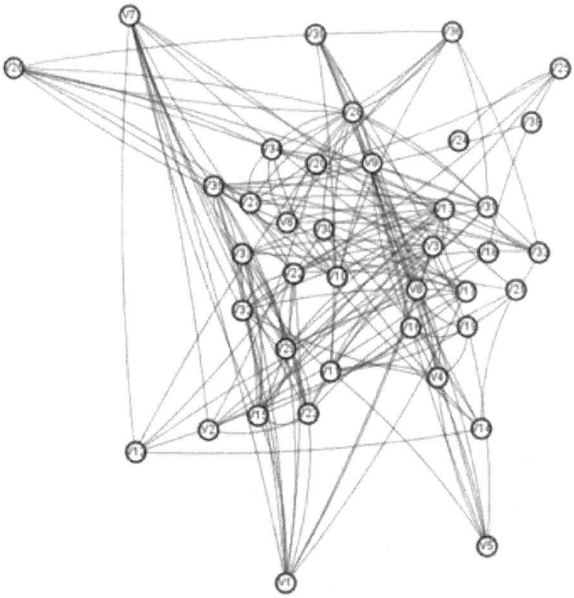

그림 13.13 동물약품 네트워크

동물약품 네트워크의 주요 지점은 지리적인 위치와 관계없이 같은 동물약품 회사를 이용하는 농장간의 연계로 결정이 되므로 2개 이상의 동물약품을 이용하여 다른 농장들과 연결성이 큰 농장들이 주로 Closeness, Betweenness 지수에서 높은 값을 기록했으며 동물약품을 통해 전달되는 HPAI 질병 바이러스의 전파 가능성이 큰 농장으로 추론할 수 있다. 분석결과는 추후 효율적인 방제대책을 수립하는데 긍정적인 영향을 줄 수 있다.

표 13.11 가축사료 네트워크 중심성지수

Node	Degree	Node	Betweenness	Node	Closeness
15	0.342	21	0.148	15	0.521
21	0.342	15	0.117	13	0.514
23	0.342	38	0.100	3	0.514
17	0.316	23	0.089	1	0.514
33	0.316	17	0.073	21	0.507
34	0.316	35	0.058	23	0.500
13	0.316	13	0.058	17	0.494

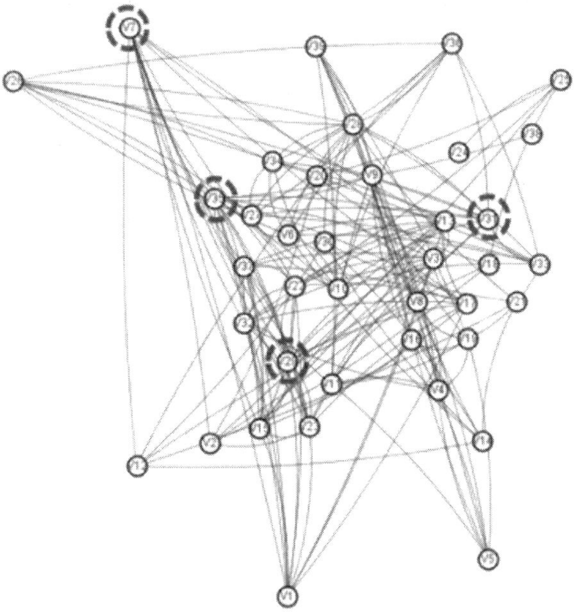

그림 13.14 동물약품 네트워크와 중심성 지수

□ 가축사료 네트워크

가축사료 네트워크는 동물약품 네트워크와 같이 동일한 가축사료 회사를 이용하는 농장들간 연결성을 주고 네트워크 구조도를 작성하였으며 중심성 지수를 산정했다. 가축사료 네트워크의 주요 지점도 지리적인 위치와 관계 없이 동일한 가축사료 회사를 이용하는 농장간의 연계가 주된 요인이기 때문에 다양한 가축사료를 이용하는 농장이 높은 중심성 지수를 기록했고 주요 관리 대상 지점으로 선정되었다. 동물약품과 가축사료 등을 통한 확산을 방지하기 위해서는 밀집된 지역일 경우 제품의 구입을 통제하는 방법으로 질병의 확산 위험을 예방할 수 있을 것으로 판단된다. 관련 제품의 출입 차량에 대한 소독 등을 통한 철저한 관리는 추후 발생 이후 확산 원인 추적에 있어서도 장점을 가질 수 있다. 주요 요인의 통제가 확실하다면 다른 요인의 추적을 통해서 더 큰 피해를 효과적으로 차단할 수 있다.

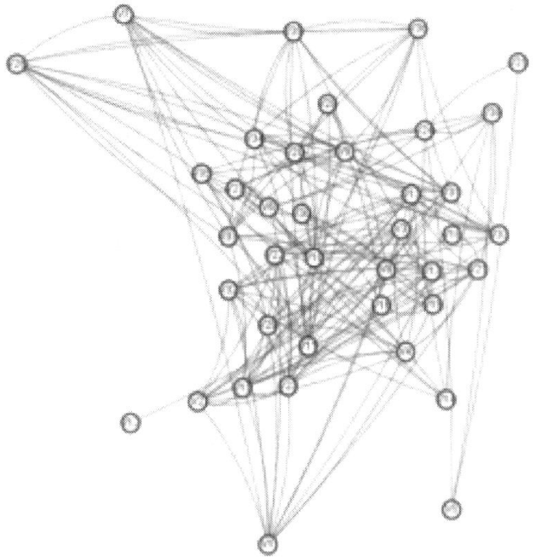

그림 13.15 가축사료 네트워크

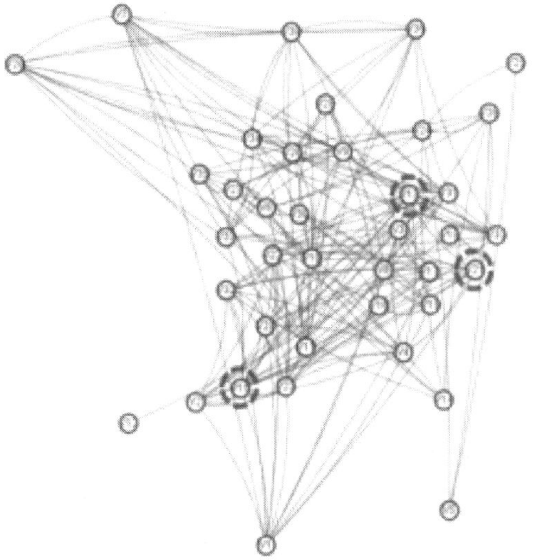

그림 13.16 가축사료 네트워크와 중심성 산정

□ 통합 네트워크 구성

HPAI 질병은 전염성과 전염된 개체의 치사율이 치명적이기 때문에 국제수역사무국에서 관리대상 질병으로 분류하고 있으며 국내에서도 제 1종 법정 전염병으로 관리되고 있다. 그리고 대상 개체의 병균 감염 여부 확인이 힘들며 구성되는 바이러스의 조합에 따라 다양한 변이를 가지고 있으므로 HPAI 질병 추적과 방역 대책 수립이 어려운 실정이다. 특히 전염성이 강하기 때문에 다양한 요인을 매개로 이용하여 전파된다. 2008년 국내 발병의 경우 약 2개월간 총 19개 시군구의 33개 농장에서 발생하였고 65개 농장에서 양성이 확인되었다. 짧은 기간 HPAI 질병이 지리적 거리가 먼 지역까지 전파될 수 있었던 것은 다양한 요인을 이용한 확산에 기인한다.

일반적으로 HPAI 질병 바이러스의 확산 양상을 시각적으로 확인할 방법이 없으며 추후 역학조사 등을 이용한 추적조사를 실시해도 경로와 확산 요인에 대한 확률 높은 추정은 가능하겠지만 정확한 전파 요인과 비교를 통한 검증조차 불가능한 상황이다. 현재 HPAI 질병이 발생했을 때 수행하는 긴급 방역 조치로 발생지를 중심으로 한 3km~10km 이내의 이동제한 지역을 설정하고 감염원 제거를 위한 살처분 및 소독을 실시하며 이동제한지역의 사육 가금에 대한 확인검사를 진행하고 있다. 하지만 이 방법은 발생 농장 조사를 통한 정확한 원인 분석에 근거한 체계적이고 합리적인 방역 대책이 아니라 감염가능성이 희박한 농장들까지 무분별한 살처분을 진행하여 방역 본부의 인적 물적 자원의 비효율적인 낭비가 지속되고 있다.

HPAI 질병 확산 네트워크를 이용한 질병 추적의 정확도를 높이기 위해서는 바이러스의 특성상 전파를 유도할 수 있는 모든 요인들의 데이터를 이용한 네트워크 구축이 필요하다. 농장과 접촉 가능한 모든 요인의 경로 추적 자료가 축적되어야하며 질병 발생 예방을 위한 출입 차량 및 사람들에 대한 소독 절차가 철저해야 한다. 하지만 현재 국내 양계 농장들의 최대 밀집 지역에서조차 HPAI 관리를 위한 입·출입 위험 전파 요인들에 대한 조사 체계가 미비한 상황이다. 발생 경력이 있는 국내 농장들을 대상으로 실시한 국립 수의과학 검역원의 역학 조사 내용이 전부다. 역학 조사 내용 역시 농장들의 출입 차량과 사람의 경로와 같은 세부적인 자료는 부족하고 농장의 여러 조사 사항 중 일부에 대해서만 그것도 관리자의 설문을 통해 출입 차량과 사람에 대한 기본적인 정보만 수집되어 있는 상황이다. 1년차 연구에서는 자료 수급의 불완전성 때문에 완벽한 정확도를 가지는 질병 추적은 아니어도 HPAI 질병 확산의 양상을 검토할 경우 상대적으로 확산 요인일 가능성이 높은 매개체를 중심으로 실시한 역학 조사 내용을 기본으로 통합 네트워크를 구성한다면 신뢰도를 높일 수 있다.

HPAI 질병 확산에 미치는 각 요인들의 영향도는 독립적이다. 가축사료 관리자를 통해서 옮겨지는 바이러스와 동물약품 관리자를 통해서 옮겨지는 바이러스는 서로 연관성이 없다. 각각의 요인을 통해서 바이러스가 전이되는 과정, 속도 등은 유사할 수도 있지만 요인들간 영향도는 무관하다. 따라서 네트워크 구성할 경우 연결선의 속성은 한 가지 요인일 수밖에 없다. 복합적인 요소들에 대한 총체적인 질병 추적을 수행하기 위해서는 각각의 요소들에 대한 단일 네트워크를 통합해서 해석하는 과정이 필요하다. 본 연구에서는 농장들의 감염/ 비감염 상태를 종속변수로 하고 요인 A(가축사료), 요인 B(동물약품), 요인 C(농장 관계자)의 영향도를 비교했을 때 각각 0.4, 0.3, 0.3의 영향도의 결과를 확인할 수 있었다. 대상 지역의 농장들에 대한 HPAI 질병 확산 통합 네트워크 구성할 때 세 요인에 대한 기초 자료가 있다면 가중치의 값을 주고 그림 13.18과 같은 구조도를 구성할 수 있다. 세 요인들이 주요 HPAI 질병 확산 요인이라는 가정 하에 네트워크 구조의 중심성 지수를 이용한 주요 농장들을 선별하고 관리할 수 있다.

전파 매개체에 따른 요인들의 전염률과 전염시간 등에 대한 자료 분석을 통해서 단일 네트워크의 연결선에 가중치를 부여할 수 있고 같은 위상을 가진 요인들을 이용한다면 상이한 링크를 가진 통합 네트워크를 구성할 수 있다. 뿐만 아니라 가중치에 따른 중심성 지수 산출을 통해서 해당 지역의 주요 지점을 선정할 수 있고 발생 전 우선 관리 대상 지역, 발생 후 질병 경로 추적을 통해서 체계적인 방역대책을 수립할 수 있다.

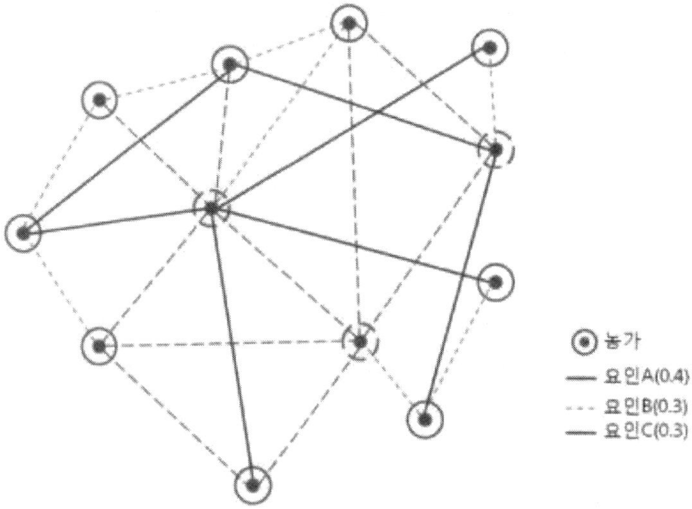

그림 13.17 HPAI 질병 확산 통합 네트워크 구조도

현재 전라북도 김제 지역의 역학조사 내용을 기초로 수집한 자료들을 대상으로 한 요소들의 위험성에 대한 확률적 분석은 표본 대상의 크기가 작기 때문에 충분한 신뢰도를 얻기가 힘들다. 그리고 수많은 질병 확산 요인 중 동물약품, 가축사료, 농장 관계자의 요인은 이전의 발병 사례를 통한 역학 조사 내용에서도 상대적으로 높은 발병 확률을 가진다. 그리고 세 요인은 비슷한 확률로 발생 농장에게 영향을 미친 것으로 판단되기 때문에 자료가 부족한 상황에서 동일한 발병 확률로 가정하고 네트워크 모델을 구성해도 큰 무리가 없을 것으로 판단된다. 3장에서 구성한 단일 네트워크를 통합해서 표현하면 그림 13.19와 같다.

흰색 정점은 대상 농장이며 녹색 정점은 교차로를 나타낸다. degree, closeness, betweenness 등의 중심성 지수가 높은 지점에 해당하는 지점은 붉은색 원으로 표시한 농장들과 교차로이다. 해당 양계 농장들 밀집 지역 내에서 질병이 발병할 경우 치명적인 영향을 줄 수 있는, 주요 모니터링이 필요한 지점이며 이 지점들에 예방 대책을 집중한다면 보다 효율적인 HPAI 질병 관리가 가능할 것으로 판단된다.

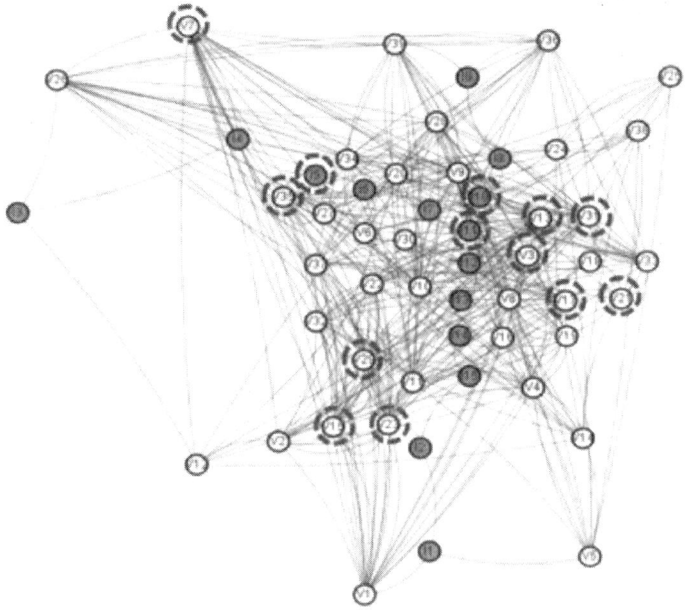

그림 13.18 전라북도 김제시 용지면 HPAI 질병 확산 통합 네트워크 구조도

4.3.3. 가중네트워크(Weighted Network)

본 장에서는 앞서 구한 선형 회귀 분석을 통한 확산 방정식을 수식 모델로 적용한 자료, 공기간 영향도를 이용한 자료, 두 기초 행렬을 합산한 자료 등 총 3가지 경우를 이용하여 네트워크 확산과 중심성 분석을 수행하였다. 모든 요인의 영향도를 1 (Homogeneous)로 가정한 비가중 네트워크의 경우 감염요인의 빈도별 영향도를 반영하지 못하는 부분을 확률빈도분석을 통해서 가중치를 합산하였기 때문에 보완할 수 있다. 분석한 확산 양상의 경우 총 4개의 단위로 구분하여 발병 지점부터 확산되는 방향을 확인하였으며 중심성 분석은 이전 비가중 네트워크의 경우와 같이 degree, closeness, betweenness 등의 중심성 지수를 이용했다. 단, betweenness의 경우 기존의 최단거리를 이용한 알고리듬의 경우 단계별 확산 영향도를 반영하지 못하는 부분을 보완하기 위해 단계별 최단 거리를 구한 후 확산 양상을 반영하였다.

표 13.12 클래스 개요

클래스 이름	클래스 정의
SWTResource Manager	SWT기반의 GUI환경 구성을 위한 라이브러리 매니져 클래스
InformationWindow	GUI 입출력을 위한 박스 프래임 구성 클래스
Mainframe	프로그램 시뮬레이션 재현을 위한 GUI 프래임 관련 클래스
ControlControler	각각의 컨트롤러를 제어하는 최상의 통합 컨트롤러 클래스
Controler	프로그램의 시간적 흐름을 제어하며 시뮬레이션 요소간의 동기화를 담당하는 컨트롤 클래스
Main	프로그램의 시작 클래스
MouseControler	마우스 조작에 의한 이벤트를 관리하는 입출력 기반의 컨트롤러
HPAINetwork	감염요소를 표현하는 인스턴스의 구현을 위한 요소 클래스
InfectionTable	감염의 전반적인 규칙과 흐름을 관리하는 정보테이블 클래스
Matrix	네트워크 분석 및 해석을 위한 매트릭스 라이브러리 클래스

확산 요소의 구현을 위해 농가와 확산하는 요인을 표현하는 인스턴스를 아래와 같은 스키마로 구현하였다. 확산 현상에 의한 감염은 고정적인 농가에 일어날 수도 있어며 공기와 같은 입자에 의해 일어날 수도 있다고 가정하여 두 가지 요소를 모두 표현할 수 있도록 스키마를 설계하였다. 따라서 HPAINetwork가 인스턴스로 구현되고 나면 감염이 일어날 경우 감염 상태와 현재의 위치를 데이터로 가지고 있게 되며 nextNode와 infectNode를 이용하여 농가이거나 감염요인일 때 주변과의 연결상태를 나타내게 된다.

```java
public class HPAINetwork {

    private int xPos;
    private int yPos;
    private int nodeNumber;

    private int infectNodeCount;

    private String nodeName;

    private boolean isZeroFactor;
    private boolean isInfectedNode;

    private ArrayList<HPAINetwork> nextNode;
    private ArrayList<HPAINetwork> infectNode;
```

그림 13.19 요소 스키마

확산은 감염된 농가의 연결상태와 감염된 공기의 확산으로 이루어진다. 각각의 농가는 HPAINetwork에 의해 표현되며 nextNode를 통해 자신과 연결된 인접 노드를 탐색하여 확산 확률에 따라 확산이 진행된다. 공기의 확산의 경우 마찬가지로 HPAINetwork에 의해 표현되지만 infectNode에 의해 주변 인자와 연결되며 지정된 확률에 따라 재귀적으로 확산 현상이 구현된다. 각각의 농가로부터 감염이 이루어지며 감염 후에는 격자로 표현된 주변 공기요소들에 확률적으로 감염이 진행된다. 이 과정에서 각 요소에서의 확산은 인접해 있는 주변 요소와 확률에 따라 재귀적으로 이루어지며 감염이 이루어진 후에는 테이블에 상태 정보가 기록된다.

```java
        int isize = h.getInfectNodeCount();

        if(isize > 0) {
            for(int i=0;i<h.getInfectNodeSize();i++) {
                if( ( ( h.getNextInfectNode(i)).isInfectedNode() ) ) {
                    this.infect(h.getNextInfectNode(i));
                }
            }
        }
            if(this.hpaiTable[xtPos][ytPos] == null) {

                if( (xtPos < this.tableXSize-1 ) && ( ytPos < this.tableYSize-1 )) {

                    HPAINetwork hn = new HPAINetwork();
                    hn.setPos(xtPos, ytPos);
                    hn.setInfectedNode();

                    this.hpaiTable[xtPos][ytPos] = hn;
                    h.setNextInfectNode(hn);
                    h.infectNodeCountPlus();
                }
            }
            }
        }
```

그림 13.20 공기확산 알고리즘

감염이 이루어진 농가를 중심으로 연결상태와 확률에 따라 순차적으로 링크에 의해 확산이 이루어진다. 알고리즘에서는 링크리스트에 의해 각각의 확률이 산출되며 이 확률에 의해 링크를 따라서 감염이 진행되도록 구현되었다.

```
for(int i=0; i<h.getLinkNodeSize();i++) {

    if( this.rd.nextInt(100) < this.infectionRate) {

        if(!(h.getNextLinkNode(i)).isInfectedNode()) {

            xPos = (h.getNextLinkNode(i)).getXPos();
            yPos = (h.getNextLinkNode(i)).getYPos();

            this.hpaiTable[xPos][yPos] = h.getNextLinkNode(i);
            h.setNextInfectNode( h.getNextLinkNode(i) );
            h.getNextLinkNode(i).setInfectedNode();
            h.infectNodeCountPlus();

        }
    }
}
```

그림 13.21 농가 확산 알고리즘

다익스트라 알고리즘을 개량하여 본 연구에서 제시한 비가중 네트워크와 가중 네트워크가 혼합된 상태에서의 분석기법을 개발하였다. 다익스트라 알고리즘에서 각 노드에서의 최소신장트리를 만들어 각각의 노드까지의 최소 가중값을 확보한다. 농가간 연결상태에 따른 확산을 표현하기 위해 비가중 네트워크를 통해 연결상태에 따른 확산을 우선 분석하게 되며 이때 각 노드에서 확보된 최소 가중값보다 크거나 반복이 있는 경우를 제외해 나가는 과정을 통해 비가중 네트워크를 분석한다. 중복되는 비가중 네트워크의 연결정보를 연결리스트를 통해 관리하며 이때의 최소 가중치 값은 다익스트라 알고리즘을 이용하여 계산한다. 이러한 방법을 통해 degree, betweeness, closeness를 계산 할 수 있다.

□ 확산방정식을 이용한 네트워크

선형 회귀 분석을 통해서 각 요인별 가중치를 구한 결과를 바탕으로 확산방정식을 구축한 네트워크이다. 발병 지점을 중심으로 지리적으로 가까운 지점과 위상적인 연계가 있는 절점을 중심으로 확산이 진행되는 것을 확인할 수 있다.

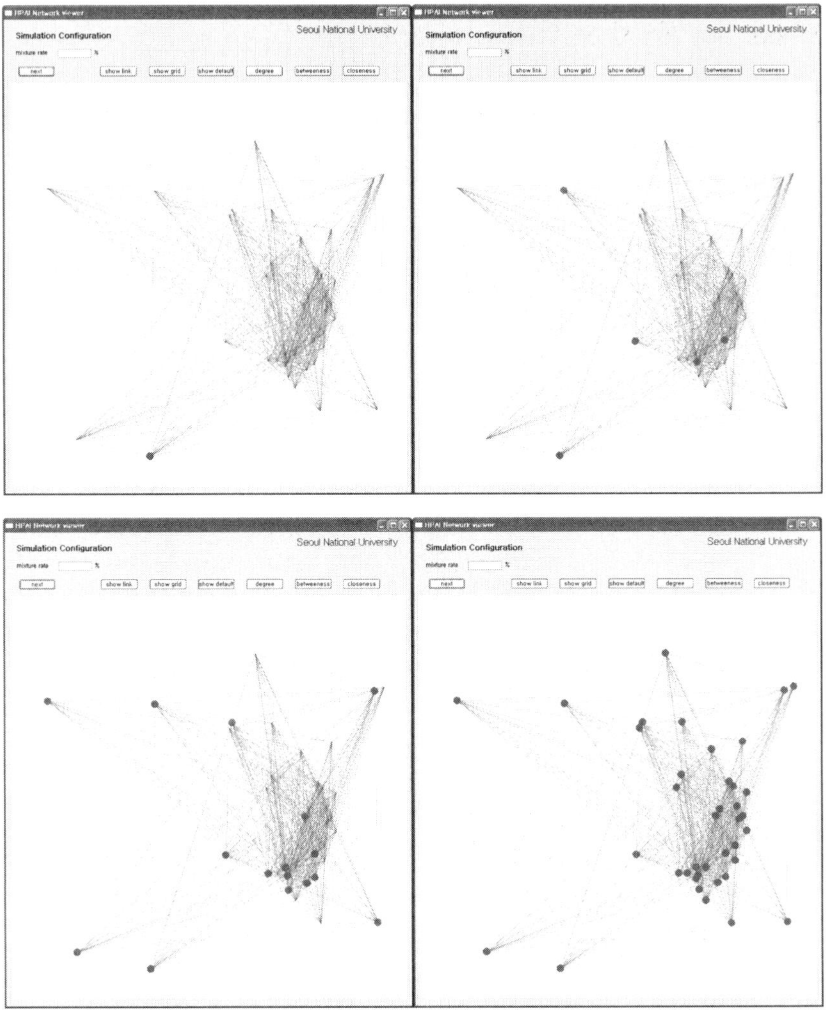

그림 13.22 확산방정식을 이용한 네트워크의 확산 양상

이 기본 확산 네트워크를 통한 중심성 분석 결과는 다음과 같다. 11시 방향부터 각각 degree, closeness, betweenness이다. 이 절점들을 이용하여 집중 관리를 통한 예방 대책에 적용할 수 있다. 위상적으로 크게 연계된 부분을 중심으로 2개의 농가가 degree 부분에서 높은 수치를 기록했으며 closeness와 betweenness는 지리적인 영향도와 위상적인 연계 등이 고루 반영된 점을 확인할 수 있다.

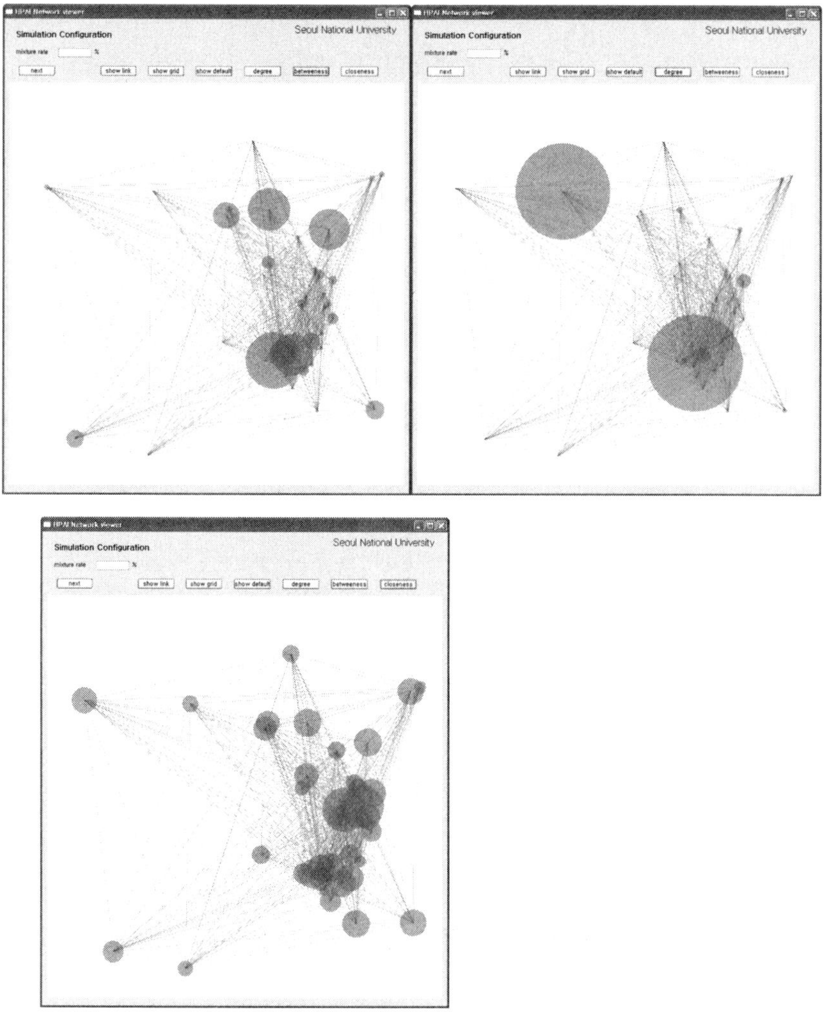

그림 13.23 네트워크 노드 간의 관계

□ 공기 영향 네트워크

각 농장별 공기 확산 분석을 기초로 구성한 네트워크를 통한 확산 양상은 다음과 같다. 이는 2, 3 단계를 보면 선형 회귀 분석 네트워크와 비교해 볼 때 위상적 연계보다는 지리적인 근접성을 통한 주변 농가에 대한 확산 양상이 크게 나타나는 것을 확인할 수 있다.

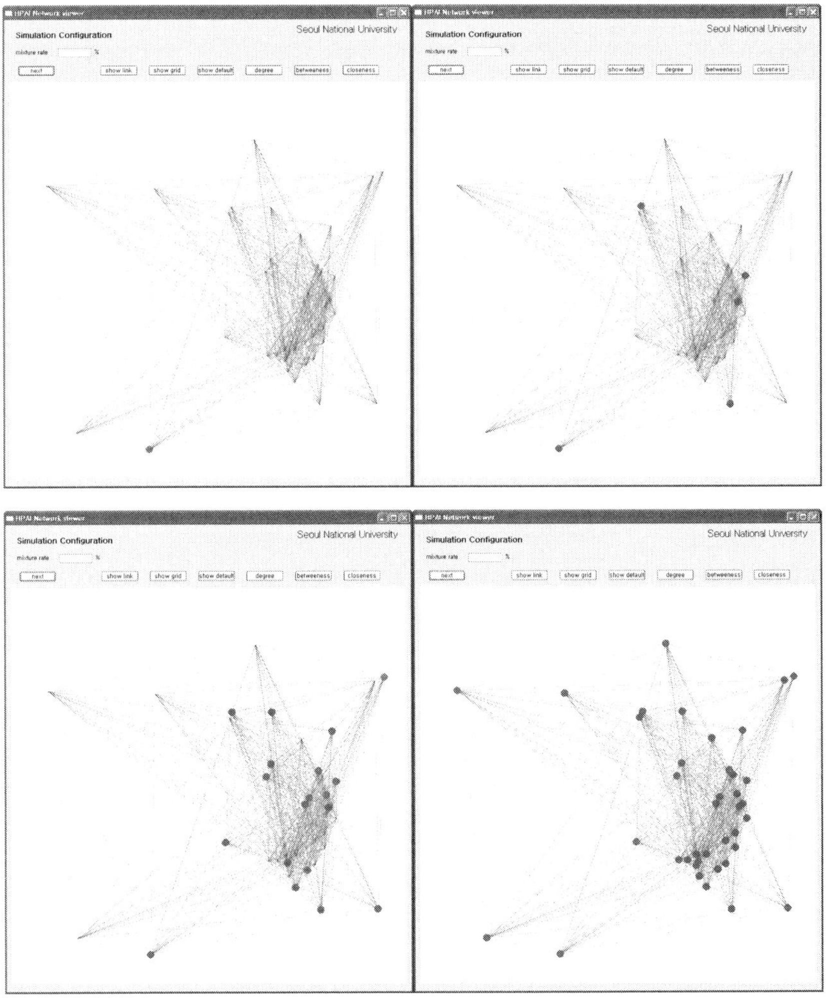

그림 13.24 공기 영향도 분석 네트워크의 확산 양상

중심성 분석은 다음과 같다. degree 중심성은 확산 방정식을 이용한 경우와 비교해서 지리적으로 근접한 지역에 밀집되어 있는 농가들을 중심으로 비슷하게 나타났으며 그 지점의 연결도가 높으므로 betweenness의 경우도 영향도가 높게 나타나는 부분이 유사했다. closeness의 경우 통합 네트워크의 가장 자리에 있는 부분의 공기 영향도가 크기 때문에 그 부분의 영향을 받아 크게 산정되었다.

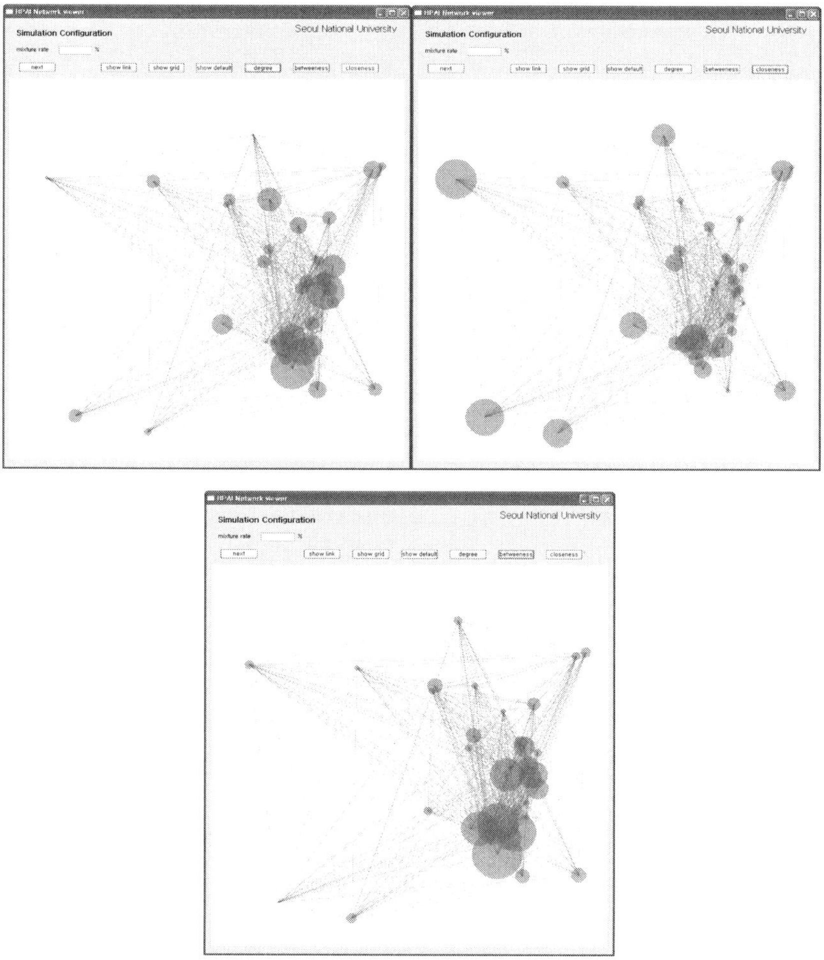

그림 13.25 공기 영향도 분석 네트워크의 중심성 분석

□ 통합 네트워크

앞의 두 영향을 모두 고려한 네트워크를 구성할 필요가 있다. 단, 농가를 출입하는 요인들의 시간에 대한 빈도와 공기중 영향도에 대한 시간 빈도가 다르기 때문에 둘의 영향도를 동기화하기에는 자료 부족에 따라 한계가 있을 수 있다. 따라서 선형 회귀 분석 자료와 공기중 영향도에 대한 자료를 각각이 독립적인 요인이며 선형 연계가 가능하다는 부분을 가정하여 구성했다. 공기중 영향도에 대한 가중치, α를 0.05라고 하면 다음과 같다.

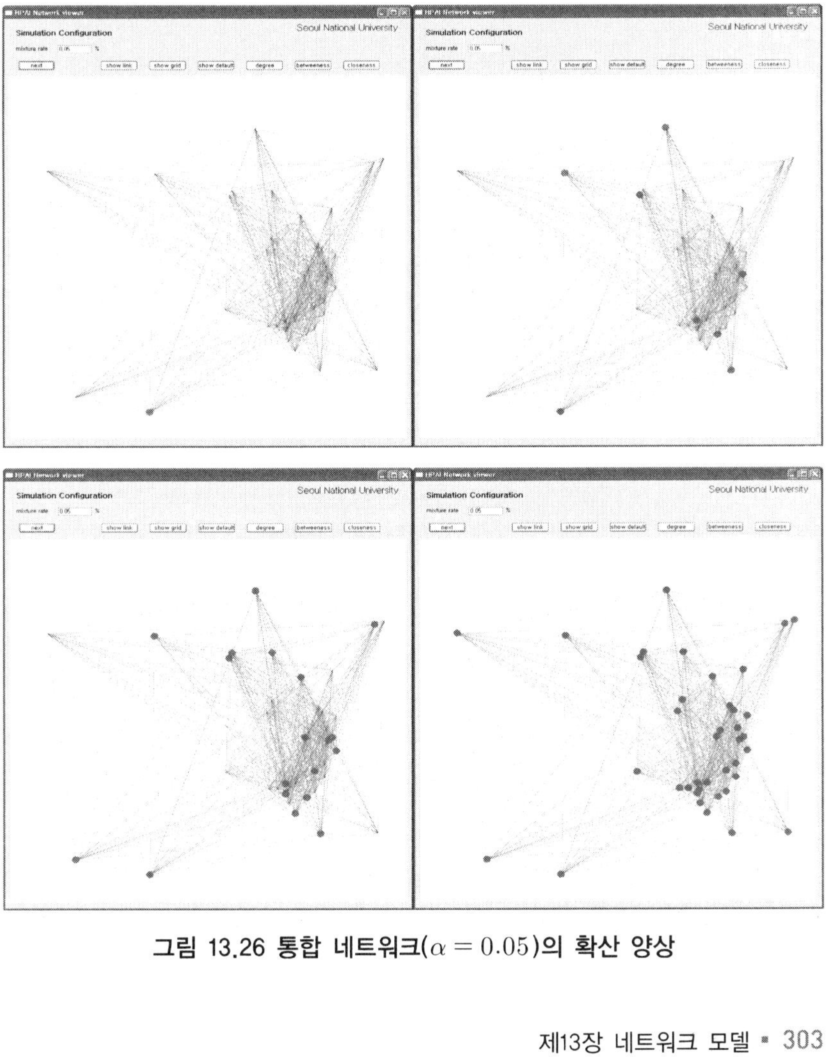

그림 13.26 통합 네트워크($\alpha = 0.05$)의 확산 양상

통합 네트워크에 대한 중심성 분석결과는 다음과 같다.

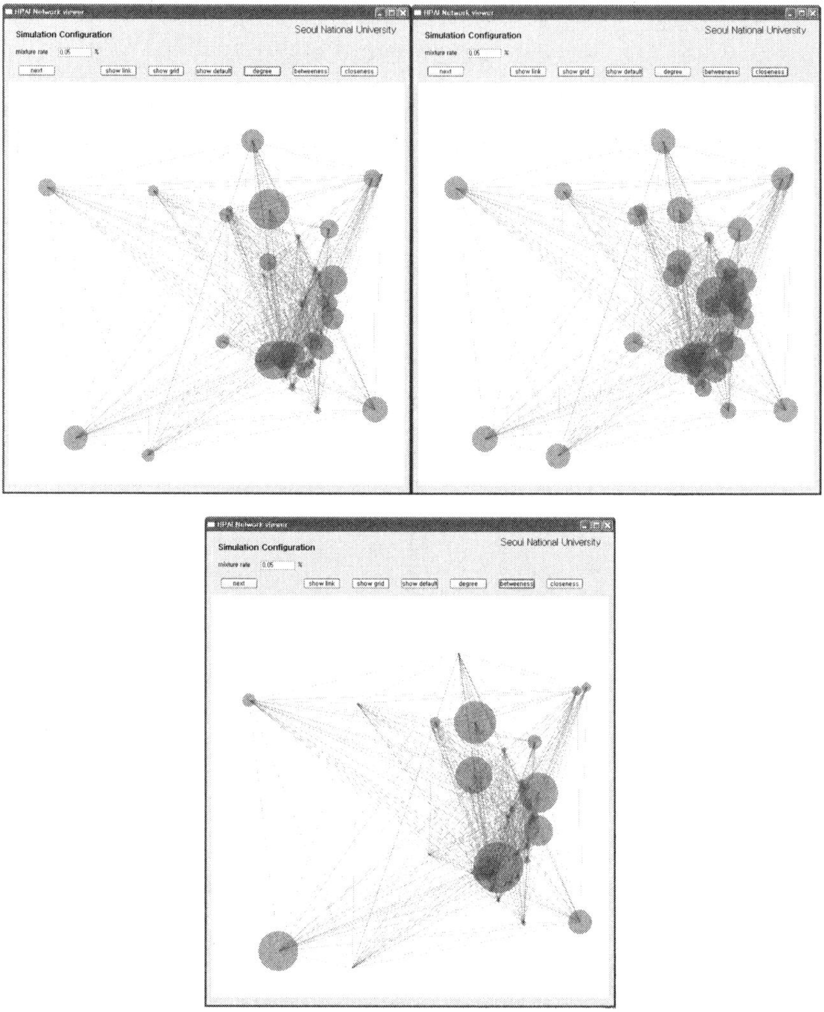

그림 13.27 통합 네트워크($\alpha = 0.05$)의 중심성 분석

공기중 영향도에 대한 가중치, α를 0.1이라고 할 경우는 다음과 같이 구성된다. 이 경우 공기중 영향도에 더 큰 가중치를 넣으면 이 전에 반영하지 못하던 감염 농가를 확인할 수 있었다. 단, 지리적 근접성에 대한 영향도가 커지기 때문에 농가의 확산 양상 속도가 빨라져서 세부적인 평가를 위해서는 단계의 수위조절이 필요할 것으로 보인다. 그리고 위상적 연계에 대한 영향도가 줄어들어 반영못하는 농가가 발생할 수도 있다.

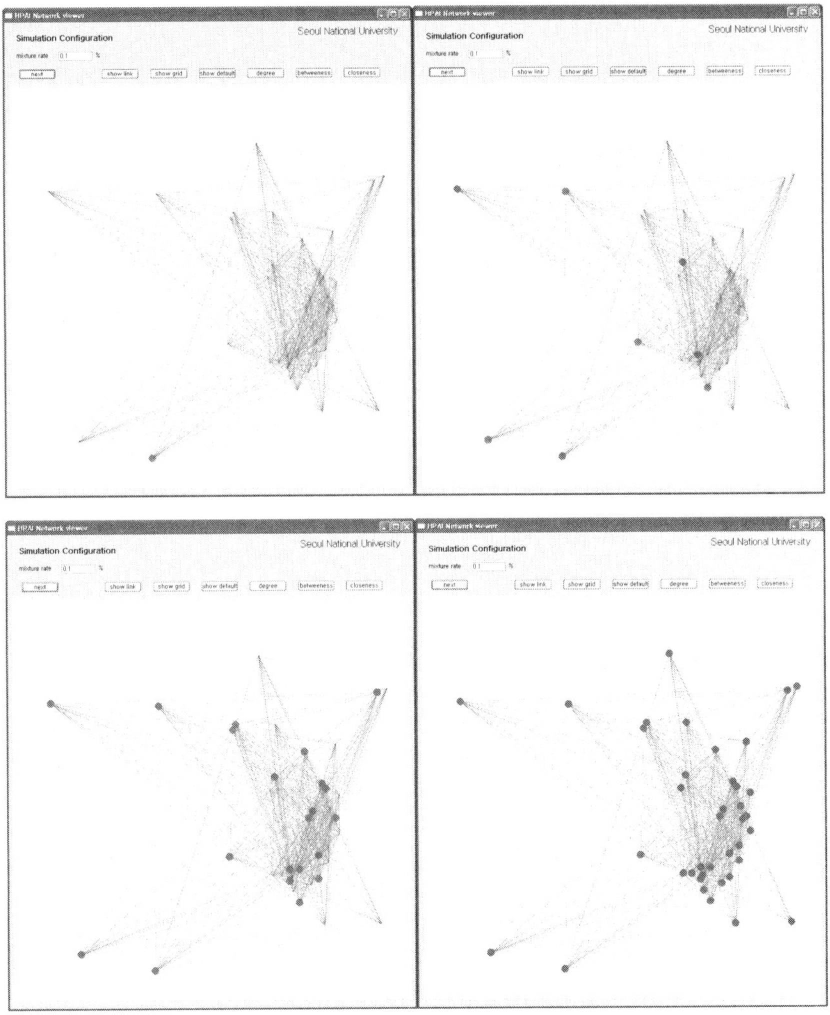

그림 13.28 통합 네트워크($\alpha = 0.1$)의 확산 양상

중심성 분석의 경우 앞선 경우와 거의 유사하게 나온 것을 확인할 수 있었다. 네트워크내에 존재하는 다양한 절점에 대해서 고른 결과값이 나왔으나 정량적 평가를 통한 비교가 가능하기 때문에 방역대책을 수립하는데 기초자료로 충분히 활용할 수 있을 것으로 판단된다.

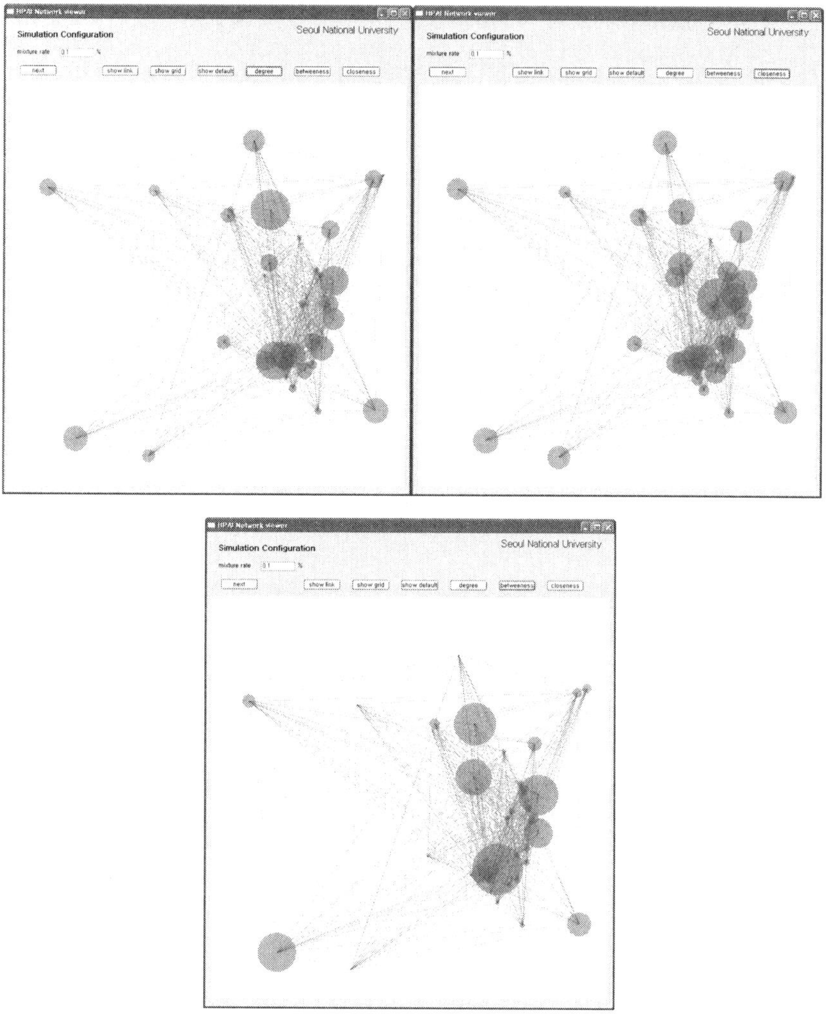

그림 13.29 통합 네트워크($\alpha = 0.1$)의 중심성 분석

가중치, α를 0.2로, 초기와 비교해서 4배로 증가시킬 경우에는 확산 양상은 다음과 같다. 위상적 연계를 통한 확산 양상은 확연히 줄어들고 지리적으로 근접한 절점들에 대한 확산이 보다 가속화되는 것으로 확인된다. 실제 확산 양상과 비교하면 적절한 공기중 영향도에 대한 가중치를 결정할 수 있을 것으로 판단된다.

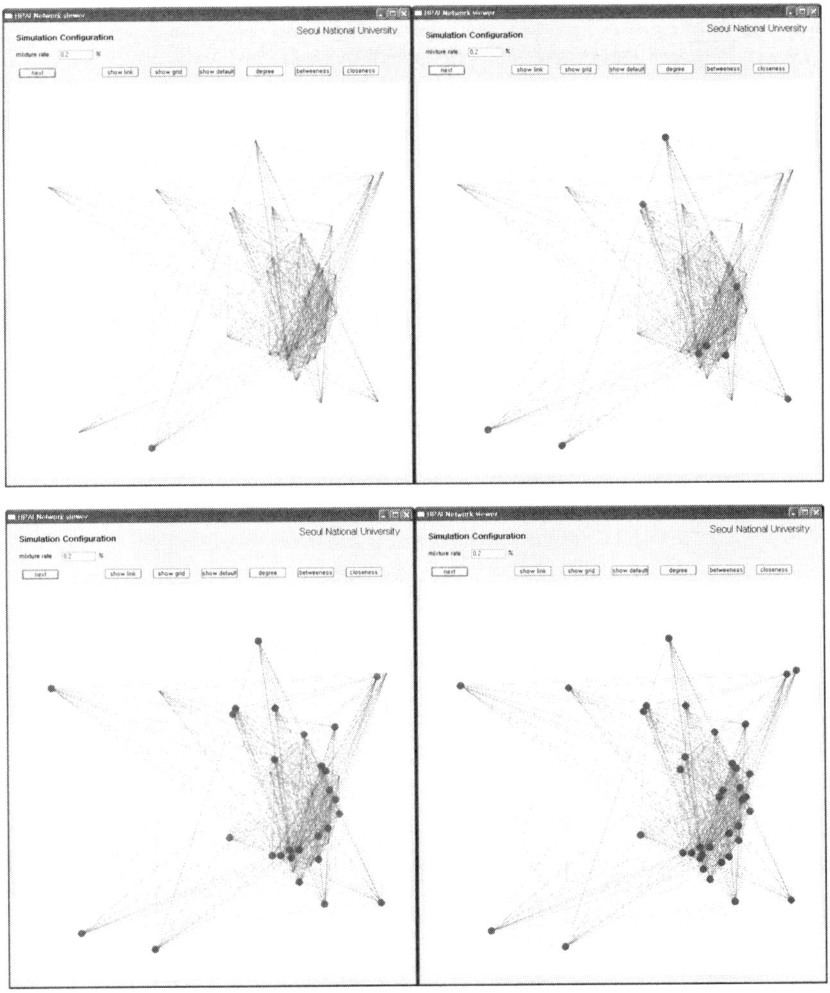

그림 13.30 통합 네트워크($\alpha = 0.2$)의 확산 양상

기본 자료를 바탕으로 한 중심성 분석 결과는 앞선 두 결과와 유사하면서도 몇몇 지점들이 타지점의 중심성 분석 결과보다 상대적으로 큰 결과값을 보이는 경우가 나타났다. 실제 발병 사례와 비교하며 가중치 값을 적절하게 조절할 경우 각 절점에 대한 중심성의 정도를 확인할 수 있을 것이고 다음 단계로 중심성이 높은 주요 절점에 대한 집중 방역 정도를 결정할 수 있을 것으로 판단된다.

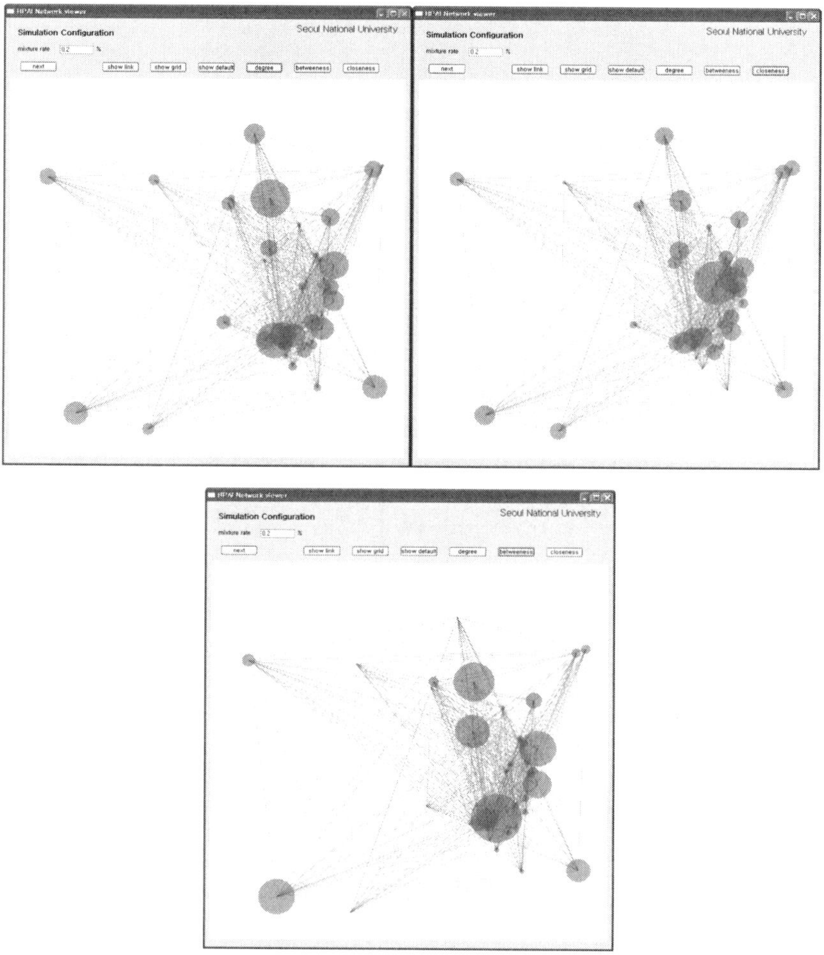

그림 13.31 통합 네트워크($\alpha = 0.2$)의 중심성 분석

4.3.4. 선 확산 네트워크 모델의 검증

□ 대응 분석을 이용한 허브 지점 분석

범주형으로 관측된 두 변수사이의 관계를 분석하는 방법으로 두 변수의 각 범주들을 공간(이차원 공간)상에 점으로 표현하여 범주들 사이의 관계를 분석하는 방법이 있다. 즉, 분할표 자료에 대한 일종의 통계적 차원 축소기법으로서 2차원 분할표의 행과 열을 저 차원 공간상에 점들로 나타내어 행과 열의 대응관계를 비롯한 여러 양상의 감지를 주목적으로 하는 탐색적 데이터 분석 방법이다. 다수의 대상들을 구체적인 특성상의 유사성을 근거로 하여 몇개의 집단으로 분류하기 위한 통계적 기법을 총칭하는 말이다.

군집분석에 있어서 대상들 사이의 유사성의 정도는 그들 사이의 거리로서 측정하며 거리가 짧을수록 유사한 대상으로 간주하여 하나의 군집으로 통합한다. 각 대상은 그들을 묘사하는 변수의 수에 해당하는 n-차원공간상의 독특한 위치를 점유하므로 수학적인 공식에 의하여 대상들 사이의 거리를 계산할 수 있다. 물론 거리를 계산하기 위한 방법에는 여러 가지가 있으나 유사성의 정도를 두 대상 사이의 거리로 측정한다는 개념에는 차이가 없다.

또한 각 군집에 속하는 대상들의 각 변수값을 평균함으로써 다시 n-차원 공간상에 평균적인 집단위치들을 설정하고, 집단들간에 각 변수상에서 차이의 유의성을 검토(단변량 분산분석)할 수 있다.

판별분석은 대상들의 집단소속을 판별하여 유사한 집단으로 분류한다는 점에서는 군집분석과 유사하지만, 판별분석은 사전에 집단이 정의되어 있는 상태에서 각 집단이 갖고 있는 특성을 독립변수들로 설명하고(함수적 방법) 판별력이 강한 변수를 확인하는 것을 주목적으로 하며 부수적으로 이미 정의되어 있는 집단의 구성원과 유사한 특성을 갖는 대상을 그 집단으로 분류하기 위한 방법이다. 이에 반하여 군집분석은 사전에 집단이 명확하게 정의되어 있지 않은 상태에서 대상들이 갖고 있는 특성들 사이의 유사성을 근거로 하여 군집으로 분류하기 위한 방법이다. 따라서 사전에 집단들이 정의되어 있지 않은 경우라면 군집분석을 사용해야 한다.

도식적 표현을 눈으로 검토하는 일은 대상분류에 대한 개략적인 통찰을 제공해 줄 수은 있으나, 정확하지 않을 뿐 아니라 대상들의 특성이 세개 이상의 변수로 측정될 경우에는 제한을 받게 된다. 따라서 조사자는 대상들간의 유사성을 객관적으로 측정해야 하는데, 군집분석에서 유사성을 측정하기 위하여는 대체로 대상간의 거리를 계산하고 거리가 짧을수록 유사한 대상으로 판단한다. 대응형태척도도 있다.

물론 대상간의 거리를 계산하기 위한 식도 다양하지만, 제곱 유클리디안 거리(squared Euclidian distance)가 널리 이용되고 있다. 대상들을 어떠한 방식으로 군집화할 것 인지에는 군집통합방법, 군집분리방법, 요인분석(Q-type) 등 세 가지의 선택이 있다. 우선 군집통합방법(linkage method)은 계층적 군집화라고도 하는데, 그것은 각 대상을 독립된 군집으로 간주하여 처음에는 가장 유사한 대상만을 한 군집으로 분리하고, 그 다음 일정한 유사성 거리보다 가까운 대상들을 덧붙여 나가되 유사성 거리를 순차적으로 넓혀나감으로써 결국에는 모든 대상들이 한 군집에 이를 수 있는 방식이다.

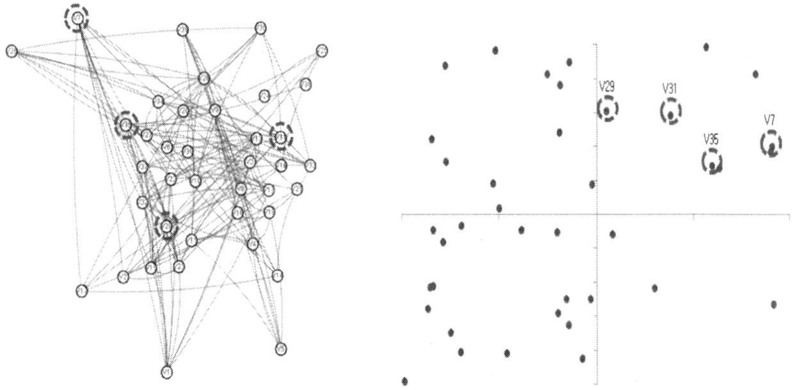

그림 13.32 동물약품 네트워크와 중심성 지수와 군집분석

동물약품 네트워크의 주요 지점은 지리적인 위치와 관계없이 같은 동물약품 회사를 이용하는 농장간의 연계로 결정이 되므로 2개 이상의 동물약품을 이용하여 다른 농장들과 연결성이 큰 농장들이 주로 Closeness, Betweenness 지수에서 높은 값을 기록했으며 동물약품을 통해 전달되는 HPAI 질병 바이러스의 전파 가능성이 큰 농장으로 추론할 수 있다. 이 농가들은 아래 그림의 1사분면에 군집화되면서 같은 계열의 농가를 허브로 대응시킬 수 있다.

같은 방법으로 축산 관련 업체를 선정하면 다음과 같다.

	v1	v2
m1	0.256309	0.350324
m2	-0.37978	-0.41288
m3	-0.18578	-0.12081
m4	-0.26952	-0.04536
m5	0.180042	-0.04485
m6	0.394866	0.116633
m7	-0.47945	0.172132
m8	-0.26314	-0.00097
m9	-0.3303	-0.12884
m10	0.102496	0.15298
m11	-0.01431	-0.18126
m12	-0.13821	-0.01897
m13	-0.4522	-0.33523
m14	-0.10236	-0.43410
m15	0.027524	0.322385
m16	-0.2531	-0.25923

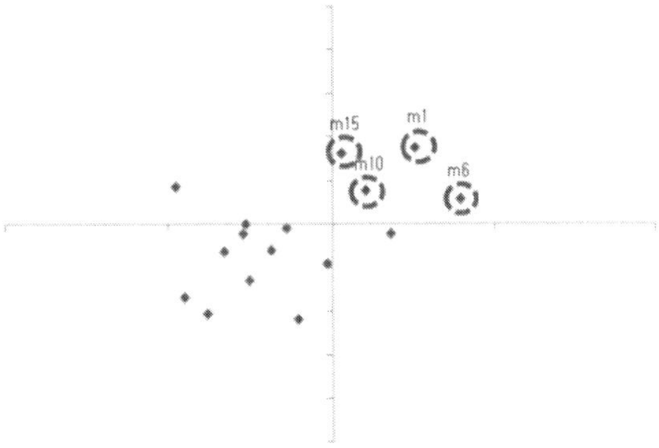

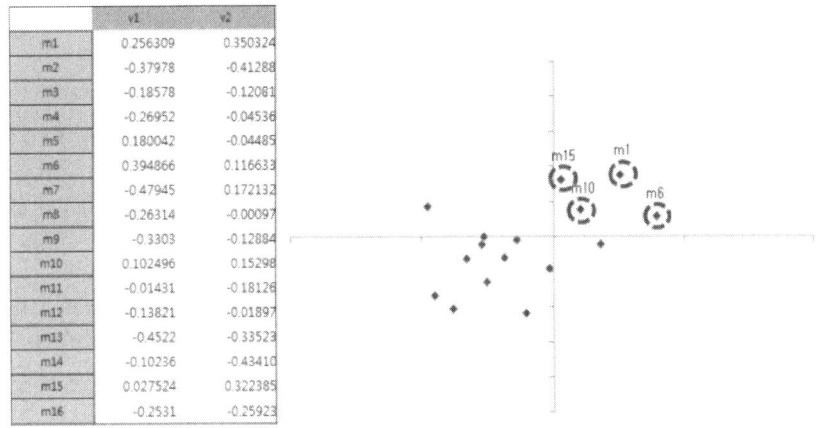

그림 13.33 군집분석을 통한 업체 허브 지점 분석

□ 실제 발병 사례와 비교

네트워크 구조에서 전체 시스템의 성격을 결정하는 기본적인 요소는 연결선이다. 정점의 경우 연결선이 가지는 가중치에 영향을 줄 수는 있겠지만 시스템의 전체 추이를 결정하는 것은 한계가 있다. 중심성 지수는 각 정점이 가지는 연결선의 수와 분포에 따른 결과값이므로 통합 HPAI 질병 확산 네트워크 모델의 검증을 위해서는 연결선, 위험 요인의 신뢰성을 확보하는 작업이 필요하다. 그림 13.35의 붉은색 정점은 감염 농장들을 나타낸 것으로 V1 농장부터 V8 농장까지 순차적으로 발생하였다.

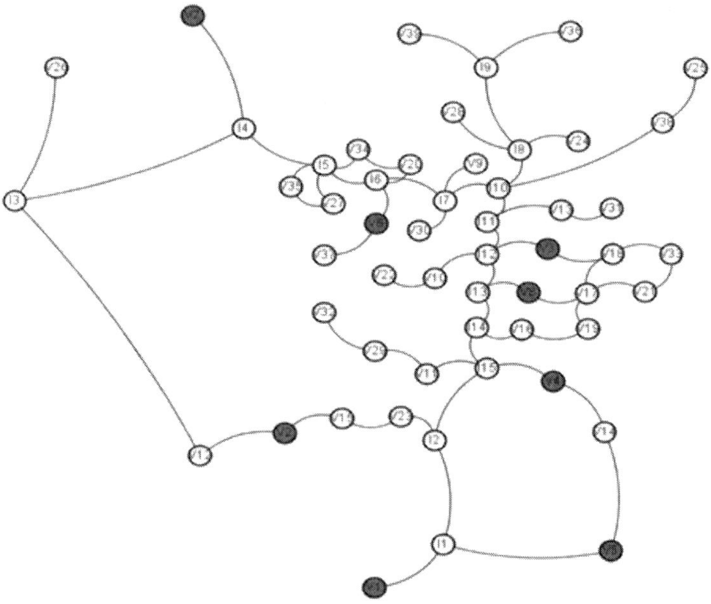

그림 13.34 전라북도 김제 지역 HPAI 질병 발생 농장

V1 지점에서 최초 발생하고 2주의 기간 동안 V8 지점까지 HPAI 질병이 확산되었다. 그림 13.35과 같이 현재 교통로를 이용해 구성한 네트워크 구조에서는 최초 발생 농장과 지리적으로 근접한 중심 농장들이 오히려 HPAI 질병 감염에서 안전한 상태를 보이는 등 발생 농장들만 가지는 규칙성을 확인하기는 힘들다. HPAI 질병 확산 통합 비가중 네트워크를 이용해서 발생 농장간의 연결성을 확인하고 최초 발생 지점에서 확산 경로를 추적해보고자 한다.

HPAI 질병 확산 통합 네트워크에서 대상 농장 관계자의 타농장 방문 여부를 추가해서 교통망, 가축사료, 동물약품 등 총 4가지 요인으로 구성한다. 08년 HPAI 발병 사례의 경우 최초 발생 농장에 대한 주변 농장 관계자들의 항의 방문이 있었기 때문에 해당 요인의 추가는 HPAI 질병 추적의 확률적 가능성을 한층 더 높일 수 있다. 최초 발생 농장에서 연결선을 통해 직접적으로 이어진 계층과 간접적으로 이어진 계층으로 구분한다. 공기를 통한 전염 가능성을 배제하고 직접적인 접촉에 의한 HPAI 질병 확산만 발생한다는 가정 하에 직접적인 1차적 접촉과 타농장을 통한 간접적인 2차적 접촉의 감염 가능성과 시간은 구분될 수 있다. V1 지점의 HPAI 발생을 기준으로 HPAI 질병 확산 통합 네트워크의 연결선을 이용해서 직·간접적 연결을 도식화하면 그림 13.36와 같다.

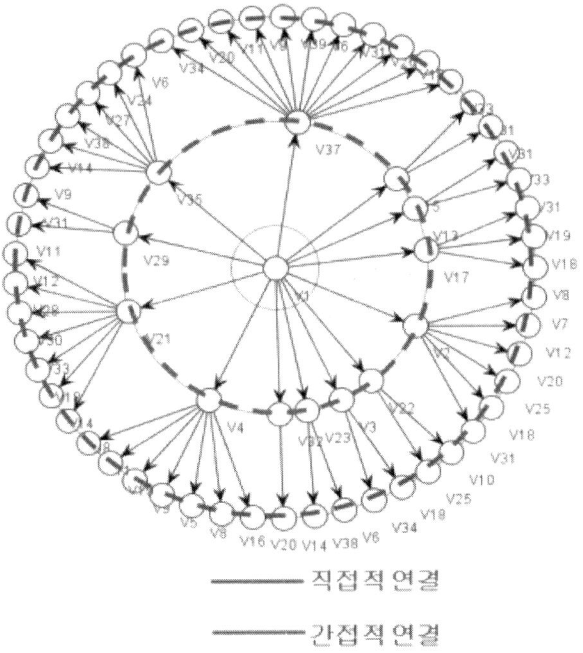

그림 13.35 최초 발생 지점을 기준으로 연결의 계층 구분

각 계층에 있는 농장들은 중복될 수도 있지만 농장별로 가지는 위상이 다르기 때문에 감염이 될 경우 경로의 차이는 존재한다. 각 농장의 감염 경로를 추적하면 그림 13.37과 같다. 최초 V1 농장부터 V6 농장을 제외한 V8 농장까지 감염 경로를 확인할 수 있다.

실제 V1 농장에서 시작하여 시간에 따라 V8 농장까지 확산된 것이 HPAI 질병 확산 통합 네트워크 분석을 통해서도 직접적 접촉과 간접적 접촉에 의한 감염 시간차는 존재한다는 것을 확인할 수 있다. V2 농장, V3 농장, V4 농장은 V1 농장과의 직접적 접촉을 하는 농장으로 V5 농장, V7 농장, V8 농장 등 V1 농장의 2차적 접촉에 의해서 HPAI 질병이 발생한 농장들과 비교해서 감염 시기가 빠른 양상을 확인할 수 있었다. V6 농장의 경우 V1과 직·간접적으로 이어지는 연결선이 없었다. 현재 HPAI 질병 확산 통합 네트워크를 통해 구성된 요인 외에 다른 요인에 의한 전파일 가능성이 큰 것으로 판단된다. 기초 자료의 질적 양적 발전이 이루어진다면 보다 신뢰성 높은 HPAI 질병 확산 통합 네트워크 구성을 통해 경로 추적이 가능할 것으로 사료된다.

전라북도 김제시 39개 농장의 8개의 발생 농장 중 7개 발생 농장의 경로 추적을 확인했다. 확산 가능 요인에 대한 추가적인 자료 수집이 가능하면 보다 정확도가 높은 HPAI 질병 확산 통합 네트워크 구성이 가능할 것이며 중심성 지수를 통한 확산 중요 지점, 우선 모니터링 지점 선정을 통한 HPAI 질병 발병전 관리를 수행할 수 있을 것으로 판단된다.

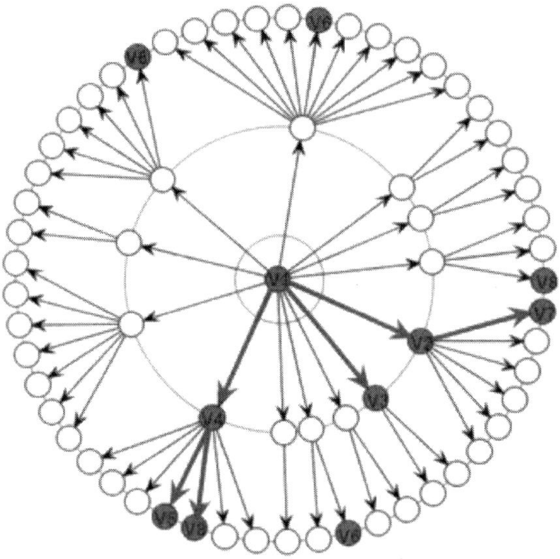

확산 경로 추적
V1->V2->V7
V1->V3
V1->V4->V5
V1->V4->V8

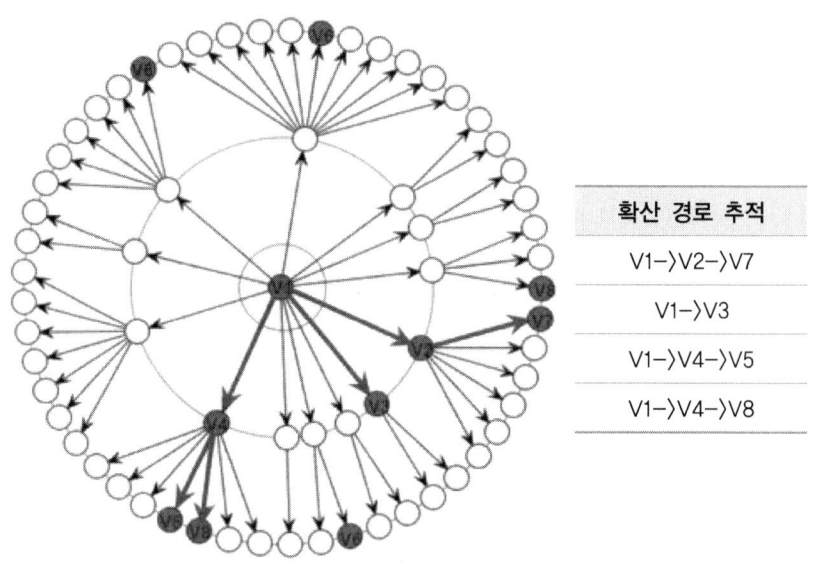

그림 13.36 감염 농장의 확산 경로

정적 네트워크에서 확산 차단을 위한 방법으로 주요 절점을 차단하거나 절점을 제거하는 방법으로 네트워크 내 고립도를 향상, 확산을 제어, 차단할 수 있다.

각각의 중심성 지수가 높은 절점을 측정한 것으로 해당 농가의 방역 관리를 철저히 시행하거나 관련 농가와의 연결성을 없애는 방법, 즉 타 관리 업체를 이용하는 방식으로 중심성을 낮출 수 있으며 전체 네트워크 고립도를 증가시킬 수 있다. 중심성이 높은 농가는 감염이 되면 타농가로 확산하는 영향도가 크기 때문에 주요 농가를 관리 대상으로 지정하여 예방 대책을 집중한다면 임의의 농가에서 발병해서 확산될 경우 감염 농가의 수를 줄일 수 있다.

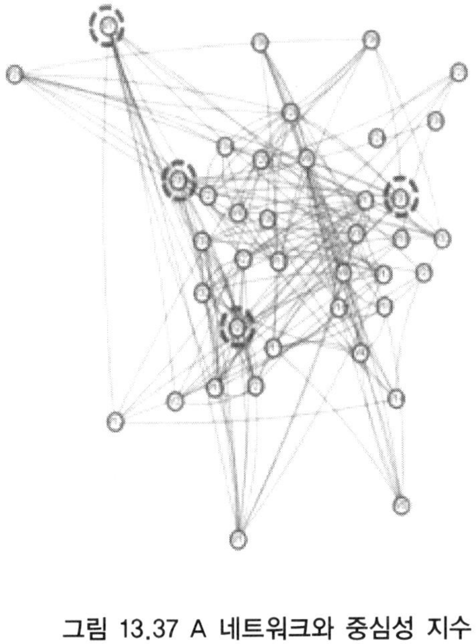

그림 13.37 A 네트워크와 중심성 지수

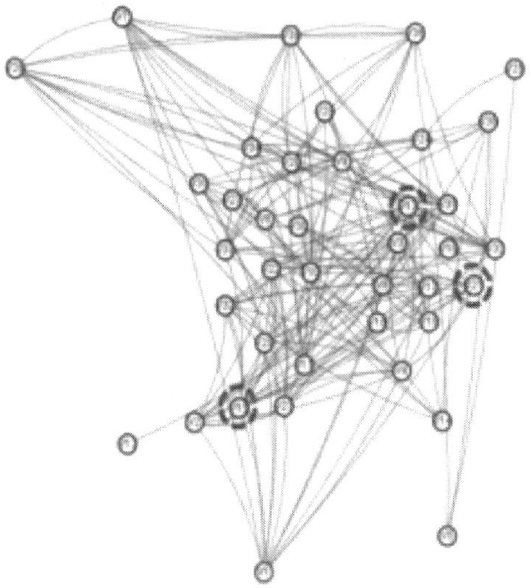

그림 13.38 B 네트워크와 중심성 산정(수정)

그림 13.40과 그림 13.41은 각각 동물약품 네트워크에서 중심성이 높은 주요 농가를 통제하지 않았을 경우와 통제했을 경우를 비교하였다.

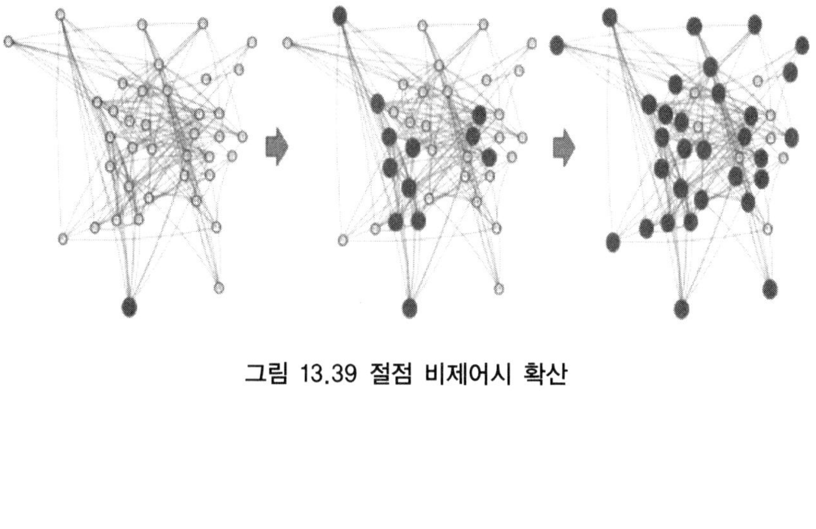

그림 13.39 절점 비제어시 확산

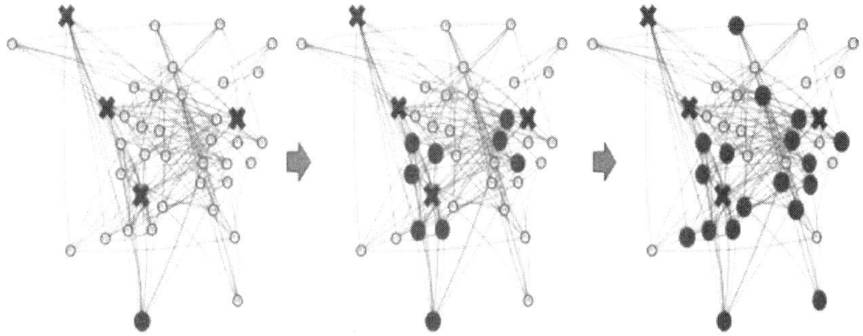

그림 13.40 절점 제어시 확산

동물약품 관계자 및 차량이 확산 요인이고 감염률을 1로 가정할 때 2차 확산이 시작된 3단계에는 절점 통제시의 감염 농가수가 절점 통제를 하지 않을 때의 감염 농가수에 비하여 확연히 줄어드는 것을 확인할 수 있다. 그림 13.42는 단계가 지날수록 감염 농가의 차이는 커지는 경향을 도식화 하였다. 따라서 최초 발생 농가 이외의 지역으로 확산될 경우 네트워크의 규모는 더욱 커질 것이며 확산 속도 제어를 위한 주요 농가 통제의 효과는 훨씬 클 것으로 기대된다. 그리고 병원균의 전이 정도는 경과 시간의 영향을 받으므로 가금관련업체의 방문 경로에 따라 농가별로 감염률이 차이가 날 수 있다. 역학조사를 통해 가금관련업체와 유통 자료가 방대해진다면 HPAI 확산 통제를 위해 업체의 방문 경로와 빈도 등을 관리할 수 있는 방안을 제시할 수 있을 것으로 판단된다.

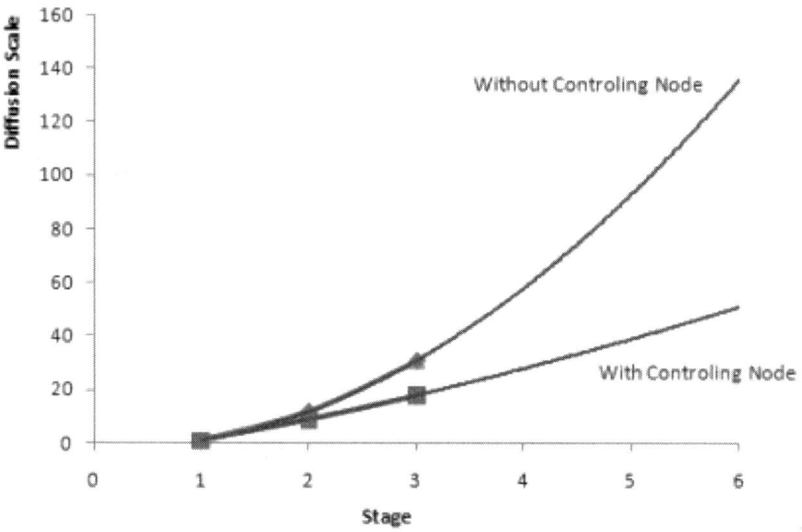

그림 13.41 Comparison of diffusion rate

참고문헌

1. 임창수, 정남수, 윤훈주, 2012, 4대강 유역 농업복합단지 계획·운영 모델 개발에 관한 연구, 국립농업과학원.
2. 정남수, 이정재, 김한중, 윤성수, 빅미정, 2002, 농촌주택 개량을 위한 노후화 진단 방안, 한국농공학회논문집 43(1) 106-115.
3. 장우석, 정남수, 박기욱, 2008, 변화할당효과를 고려한 논 면적 예측 모형의 개발, 한국농공학회논문집 50(3) 83-89.
4. 김홍연, 장우석, 정남수, 김한중, 2012, 토지적성평가 결과를 활용한 개발지역추천모델 개발, 농촌계획 18(4) 129-140.
5. 정남수, 이행우, 2006, 집단생잔모델에 변화할당효과를 고려한 농촌지역 인구모델의 개발, 농촌계획 12(3) 39-42.
6. 이세희, 정남수, 엄대호, 2008, 농촌마을의 농촌관광 시행에 따른 인구 유입효과에 관한 연구, 농촌계획 14(3) 19-26.
7. 윤준상, 정남수, 장동호, 2007, 기후변화에 대비한 예산군 사과농가의 수익결정 요인의 분석, 농업생명과학연구 41(4) 73-78.
8. 김시운 외 6인, 2008, 수혜 인원을 고려한 농업용 저수지의 최적 정비 모델 개발, 한국농공학회논문집 50(6) 75-81.
9. 이인복 외 5인, 2012, 고병원성 조류인플루엔자(HPAI)의 유입 및 전파 확산경로 예측을 위한 가금 산업의 유통 감시 네트워크 시스템 개발에 관한 연구, 농림수산식품기술기획평가원.

지역모델링

인쇄일 | 2017년 2월 28일
발행일 | 2017년 2월 28일
지은이 | 정남수
발행자 | 김희수
발행처 | 공주대학교출판부
[32588] 충청남도 공주시 공주대학로 56
Tel (041) 850-8752
Fax (042) 629 - 7264

인쇄처 | 정우커뮤니케이션즈
Tel (042) 636-1630

ISBN | 979-11-86737-12-5 93530

정가 15,000원
잘못 만들어진 책은 교환해 드립니다.